建筑材料实验与检测

主　编　李志新　徐开东

副主编　张建武　王继娜　金　彪

张小婷　张旭立

中国建材工业出版社

北　京

图书在版编目（CIP）数据

建筑材料实验与检测/李志新，徐开东主编．--北京：中国建材工业出版社，2024.8
普通高等院校土建类专业“十四五”创新规划教材
ISBN 978-7-5160-3837-6

Ⅰ.①建…　Ⅱ.①李…　②徐…　Ⅲ.①建筑材料－材料试验－高等学校－教材②建筑材料－检测－高等学校－教材　Ⅳ.①TU502

中国国家版本馆 CIP 数据核字（2023）第 194414 号

建筑材料实验与检测
JIANZHU CAILIAO SHIYAN YU JIANCE
主　编　李志新　徐开东
副主编　张建武　王继娜　金　彪　张小婷　张旭立

出版发行：中国建材工业出版社
地　　址：北京市西城区白纸坊东街 2 号院 6 号楼
邮　　编：100054
经　　销：全国各地新华书店
印　　刷：北京印刷集团有限责任公司
开　　本：787mm×1092mm　1/16
印　　张：16
字　　数：360 千字
版　　次：2024 年 8 月第 1 版
印　　次：2024 年 8 月第 1 次
定　　价：**59.80 元**

本社网址：www.jccbs.com，微信公众号：zgjcgycbs

前 言

随着社会经济的快速发展，我国对大学生的创造力要求越来越高。实践操作和创新创业思维培养是土建类专业培养的主要目标，建筑材料实验与检测是土建类专业的重要实验教学内容，在培养学生创新创业思维方面起着十分关键的作用。同时，将建筑材料实验与检测课程与思想政治理论课同向同行，形成协同效应，有利于落实“立德树人”根本任务。

然而，目前集“思政教育”“创新创业思维训练”和“实践能力培养”于一体的建筑材料实验与检测教材较少。为促进专业教育与创新创业教育、思政教育的结合，深化创新创业教育改革，支持大学生开展创新创业活动，本实验教材在水泥、石膏与石灰、沥青与沥青混合料、建筑用集料、混凝土、混凝土用外加剂与掺和料、建筑砂浆、砖与砌块等章节中有机融入了思想政治元素，提高大学生的思想政治修养。在建筑材料综合性大实验章节中，运用建筑材料及其相关理论知识对学生进行综合实验培训，包括建筑材料性能检测、产品设计、性能调控等，训练学生的创新创业思维。

本教材的编写得到了河南省“专创融合”特色示范课程和河南城建学院立项教材的支持，在此表示感谢。该教材符合新时代应用技术型人才培养要求，属校企合作共编教材，旨在培养学生的实践能力和创新创业思维，实现实验教学与思政教学协同育人的目标。

由于近年来建筑材料实验与检测理论和技术发展迅速，新标准、新方法不断涌现，标准、规范繁多，加之编者水平所限，书中难免存在不足之处，恳请读者批评指正。

编 者

2024 年 1 月

目　录

第一章 水　泥

第一节　烧失量

一、实验目的

测定水泥的烧失量，作为评价水泥质量的依据。本方法不适用于矿渣硅酸盐水泥烧失量的测定。

二、实验原理

水泥试样在 950℃±25℃的高温炉中灼烧，灼烧所失去的质量即为烧失量。

三、实验设备

瓷坩埚、马弗炉、干燥器、坩埚钳、电子天平。

四、实验步骤

称取约 1g 试样（m_1），精确至 0.0001g，放入已灼烧恒量的瓷坩埚中，盖上坩埚盖，并留有缝隙，放在马弗炉内，从低温开始逐渐升高温度，在 950℃±25℃下灼烧 15～20min，取出，置于干燥器中冷却至室温，称量；反复灼烧直至恒量或者在 950℃±25℃下灼烧约 1h（有争议时，以反复灼烧直至恒量的结果为准），置于干燥器中冷却至室温后称量（m_2）。

五、数据处理与记录

烧失量的质量分数按式（1-1）计算，相关数据记录于表 1-1。

$$\omega_{LOI}=\frac{m_1-m_2}{m_1}\times 100\% \tag{1-1}$$

式中　ω_{LOI}——烧失量的质量分数（%）；

m_1——灼烧前试样的质量（g）；

m_2——灼烧后试样的质量（g）。

表 1-1　水泥烧失量数据记录

灼烧前试样质量（g）	灼烧后试样质量（g）	烧失量（%）

第二节　不溶物

一、实验目的

测定水泥中不溶物的含量，作为评价水泥质量的依据。

二、实验原理

水泥试样用盐酸溶液处理，尽量避免可溶性二氧化硅的析出，滤出的不溶渣再用氢氧化钠溶液处理，以盐酸中和，过滤后，残渣经灼烧后称量，据此计算水泥中不溶物的含量。

三、实验设备及试剂

(1) 设备：瓷坩埚、马弗炉、干燥器、坩埚钳、电子天平、烧杯、玻璃棒、表面皿。

(2) 试剂：盐酸溶液、氢氧化钠溶液、硝酸铵溶液、甲基红指示剂溶液。

四、实验步骤

称取约 1g 水泥试样（m_1），精确至 0.0001g，置于 150mL 烧杯中，加入 25mL 水，搅拌使试样完全分散，在搅拌的同时快速加入 5mL 盐酸，用平头玻璃棒压碎块状物使其完全分散；用近沸的热水稀释至 50mL，盖上表面皿，将烧杯置于蒸汽水浴中加热 15min；用中速定量滤纸过滤，用热水充分洗涤 10 次以上；将残渣和滤纸一并移入原烧杯中，加入 100mL 近沸的氢氧化钠溶液，盖上表面皿，置于蒸汽水浴中加热15min。加热期间搅拌滤纸及残渣 2～3 次；取下烧杯，加入 1～2 滴甲基红指示剂溶液，滴加盐酸 (1∶1) 至溶液呈红色，再过量加入 8～10 滴；用中速定量滤纸过滤，用热的硝酸铵溶液充分洗涤残渣和滤纸至少 14 次，每次等上次洗液漏完后再洗涤下次；将残渣及滤纸一并移入已灼烧恒量的瓷坩埚中，灰化后在 950℃±25℃的马弗炉内灼烧 30min 以上；取出坩埚，置于干燥器中冷却至室温，称量，反复灼烧直至恒量或者在 950℃±25℃下灼烧约 30min（有争议时，以反复灼烧直至恒量的结果为准），置于干燥器中冷却至室温后称量（m_2）。

五、数据处理与记录

不溶物的质量分数按式 (1-2) 计算，相关数据记录于表 1-2。

$$\omega_{IR}=\frac{m_2-m_{02}}{m_1}\times 100\% \tag{1-2}$$

式中　ω_{IR}——不溶物的质量分数 (%)；

m_1——实验前试样的质量 (g)；

m_2——灼烧后不溶物的质量 (g)；

m_{02}——空白实验灼烧后不溶物的质量 (g)。

表 1-2 水泥不溶物含量实验数据记录表

实验前试样质量（g）	灼烧后不溶物的质量（g）	空白实验灼烧后不溶物的质量（g）	不溶物含量（%）

讨论：水泥中不溶物含量过高时，对水泥的哪些性能会产生重大影响？

第三节 三氧化硫含量

一、实验目的

测试水泥中三氧化硫的含量，作为评价水泥安定性的依据。

二、实验原理

用盐酸分解试样生成硫酸根离子，在煮沸条件下加入氯化钡溶液，生成硫酸钡沉淀，经过滤、灼烧后称量。测定结果以三氧化硫计。

三、实验设备及试剂

（1）设备：瓷坩埚、马弗炉、干燥器、坩埚钳、电子天平、烧杯、玻璃棒、表面皿。

（2）试剂：盐酸溶液、氯化钡溶液。

四、实验步骤

称取约 0.5g 试样（m_1），精确至 0.0001g，置于 200mL 烧杯中，加入 40mL 水，搅拌使试样完全分散，在搅拌的同时加入 10mL 盐酸（1∶1），用平头玻璃棒压碎块状物，加热煮沸并保持微沸 5～10min；用中速滤纸过滤，用热水洗涤 10～12 次，滤液及洗液收集于 400mL 烧杯中；加水稀释至约 250mL，玻璃棒底部压一小片定量滤纸，盖上表面皿，加热煮沸，在微沸下从杯口缓慢逐滴加入 10mL 热的氯化钡溶液，继续微沸数分钟使沉淀良好地形成，然后在常温下静置 12～24h 或温热处静置至少 4h（有争议时，以常温下静置 12～24h 的结果为准），溶液的体积应保持在约 200mL；用慢速定量滤纸过滤，热水洗涤，用胶头擦棒和定量滤纸片擦洗烧杯及玻璃棒，洗涤至检验无氯离子为止；将沉淀及滤纸一并移入已灼烧恒量的瓷坩埚中，灰化完全后，放入 800～950℃的高温炉内灼烧 30min 以上，取出坩埚，置于干燥器中冷却至室温，称量，反复灼烧直至恒量或者在 800～950℃下灼烧约 30min（有争议时，以反复灼烧直至恒量的结果为准），置于干燥器中冷却至室温后称量（m_2）。

五、数据处理与记录

三氧化硫的质量分数按式（1-3）计算，相关数据记录于表 1-3。

$$\omega_{SO_3}=\frac{(m_2-m_{02})\times 0.343}{m_1}\times 100\% \tag{1-3}$$

式中 ω_{SO_3}——三氧化硫的质量分数（%）；

m_1——实验前试样的质量（g）；

m_2——灼烧后沉淀的质量（g）；

m_{02}——空白实验灼烧后沉淀的质量（g）；

0.343——硫酸钡对三氧化硫的换算系数。

表 1-3　水泥三氧化硫含量实验数据记录表

实验前试样质量（g）	灼烧后沉淀的质量（g）	空白实验灼烧后沉淀的质量（g）	三氧化硫含量（%）

讨论：水泥中三氧化硫含量大小对其性能有何种影响？

第四节　氧化钙、氧化镁、二氧化硅、三氧化二铝、三氧化二铁含量

一、实验目的

测定水泥中氧化钙、氧化镁、二氧化硅、三氧化二铝、三氧化二铁含量。

二、实验原理

氧化钙与氧化镁的测定原理：在 pH10 的溶液（水泥试样）中，以酒石酸钾钠、三乙醇胺为联合掩蔽剂，KB 为指示剂，用 EDTA 标准滴定溶液（以下简称 EDTA）进行滴定，得出钙镁总量所消耗的 EDTA 的体积量 V_1；在 pH13 的溶液中，以三乙醇胺为掩蔽剂，以 CMP 为指示剂，用 EDTA 进行滴定，得出钙所消耗的 EDTA 的体积量 V_2，然后用差减法计算氧化镁所消耗的 EDTA 的体积量 V（$V=V_1-V_2$），从而根据公式计算出水泥中氧化镁的含量。

二氧化硅的测定原理：水泥试样经熔剂苛性碱（KOH）在温度 650～700℃熔融后，加入硝酸使硅生成游离硅酸。在有过量的氟、钾离子存在的强酸性溶液中，使硅形成氟硅酸钾（K_2SiF_6）沉淀，经过滤、洗涤及中和残余酸后，加沸水使氟硅酸钾沉淀水解生成等物质的量的氢氟酸，然后以酚酞为指示剂，用氢氧化钠标准溶液进行滴定，终点颜色为粉红色。

三氧化二铁的测定原理：在 pH1.8、温度为 60～70℃的水泥试样溶液中，以磺基水杨酸钠为指示剂，用 EDTA 滴定。

三氧化二铝的测定原理：将滴定三氧化二铁后的溶液的 pH 值调节至 3.0，在煮沸条件下以 EDTA-铜和 PAN 为指示剂，用 EDTA 滴定。

三、实验设备及试剂

（1）设备：马弗炉、电热板、铂坩埚、烧杯、玻璃棒、电子天平、容量瓶（500mL）。

（2）试剂：氢氧化钠、200g/mL 氢氧化钾溶液、盐酸（1∶5）、硝酸、100g/L 酒石

酸钾钠溶液（100g/L）、三乙醇胺（1∶2）、盐酸羟胺、pH为10的缓冲溶液、CMP混合指示剂、碱性铬蓝K-萘酚绿B混合指示剂、0.015mol/L的EDTA、氯化钾（分析纯）、氟化钾溶液（150g/L）、氯化钾溶液（50g/L）、氯化钾-乙醇溶液（50g/L，将5g氯化钾溶液50mL水后，加入50mL乙醇，混匀）、酚酞指示剂。

四、实验步骤

（1）水泥试样溶液的制备

称取约0.5g水泥试样，精确至0.0001g，置于铂坩埚中，加入6～7g氢氧化钠，在650～700℃的高温下熔融20min，取出冷却，将坩埚放入有100mL近沸腾水的烧杯中，盖上表面皿，于电热板上适当加热，待熔块完全浸出后，取出坩埚，用水冲洗坩埚和盖；边搅拌边加入30mL盐酸，再加入1mL硝酸，用热盐酸（1∶5）洗净坩埚和盖，将溶液加热至沸腾，冷却，然后移入250mL容量瓶中，用水稀释至刻度线，摇匀。此溶液供氧化钙、氧化镁、二氧化硅、三氧化二铁、三氧化二铝测定用。

（2）氧化钙的测定

取25mL水泥试样溶液放入300mL烧杯中，加水稀释至约200mL。加入5mL三乙醇胺溶液（1∶2）及适量的CMP混合指示剂，边搅拌边加入氢氧化钾，出现绿色荧光后再加入5～8mL，用EDTA滴定至绿色荧光完全消失并呈现红色为止。

（3）氧化镁的测定

① 当一氧化锰含量≤0.5%时：取25mL水泥试样溶液放入300mL烧杯中，加水稀释至约200mL，加1mL酒石酸钾钠溶液、5mL三乙醇胺（1∶2），搅拌，然后再加入25mL pH为10缓冲溶液及少许酸性铬蓝K-萘酚绿B混合指示剂，用EDTA［c(EDTA)＝0.015mol/L］滴定，近终点时应缓慢滴定至纯蓝色。

② 当一氧化锰含量＞0.5%时：除将三乙醇胺（1∶2）的加入量改为10mL，并在滴定前加入0.5～1g盐酸羟胺外，其余分析步骤按①进行。

（4）三氧化二铁的测定

从水泥试样溶液中吸取25.00mL溶液放入300mL烧杯中，加水稀释至约100mL，用氨水（1∶1）和盐酸（1∶1）调节溶液pH为1.8（用精密pH试纸）。将溶液加热至约70℃，加入10滴磺基水杨酸钠指示剂溶液，用EDTA标准溶液缓慢地滴定至亮黄色为止，终点时溶液温度应不低于60℃，如终点前溶液温度降至近60℃时，应再加热至65～70℃。

（5）三氧化二铝的测定

将测完铁的溶液加水稀释至约200mL，加入1～2滴溴酚蓝指示剂溶液，滴加氨水（1∶1）至溶液出现蓝紫色，再滴加盐酸（1∶1）至黄色。加入15mL pH为3.0的缓冲溶液，加热煮沸并保持微沸1min，加入10滴EDTA-铜溶液及2～3滴PAN指示剂溶液，用EDTA滴定至红色消失。继续煮沸，滴定，直至溶液红色不再出现并呈稳定的亮黄色为止。

（6）二氧化硅的测定

吸取50.00mL水泥试样溶液，放入300mL塑料杯中，加入15mL硝酸，搅拌，冷却至30℃以下，加入氯化钾，仔细搅拌至饱和并有少量氯化钾析出，再加2g氯化钾及

10mL 氟化钾（150g/L）溶液，仔细搅拌，放置 15～20min。用中速滤纸过滤，用氯化钾溶液洗涤塑料杯并沉淀 3 次。将滤纸连同沉淀取下，放于原塑料杯中，沿杯壁加入 10mL30℃以下的氯化钾-乙醇溶液及 1mL 酚酞指示剂，用氢氧化钠标准溶液中和未洗尽的酸，仔细搅动滤纸并以之擦洗杯壁直至溶液呈红色，向杯中加入 200mL 沸水，并用氢氧化钠标准溶液滴定至微红色。

五、数据处理与记录

（1）氧化钙的质量分数按式（1-4）计算，同时将实验数据记录于表 1-4。

$$w_{CaO}=\frac{T_{CaO}\times V_{Ca}\times\frac{250}{25}}{m\times1000}\times100\% \tag{1-4}$$

式中 w_{CaO}——氧化钙的质量分数（%）；

T_{CaO}——每毫升 EDTA 相当于氧化钙的质量（mg/mL），其值等于 $C_{NaOH}\times56.08$；

V_{Ca}——滴定时消耗的 EDTA 的体积（mL）；

m——水泥试样的质量（g）。

（2）当一氧化锰含量≤0.5%时，氧化镁质量分数按式（1-5）计算，当一氧化锰含量>0.5%时，氧化镁质量分数按式（1-6）计算，同时将实验数据记录于表 1-5。

$$w_{MgO}=\frac{T_{MgO}\times(V_{总}-V_{Ca})\times\frac{250}{25}}{m\times1000}\times100\% \tag{1-5}$$

式中 w_{MgO}——氧化镁的质量分数，%；

T_{MgO}——每毫升 EDTA 相当于氧化镁的质量（mg/mL），其值等于 $C_{NaOH}\times40.31$；

$V_{总}$——滴定钙、镁总量时消耗的 EDTA 的体积（mL）；

V_{Ca}——滴定钙时消耗的 EDTA 的体积（mL）；

m——水泥试样的质量（g）。

$$w_{MgO}=\frac{T_{MgO}\times(V_{总}-V_{Ca})\times\frac{250}{25}}{m\times1000}\times100\%-0.57w_{MnO} \tag{1-6}$$

式中 w_{MnO}——氧化锰的质量分数（%）；

0.57——氧化锰对氧化镁的换算系数。

（3）三氧化二铁的质量分数按式（1-7）计算，同时将实验数据记录于表 1-6。

$$w_{Fe_2O_3}=\frac{T_{Fe_2O_3}\times V_{Fe}\times\frac{250}{25}}{m\times1000}\times100\% \tag{1-7}$$

式中 $w_{Fe_2O_3}$——三氧化二铁的质量分数（%）；

$T_{Fe_2O_3}$——每毫升 EDTA 相当于氧化铁的质量（mg/mL）；

V_{Fe}——滴定时消耗的 EDTA 的体积（mL）；

m——水泥试样的质量（g）。

（4）三氧化二铝的质量分数按式（1-8）计算，同时将实验数据记录于表 1-7。

$$w_{Al_2O_3}=\frac{T_{Al_2O_3}\times V_{Al}\times \frac{250}{25}}{m\times 1000}\times 100\% \tag{1-8}$$

式中 $w_{Al_2O_3}$——氧化铝的质量分数（%）；

$T_{Al_2O_3}$——每毫升 EDTA 相当于氧化铝的质量（mg/mL），其值等于 $C_{NaOH}\times 10^2$；

V_{Al}——滴定时消耗的 EDTA 的体积（mL）；

m——水泥试样的质量（g）。

（5）二氧化硅的质量分数按式（1-9）计算，同时将实验数据记录于表 1-8。

$$w_{SiO_2}=\frac{T_{SiO_2}\times V_{Si}\times 5}{m\times 1000}\times 100\% \tag{1-9}$$

式中 w_{SiO_2}——氧化硅的质量分数（%）；

T_{SiO_2}——每毫升 EDTA 相当于氧化硅的质量（mg/mL），其值等于 $C_{NaOH}\times 15.02$；

V_{Si}——滴定时消耗的 EDTA 的体积（mL）；

m——水泥试样的质量（g）。

表 1-4 水泥氧化钙含量实验数据记录表

实验次数	每毫升 EDTA 相当于氧化钙的质量，T_{CaO}（mg/mL）	滴定时消耗的 EDTA 的体积，V_{Ca}（mL）	水泥试样的质量 m（g）	氧化钙的含量（%）	氧化钙的含量均值（%）

表 1-5 水泥氧化镁含量实验数据记录表

实验次数	每毫升 EDTA 相当于氧化镁的质量，T_{MgO}（mg/mL）	滴定钙镁总量时消耗的 EDTA 的体积，$V_{总}$（mL）	滴定钙时消耗的 EDTA 的体积，V_{Ca}（mL）	水泥试样的质量 m（g）	氧化镁的含量（%）	氧化镁的含量均值（%）

表 1-6 水泥三氧化二铁含量实验数据记录表

实验次数	每毫升 EDTA 相当于三氧化二铁的质量，$T_{Fe_2O_3}$（mg/mL）	滴定时消耗的 EDTA 的体积，V_{Fe}（mL）	水泥试样的质量 m（g）	三氧化二铁的含量（%）	三氧化二铁的含量均值（%）

表 1-7　水泥三氧化二铝含量实验数据记录表

实验次数	每毫升 EDTA 相当于三氧化二铝的质量，$T_{Al_2O_3}$	滴定时消耗的 EDTA 的体积，V_{Al}	水泥试样的质量 m (g)	三氧化二铝的含量（%）	三氧化二铝的含量均值（%）

表 1-8　水泥二氧化硅含量实验数据记录表

实验次数	每毫升 EDTA 相当于二氧化硅的质量，T_{SiO_2}	滴定时消耗的 EDTA 的体积，V_{Si}	水泥试样的质量 m (g)	二氧化硅的含量（%）	二氧化硅的含量均值（%）

六、测定结果的重复性限和再现性限

测定结果的重复性限和再现性限见表 1-9。

表 1-9　水泥各化学成分的重复性限和再现性限

成分	含量范围（%）	重复性限（%）	再现性限（%）
氧化钙		0.25	0.4
氧化镁		≤2% >2%	0.25 0.3
三氧化二铁	≤0.5% 0.5%～5% >5%	0.1 0.15 0.2	0.15 0.2 0.3
三氧化二铝		0.2	0.3
二氧化硅		0.2	0.3

讨论：测试水泥中氧化钙、氧化镁、三氧化二铁、三氧化二铝、二氧化硅的含量对于水泥的生产及性能有何指导意义？

第五节　游离氧化钙含量

一、实验目的

测定水泥中游离氧化钙的含量，作为评价水泥体积安定性的依据。

二、实验原理

在加热搅拌下，使试样中的游离氧化钙与乙二醇作用生成弱碱性的乙二醇钙，以酚酞为指示剂，用苯甲酸无水乙醇标准溶液滴定。

三、实验设备及试剂

（1）设备：游离氧化钙测定仪、干燥器、玛瑙研钵、滴定管、称量瓶、烧杯、量筒、广口瓶、锥形瓶、冷凝管。

（2）试剂：苯甲酸-无水乙醇标准溶液（0.1mol/L）、乙二醇-无水乙醇溶液 2∶1。

四、实验步骤

（1）苯甲酸-无水乙醇标准溶液的标定。准确称取 0.04～0.05g 氧化钙（基准试剂）预先在 950～1000℃高温炉内烧至恒定质量，置于 150mL 干燥锥形瓶内，加入 15mL 乙二醇-无水乙醇溶液，装上回流冷凝管，在有石棉网的电炉上加热至沸腾，直至溶液呈深红色，取下锥形瓶，立即用 0.1mol/L 苯甲酸无水乙醇标准溶液滴定至微红色消失，再如此反复操作，加热 10min 后不再出现红色为止。

苯甲酸-无水乙醇标准溶液对氧化钙的滴定度按式（1-10）计算：

$$T_{\mathrm{CaO}}=\frac{m\times1000}{V} \tag{1-10}$$

式中　T_{CaO}——每 1mL 苯甲酸-无水乙醇标准溶液对氧化钙的滴定度；

m——氧化钙的质量（g）；

V——滴定时消耗苯甲酸-无水乙醇标准溶液的体积（mL）。

（2）称取约 0.5g 水泥试样（m），精确至 0.0001g，置于 250mL 干燥的锥形瓶中，加入 30mL 乙二醇-无水乙醇溶液，放入一根干燥的搅拌子，装上冷凝管，置于游离氧化钙测定仪上，以适当的速度搅拌溶液，同时加热煮沸，当冷凝出的乙醇开始连续滴下时，继续搅拌加热微沸 5min（此时溶液呈微红色），取下锥形瓶，立即用苯甲酸-无水乙醇标准溶液滴定至微红色消失。

五、数据处理与记录

游离氧化钙的质量分数按式（1-11）计算，相关数据记录于表 1-10。

$$w_{f\text{-}\mathrm{CaO}}=\frac{T_{\mathrm{CaO}}\times V}{m\times1000}\times100\% \tag{1-11}$$

式中　$w_{f\text{-}\mathrm{CaO}}$——游离氧化钙的质量分数（%）；

V——滴定时消耗苯甲酸-无水乙醇标准滴定溶液的体积（mL）；

m——水泥试样的质量（g）。

表 1-10　水泥中游离氧化钙含量实验数据记录表

实验次数	苯甲酸无水乙醇标准滴定溶液对游离氧化钙的滴定度，$T_{f\text{-}\mathrm{CaO}}$	滴定时消耗苯甲酸-无水乙醇标准滴定溶液的体积，V（mL）	水泥试样的质量 m（g）	游离氧化钙的含量（%）	游离氧化钙的含量均值（%）

讨论：水泥中游离氧化钙含量过高时会引起水泥体积安定性不良，其影响机理是什么？

第六节 细　　度

一、实验目的

测定水泥细度，检验水泥的粗细程度，以作为评定水泥质量的依据之一。

二、实验原理

采用 45μm 或 80μm 方孔筛对水泥试样进行筛析实验，用筛上筛余物的质量占试样原始质量的百分数来表示水泥样品的细度。

三、实验材料

硅酸盐水泥样品，实验时取样应有代表性，样品处理方法应按照《水泥取样方法》（GB 12573—2008）第 3.5 条进行。

四、实验设备

（1）试验筛

由圆形筛框和筛网组成，筛网符合《试验筛 金属丝编织网、穿孔板和电成型薄板筛孔的基本尺寸》（GB/T 6005—2008）R20/380μm 和 45μm 的要求；试验筛分负压筛、水筛和手工筛三种。负压筛和水筛的结构尺寸应符合图 1-1 和图 1-2 要求，负压筛应附有透明筛盖，筛盖与试验筛上口应有良好的密封性。手工筛结构符合《试验筛 技术要求和检验 第 1 部分：金属丝编织网试验筛》（GB/T 6003.1—2012），其中筛框高度为 50mm，筛子直径为 150mm。

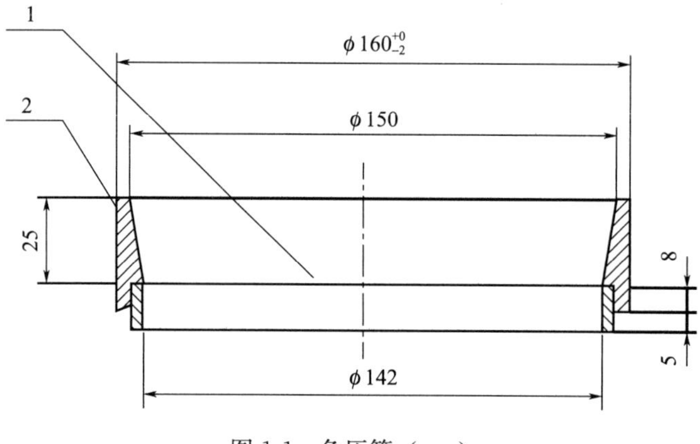

图 1-1 负压筛（mm）

1—筛网；2—筛框

（2）负压筛析仪

由筛座、负压筛、负压源及收尘器组成，其中筛座由转速位 30r/min±2r/min 的喷气嘴、负压表、控制板、微电机及壳体等组成。筛析仪负压可调范围为 4000～6000Pa。喷气嘴上口平面与筛网之间距离为 2～8mm。负压源和收尘器由功率≥600W 的工业收尘器和小型旋风收尘筒组成或用其他具有相当功能的设备组成。

（3）水筛架和喷头

水筛架和喷头的结构尺寸应符合《水泥标准筛和筛析仪》（JC/T 728—2005）的规定，但其中水砂架上筛座内径为 140mm±3mm。

（4）天平

最小分度值不大于 0.01g。

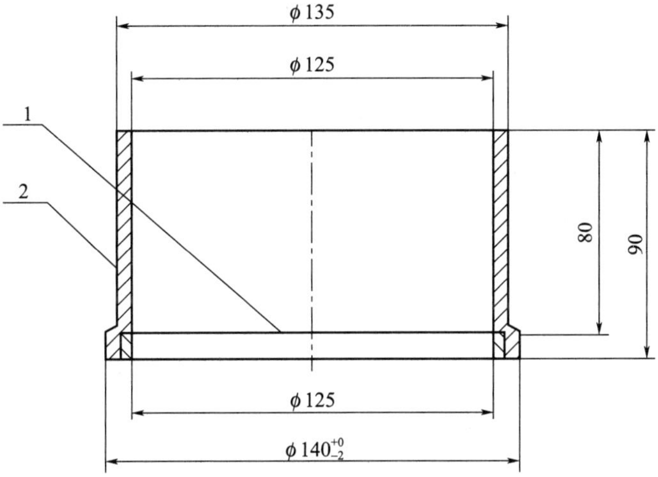

图 1-2 水筛（mm）

1—筛网；2—筛框

五、实验步骤

（1）实验准备

实验前所有实验筛应保持清洁，负压筛和手工筛应保持干燥。实验时，80μm 筛析实验称取试样 25g，45μm 筛析实验称取试样 10g。

（2）负压筛析法

筛析实验前应把负压筛放在筛座上，盖上筛盖，接通电源，检查控制系统，调节负压至 4000～6000Pa 范围。

称取试样 25g，精确至 0.01g，置于洁净的负压筛中，放在筛座上，盖上筛盖，接通电源，开动筛析仪连续筛析 2min，在此期间如有试样附在筛盖上，可轻轻地敲击筛盖使试样落下，筛毕，用天平称量全部筛余物。

（3）水筛法

筛析实验前，应检查水中无泥、砂，调整好水压及水筛架的位置，使其能正常运转，并控制喷头底面和筛网之间距离为 35～75mm。

称取试样 25g，精确至 0.01g，置于洁净的水筛中，立即用淡水冲洗至大部分细粉通过后，放在水筛架上，用水压为 0.05MPa±0.02MPa 的喷头连续冲洗 3min。筛毕，用少量水把筛余物冲至蒸发皿中，等水泥颗粒全部沉淀后，小心倒出清水，烘干并用天平称量全部筛余物。

（4）手工筛析法

称取水泥试样 25g，精确至 0.01g，倒入手工筛内。

用一只手持筛往复摇动，另一只手轻轻拍打，往复摇动和拍打过程应保持近于水平。拍打速度每分钟约 120 次，每 40 次向同一方向转动 60°，使试样均匀分布在筛网上，直至每分钟通过的试样量不超过 0.03g 为止，称量全部筛余物。

六、数据处理与记录

（1）计算

水泥试样筛余百分数按式（1-12）计算，同时将实验数据记录于表 1-11。

$$F=\frac{R_t}{W}\times 100\% \tag{1-12}$$

式中 F——水泥试样的筛余质量分数（%）；

R_t——水泥筛余物的质量（g）；

W——水泥试样的质量（g）。

计算结果精确至 0.1%。

（2）数据评定

合格评定时，每个试样应称取两个试样分别筛析，取筛余平均值作为筛析结果。若两次筛余结果绝对误差大于 0.5%时（筛余值大于 5%时，可放至 1%）应再做一次实验，取两次相近结果的算术平均值作为最终结果。负压筛析法、水筛法和手工筛析法测定的结果发生争议时，以负压筛析法为准。

表 1-11 水泥细度实验记录表

编号	试样质量（g）	筛余量

讨论：水泥的细度对其水化硬化性能有何影响？

第七节 标准稠度用水量

一、实验目的

测定水泥的标准稠度用水量旨在为测定水泥凝结的时间、体积安定性等性能的实验做好准备。使其具有准确的可比性。

二、实验原理

水泥标准稠度净浆对标准试杆的沉入具有一定阻力，通过实验不同含水量水泥净浆的穿透性，以确定水泥标准稠度净浆中所需加入的水量。

三、实验材料

（1）水泥样品；

（2）洁净的饮用水，如有争议时应以蒸馏水为主。

四、实验设备

（1）水泥净浆搅拌机：符合《水泥净浆搅拌机》（JC/T 729—2005）要求。

（2）标准法维卡仪：如图 1-3 所示，标准稠度测定用试杆［图 1-3（c）］有效长度为 50mm±1mm，由直径为 10mm±0.05mm 的圆柱形耐腐蚀金属制成。测定凝结时间时取下试杆，用试针［图 1-3（d）、图 1-3（e）］代替试杆。试针由钢制成，其有效长度初凝针为 50mm±1mm，终凝针为 30mm±1mm，直径为 1.13mm±0.05mm 的圆柱体。滑动部分的总质量为 300g±1g。与试杆、试针连接的滑动杆表面应光滑，能靠重力自由下落，不得有紧涩和摇动现象。盛装水泥净浆的试模［图 1-3（a）］由耐腐蚀的、有足够硬度的金属制成。试模为 40mm±0.2mm，顶内径为 65mm±0.5mm，底内径为 75mm±0.5mm 的截顶圆锥体。每只试模应配备一个边长或直径为 100mm、厚度 4～5mm 的平板玻璃底板或金属底板。

（3）天平，精度 0.1g。

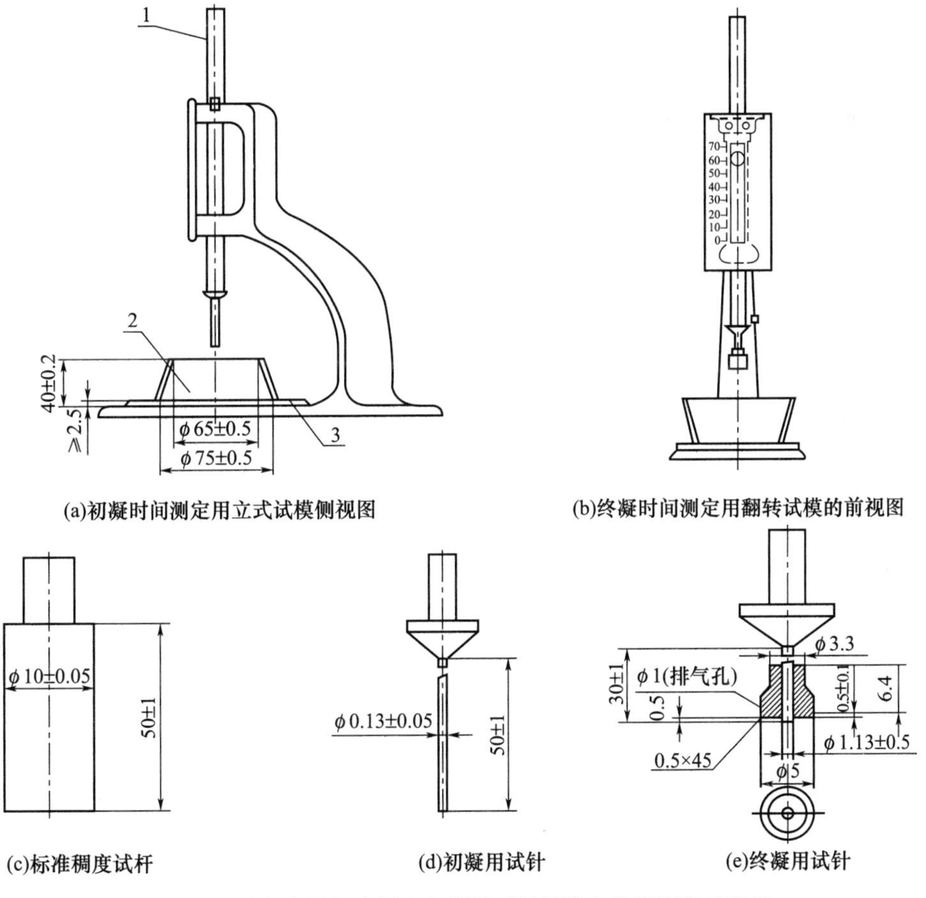

图 1-3 测定水泥标准稠度和凝结时间用维卡仪及配件示意图

1—滑动杆；2—试模；3—玻璃板

五、实验步骤

（1）实验前准备工作

维卡仪的滑动杆能自由滑动，试模和玻璃底板用湿布擦拭，将试模放在底板上，调整至试杆接触玻璃板时指针对准零点。搅拌机运行正常。

（2）水泥净浆的拌制

用水泥净浆搅拌机搅拌，搅拌锅和搅拌叶片先用湿布擦过，将拌和水倒入搅拌锅内，然后在5～10s内小心将称量好的500g水泥加入水中，防止水和水泥溅出；拌和时，先将锅放在搅拌机的锅座上，升至搅拌位置，启动搅拌机，低速搅拌120s，同时将叶片和锅壁上的水泥浆刮入锅中间，接着高速搅拌120s停机。

（3）标准稠度用水量的测定

拌和结束后，立即取适量水泥净浆一次性装入已置于玻璃底板上的试模中，浆体超过试模上端，用宽约25mm的直边刀轻轻拍打超出试模部分的浆体5次以排除浆体中的孔隙，然后在试模上表面约1/3处，略倾斜于试模分别向外轻轻锯掉多余净浆，再从试模边沿轻抹顶部一次，使净浆表面光滑。在锯掉多余净浆和抹平的操作过程中，注意不要压实净浆；抹平后迅速将试模和底板移到维卡仪上，并将其中心定在试杆下，降低试杆直至与水泥净浆表面接触，拧紧螺丝1～2s后，突然放松，使试杆垂直自由地沉入水泥净浆中。在试杆停止沉入或释放试杆30s时，记录试杆距底板之间的距离，升起试杆后，立即擦净；整个操作应在搅拌后1.5min内完成。以试杆沉入净浆并距底板6mm±1mm的水泥净浆为标准稠度净浆。其拌和水量为该水泥的标准稠度用水量（P），按水泥质量分数计。

六、数据处理与记录

水泥的标准稠度用水量按式（1-13）计算。实验数据记录于表1-12中。

$$P=\frac{W}{500}\times 100\% \tag{1-13}$$

式中　P——水泥标准稠度用水量（mL）；

W——水泥净浆达到标准稠度时水的用量（mL）。

表1-12　水泥标准稠度用水量实验记录

测定次数	试样质量（g）	拌和用水量（mL）	试杆至玻璃板的距离（mm）	标准稠度用水量（mL）
	500			
	500			
	500			

讨论：为什么要测定水泥的标准稠度用水量？

第八节 凝结时间

一、实验目的

为了确定水泥凝结时间是否在规定范围内。

二、实验原理

试针沉入水泥标准稠度净浆至一定深度所需的时间。

三、实验材料

(1) 水泥样品;

(2) 洁净的饮用水，如有争议时应以蒸馏水为主。

四、实验设备

水泥净浆搅拌机、标准法维卡仪、天平、湿气养护箱、量筒或滴定管(精度±0.5mL)。

五、实验条件

(1) 实验室温度为20℃±2℃，相对湿度应不低于50%；水泥试样、拌和水、仪器和用具的温度应与实验室一致；

(2) 湿气养护箱的温度为20℃±1℃，相对湿度不低于90%。

六、实验步骤

(1) 实验前准备工作

调整凝结时间，测定仪的试针接触玻璃板时指针对准零点。

(2) 试样的制备

以标准稠度用水量按标准稠度用水量测定中描述的方法制成标准稠度水泥净浆，继续按照标准法测定水泥标准稠度用水量描述的方法对制备的标准稠度水泥净浆进行装模并刮平，随后立即放入湿气养护箱中。记录水泥全部加入水中的时间作为凝结时间的起始时间。

(3) 初凝时间的测定

试样在湿气养护箱中养护至加水后30min时进行第一次测定。测定时，从湿气养护箱中取出试模放到试针下，降低试针，使其与水泥净浆表面接触。拧紧螺丝1～2s后突然放松，试针垂直自由地沉入水泥净浆。观察试针停止下沉或释放试针30s时指针的读数。临近初凝时间时每隔5min(或更短时间)测定一次，当试针沉至距底板4mm±1mm时，为水泥达到的初凝状态；由水泥全部加入水中至初凝状态的时间为水泥的初凝时间，用分钟(min)来表示。

(4) 终凝时间的测定

为了准确观测试针沉入的状况，在终凝针上安装了一个环形附件[图1-3(e)]，在完成初凝时间测定后，立即将试模连同浆体以平移的方式从玻璃板取下，翻转180°，将其直径大端向上、小端向下放在玻璃板上，再放入湿气养护箱中继续养护。临近终凝时间时每隔15min（或更短时间）测定一次，当试针沉入试体0.5mm时，即环形附件开始不能在试体上留下痕迹时，为水泥达到的终凝状态。由水泥全部加入水中至终凝状态的时间为水泥的终凝时间，用分钟（min）来表示。

（5）测定注意事项

测定时应注意，在最初测定的操作时应轻轻扶持金属柱，使其徐徐下降，以防试针撞弯，但结果以自由下落为准；在整个测试过程中试针沉入的位置至少要距试模内壁10mm。临近初凝时，每隔5min（或更短时间）测定一次，临近终凝时每隔15min（或更短时间）测定一次，到达初凝时应立即重复测一次，当两次结论相同时才能确定到达初凝状态，到达终凝时，需要在试体另外两个不同点测试，确认结论相同才能确定到达终凝状态。每次测定不能让试针落入原针孔，每次测试完毕需将试针擦净并将试模放回湿气养护箱内，整个测试过程要防止试模受振。

注：可以使用能得出与标准中规定方法相同结果的凝结时间自动测定仪，有矛盾时以标准规定方法为准。

七、数据处理与记录

如实填写水泥凝结时间测试记录表1-13。

表1-13　水泥凝结时间测试记录表

厂家				品种			
实验编号				实验日期			
项目	初凝时间				终凝时间		
序号	测试开始时间	时长（min）	温度（℃）	试针距底板距离（mm）	测试开始时间	时长（min）	温度（℃）	试针下沉深度（mm）
1								
2								
3								
……								

讨论：水泥的凝结时间对其工程应用有何实际意义？

第九节　安定性

一、实验目的

掌握水泥安定性的测试方法及测定技术标准。

二、实验原理

（1）雷氏法是通过测定水泥标准稠度，净浆在雷氏夹中沸煮后试针的相对位移表征其体积膨胀的程度。

（2）试饼法是通过观测水泥标准稠度，净浆试饼煮沸后的外形变化情况表征其体积的安定性。

三、实验材料

（1）水泥样品；

（2）洁净的饮用水，如有争议时应以蒸馏水为主。

四、实验设备

（1）水泥净浆搅拌机。

（2）雷氏夹：由铜质材料制成，其结构如图 1-4 所示。当一根指针的根部先悬挂在一根金属丝或尼龙丝上，另一根指针的根部再挂上 300g 质量的砝码时，两根指针针尖的距离增加应在 17.5mm±2.5mm 范围内，即 $2x$=17.5mm±2.5mm（图 1-5），当去掉砝码后针尖的距离能恢复至挂砝码前的状态。

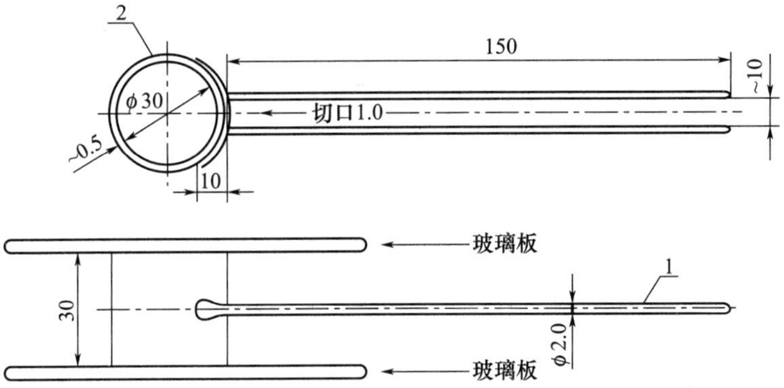

图 1-4　雷氏夹（mm）

1—指针；2—环模

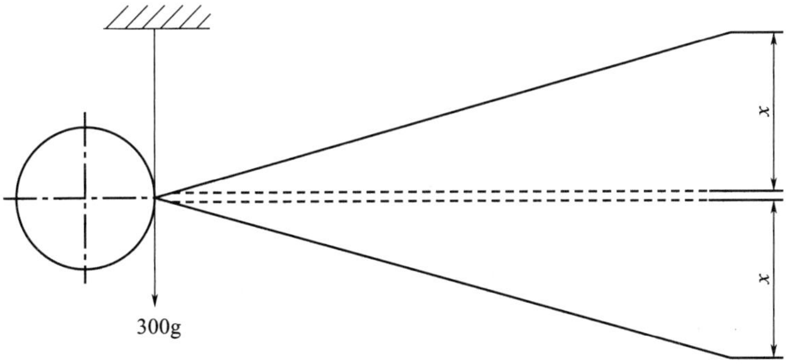

图 1-5　雷氏夹受力示意图

（3）沸煮箱：有效容积约为 410mm×240mm×310mm，篦板的结构应不影响实验结果，篦板与加热器之间的距离大于 50mm。箱的内层由不易锈蚀的金属材料制成，能在 30min 土 5min 内将箱内的实验用水由室温升至沸腾状态并保持 3h 以上，整个实验过程中不需补充水量。

（4）雷氏夹膨胀测定仪：如图 1-6 所示，标尺最小刻度为 0.5mm。

（5）其他：湿气养护箱、量筒或滴定管（精度±0.5mL）。

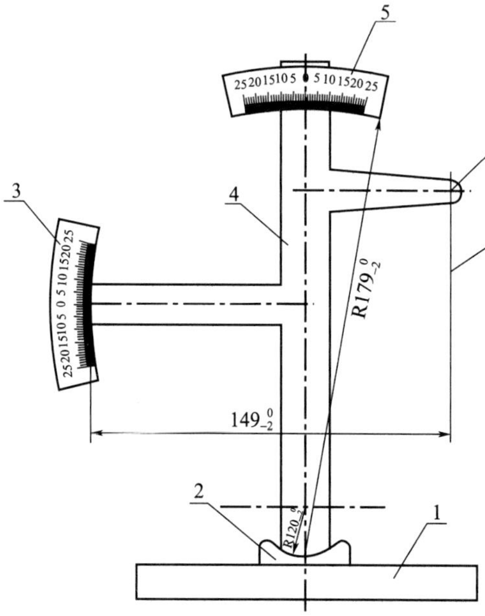

图 1-6　雷氏夹膨胀测定仪

1—底座；2—模子座；3—测弹性标尺；4—立柱；5—测膨胀值标尺；6—悬臂；7—悬丝

五、实验条件

实验室温度为 20℃±2℃，相对湿度应不低于 50%；水泥试样、拌和水、仪器和用具的温度应与实验室一致。

六、实验步骤

（1）标准法

① 实验前准备工作

每个试样需成型两个试件，每个雷氏夹需配备两个边长或直径约 80mm、厚度 4～5mm 的玻璃板，凡与水泥净浆接触的玻璃板和雷氏夹内表面都要稍稍涂上一层油。

② 雷氏夹试件的成型

将预先准备好的雷氏夹放在擦油的玻璃板上，并立即将已制好的标准稠度净浆一次装满雷氏夹，装浆时一只手轻轻扶持雷氏夹，另一只手用宽约 25mm 的直边刀在浆体表面轻轻插捣 3 次，然后抹平，盖上稍涂油的玻璃板，接着立即将试件移至湿气养护箱内养护 24h±2h。

③ 沸煮

调整好沸煮箱内的水位，使其能保证在整个沸煮过程中都超过试件，不需中途添加实验用水，同时又能保证在 30min±5min 内升至沸腾。脱去玻璃板取下试件，先测量雷氏夹指针尖端间的距离（*A*），精确到 0.5mm，接着将试件放入沸煮箱水中的试件架上，指针朝上，然后在 30min±5min 内加热至沸腾，并恒沸 180min±5min。沸煮结束后，立即放掉沸煮箱中的热水，打开箱盖，待箱体冷却至室温，取出试件进行判别。测量雷氏夹指针尖端的距离（*C*），精准确至 0.5mm。当两个试件煮后增加距离（*C*—*A*）的平均值不大于 5.0mm 时，即认为该水泥安定性合格；当两个试件煮后增加距离（*C*—*A*)的平均值大于 5.0mm 时，应用同一样品种立即重做一次实验。以复检结果为准。

（2）代用法

① 实验前准备工作

每个样品需准备两块边长约 100mm 的玻璃板，凡与水泥净浆接触的玻璃板都要稍稍涂上一层油。

② 试饼的成型方法

将制好的标准稠度净浆取出一部分分成两等份，使之成球形，放在预先准备好的玻璃板上，轻轻振动玻璃板并用湿布擦过的小刀由边缘向中央抹，做成直径 70～80mm、中心厚约 10mm、边缘渐薄、表面光滑的试饼，接着将试饼放入湿气养护箱内养护 24h±2h。

③ 沸煮

调整好沸煮箱内的水位，使其能保证在整个沸煮过程中都超过试件，不需中途添加实验用水，同时又能保证在 30min±5min 内升至沸腾。脱去玻璃板取下试饼，在试饼无缺陷的情况下将试饼放在沸煮箱水中的篦板上，在 30min±5min 内加热至沸并恒沸 180min±5min。

七、数据处理与记录

根据实验结果，如实填写表 1-14。

表 1-14 水泥安定性实验数据记录表

<table>
<tr><td rowspan="2">试样编号</td><td colspan="2">安定性实验</td></tr>
<tr><td>（试饼法）（试样有无裂缝及弯曲现象）</td><td>（雷氏法）</td></tr>
<tr><td>1</td><td></td><td>A=（ ）
C=（ ）
C—A=（ ）</td></tr>
<tr><td>2</td><td></td><td>A=（ ）
C=（ ）
C—A=（ ）</td></tr>
</table>

八、结果判别

标准法：沸煮结束后，立即放掉沸煮箱中的热水，打开箱盖，待箱体冷却至室温，取出试件进行判别。测量雷氏夹指针尖端的距离（*C*），准确至 0.5，当两个试件沸煮后增加距离（*C*—*A*）的平均值不大于 5.0mm 时，即认为该水泥安定性合格；当两个试件的（$C—A$）值相差超过 4.0mm 时，应用同一样品立即重做一次实验。再如此，则认为该水泥为安定性不合格。

代用法：沸煮结束后，立即放掉沸煮箱中的热水，打开箱盖，待箱体冷却至室温，取出试件进行判别。目测试饼未发现裂缝，用钢直尺检查也没有弯曲（使钢直尺和试饼底部紧靠，以两者间不透光为不弯曲）的试饼为安定性合格，反之为不合格。当两个试饼判别结果有矛盾时，该水泥的安定性为不合格。

讨论：体积安定性不良的水泥应用于工程中有何危害？

第十节　强　　度

一、实验目的

测定水泥胶砂试件的 3d 和 28d 抗折强度和抗压强度，评定水泥的强度等级。

二、实验原理

成型标准水泥胶砂试样，标准养护至龄期，采用标准方法测试胶砂试样的抗折强度和抗压强度。

三、实验材料

（1）水泥试样；

（2）中国 ISO 标准砂；

（3）水，验收实验或有争议时应使用符合《分析实验室用水规格和试验方法》（GB/T 6682—2008）规定的三级水，其他实验可用饮用水。

四、实验设备

（1）实验室

实验室的温度应保持在 20℃±2℃，相对湿度不应低于 50%。

（2）养护箱

带模养护试体养护箱的温度应保持在 20℃±1℃，相对湿度不低于 90%。养护箱的温度和湿度在工作期间至少每 4h 记录 1 次。在自动控制的情况下记录次数可以酌减至每天 2 次。

（3）养护水池

水养用养护水池（带篦子）的材料不应与水泥发生反应。试体养护池水温度应保持在 20℃±2℃。试体养护池的水温度在工作期间每天至少记录 1 次。

（4）实验用水泥、中国 ISO 标准砂和水应与实验室温度相同。

（5）搅拌机

行星式搅拌机，如图 1-7 所示。

（6）三联试模

实验用三联试模如图 1-8 所示。成型操作时，应在试模上面加有一个壁高 20mm 的金属模套，当从上往下看时，模套壁与试模内壁应该重叠，超出内壁不应大于 1mm。为了控制料层厚度和刮平，应备有图 1-9 所示的两个布料器和刮平金属直边尺。

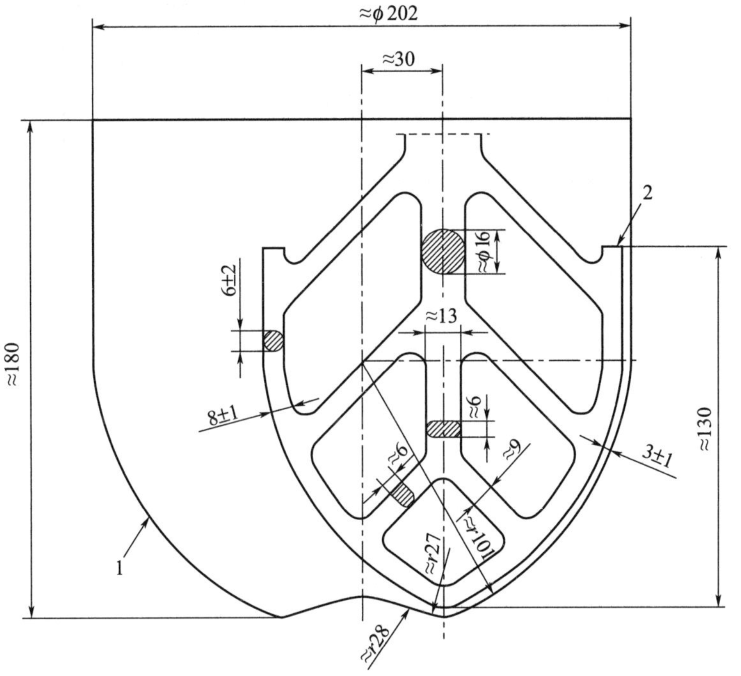

图 1-7 行星式搅拌机的典型锅和叶片（mm）

1—搅拌锅；2—搅拌叶片

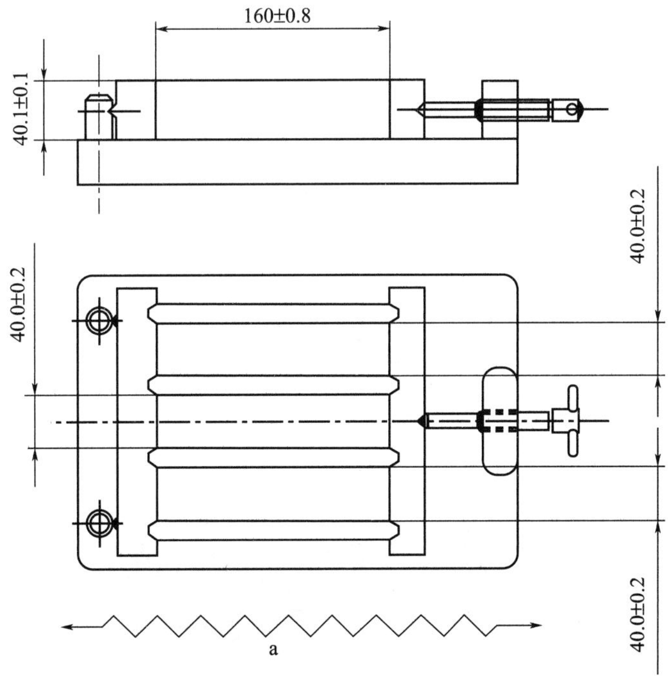

图 1-8 典型的试模（mm）

a—以锯割方式刮平

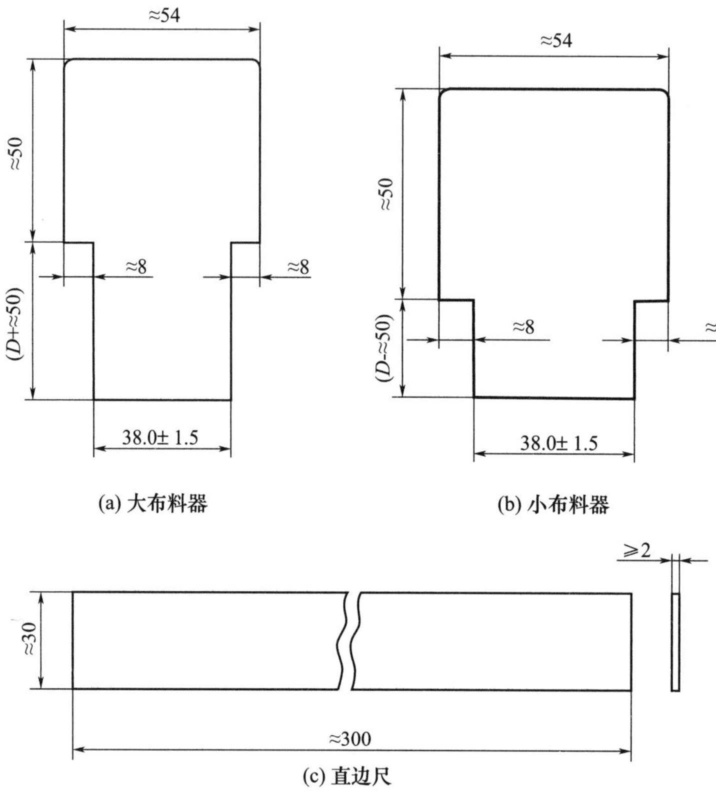

(a) 大布料器　(b) 小布料器

(c) 直边尺

图 1-9　典型的布料器和直边尺（mm）

（7）振实台

振实台为基准成型设备，其结构如图 1-10 所示。振实台应安装在高度约 400mm 的混凝土基座上。混凝土基座体积应大于 0.25m³，质量应大于 600kg。将振实台用地脚

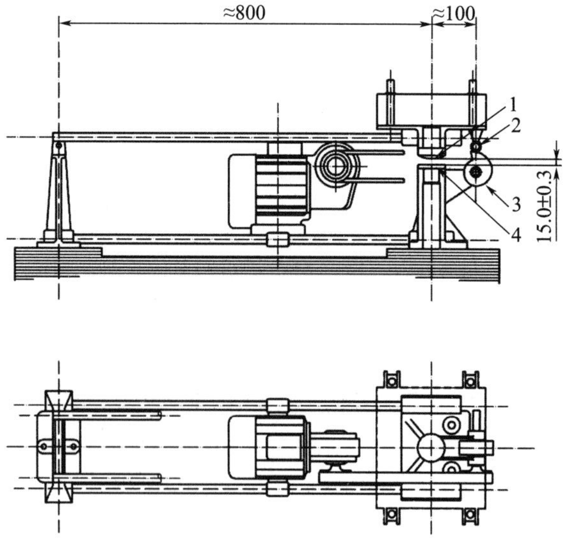

图 1-10　典型的振实台（mm）

1—突头；2—随动轮；3—凸轮；4—止动器

螺丝固定在基座上，安装后台盘成水平状态，振实台底座与基座之间要铺一层胶砂以保证它们的完全接触。

（8）试验机

抗折强度试验机应符合《水泥胶砂电动抗折试验机》（JC/T 724—2005）的要求，试体在夹具中的受力状态如图 1-11 所示。抗压强度试验机应符合《水泥胶砂强度自动压力试验机》（JC/T 960—2022）的要求。

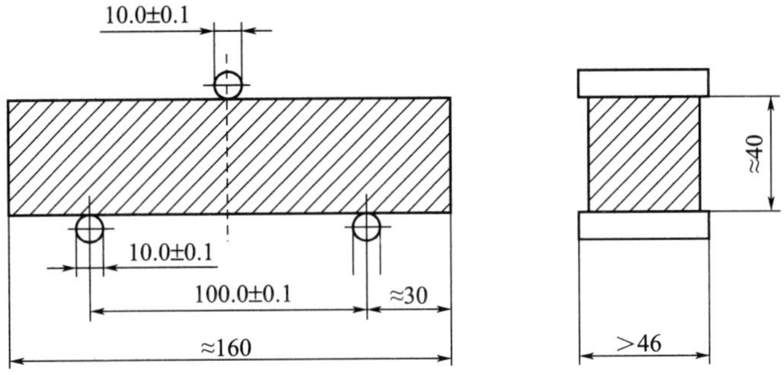

图 1-11 抗折强度测试加荷示意图（mm）

（9）抗压夹具

当需要使用抗压夹具时，应把抗压夹具放在压力机的上下压板之间并与压力机处于同一轴线，以便将压力机的荷载传递至胶砂试体表面。典型的抗压夹具如图 1-12 所示。

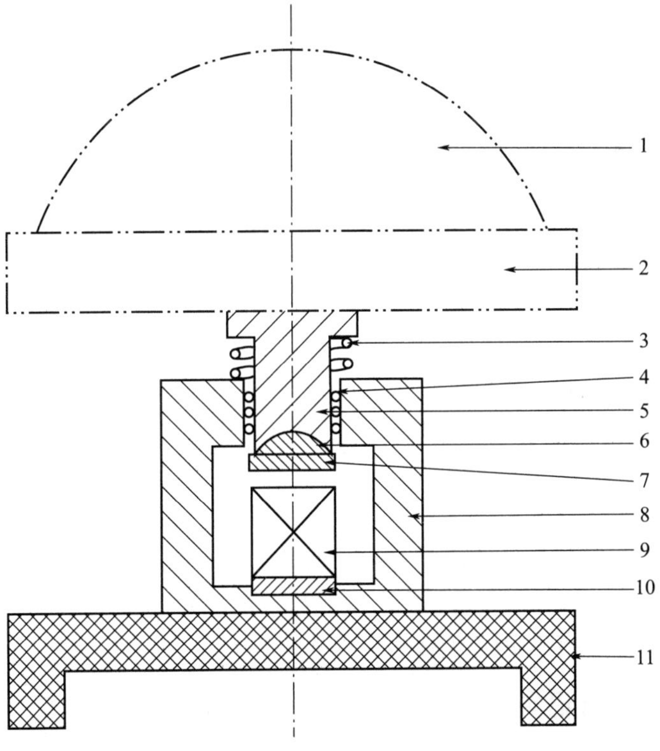

图 1-12 典型的抗压夹具

1—压力机球座；2—压力机上压板；3—复位弹簧；4—滚珠轴承；5—滑块；6—夹具球座；7—夹具上压板；8—夹具框架；9—试体；10—夹具下压板；11—压力机下压板

（10）其他设备

天平：分度值不大于±1g；计时器：分度值不大于±1s；加水器：分度值不大于±1mL。

五、实验步骤

（1）将试模擦净并在模板的四周及与底座的接触面上涂抹黄油，使其紧密装配，防漏浆，内壁稍稍涂上一层机油，然后将试模和模套固定在振实台上。

（2）一次成型三条试体，需称量水泥 450g ± 2g，标准砂 1350g ± 5g，用水量 225mL。

（3）使搅拌机处于待工作状态，把水加入锅里，再加入水泥，把锅放在固定架上，上升至固定位置，开动机器。低速搅拌 30s 后，在第二个 30s 开始的同时均匀地将砂子加入。当各级砂是分装时，从最粗粒级开始，依次将所需的每级砂量加完，把机器转至高速再拌 30s。停拌 90s，在第一个 15s 内用一胶皮刮具将叶片和锅壁上的胶砂，刮入锅中间，在高速下继续搅拌 60s。各个搅拌阶段时间误差在±1s 内。

（4）用一个适当的勺子直接从搅拌锅里将胶砂分层装入固定在振实台上的试模内。装第一层时，每个槽里约放 300g 胶砂，用大播料器垂直架在模套顶部沿每个模槽来回一次将料层播平，振实 60 次。再装入第二层胶砂，用小播料器播平，再振实 60 次。移走模套，从振实台上取下试模，用一金属直尺以近似 90°的角度架在试模模顶的一端，然后沿试模长度方向以横向锯割动作慢慢向另一端移动，将超过试模部分的胶砂刮去，接着在试模上做标记或加字条标明试体编号。

（5）将成型好的试件连模放入标准养护箱内养护，在温度为 20℃±1℃，相对湿度不低于 90%的条件下养护 20～24h 之间脱模。将试件从养护箱中取出，用墨笔编号时应将每只模中三条试件编在两个龄期内，同时编上成型与测试日期。然后脱模，脱模时应防止损坏试件。硬化较慢的水泥允许 24h 以后脱模，但须记录脱模时间。试件脱模后立即水平或竖直放入水槽中养护，养护水温为 20℃±1℃，水平放置时刮平面应朝上。试件之间留有间隙，水面至少高出试件 5mm。最初用自来水装满水池，并随时加水以保持恒定水位，不允许在养护期间全部换水。

（6）抗折强度测定

用抗折强度试验机测定抗折强度。将试体一个侧面放在试验机支撑圆柱上，试体长轴垂直于支撑圆柱，通过加荷圆柱以 50N/s±10N/s 的速率均匀地将荷载垂直地加在棱柱体相对侧面上，直至折断。保持两个半截棱柱体处于潮湿状态直至抗压实验完成。

（7）抗压强度测定

抗折强度实验完成后，取出两个半截试体，进行抗压强度实验。用抗压强度试验机测定抗压强度。在半截棱柱体的侧面上进行施加荷载，半截棱柱体中心与压力机压板受压中心差应在±0.5mm 内，棱柱体露在压板外的部分约有 10mm。在整个加荷过程中以 2400N/s±200N/s 的速率均匀地加荷直至破坏。

六、数据处理与记录

抗折强度按式（1-14）进行计算：

$$R_f = 3F_f \times L / 2b^3 \qquad (1\text{-}14)$$

式中 R_f——抗折强度（MPa）；

F_f——折断时施加于棱柱体中部的荷载（N）；

L——支撑圆柱之间的距离（mm）；

b——棱柱体正方形截面的边长（mm）。

以一组三个棱柱体抗折强度结果的平均值作为实验结果。当三个强度值中有一个超出平均值的±10%时，应剔除后再取平均值作为抗折强度实验结果；当三个强度值中有两个超出平均值±10%时，则以剩余一个作为抗折强度结果。

单个抗折强度结果精确至0.1MPa，算术平均值精确至0.1MPa。

抗压强度按式（1-15）进行计算，受压面积计为1600mm²。

$$R_c=\frac{F_c}{A} \tag{1-15}$$

式中 R_c——抗压强度（MPa）；

F_c——破坏时的最大荷载（N）；

A——受压面积（mm²）。

以一组三个棱柱体上得到的六个抗压强度测定值的平均值为实验结果。当六个测定值中有一个超出六个平均值的±10%时，剔除这个结果，再以剩下五个的平均值为结果。当五个测定值中再有超过它们平均值的±10%时，则此组结果作废。当六个测定值中同时有两个或两个以上超出平均值的±10%时，则此组结果作废。单个抗压强度结果精确至0.1MPa，算术平均值精确至0.1MPa。

根据实验结果，如实填写表1-15。

表1-15 水泥胶砂强度实验数据记录表

试体龄期	抗折强度			抗压强度		
	破坏荷载 F_f（N）	抗折强度 R_f（MPa）	均值（MPa）	破坏荷载 F_c（N）	抗压强度 R_c（MPa）	均值（MPa）
3d						
28d						
水泥强度等级						

讨论：如何根据水泥的胶砂强度确定其强度等级？

第十一节　水泥胶砂流动度

一、实验目的

水泥胶砂流动度是水泥胶砂流动性的一种技术指标，是确定水泥胶砂适宜用水量的依据。

二、实验原理

通过测量一定配比的水泥胶砂在规定振动状态下的扩展范围来衡量其流动性。

三、实验条件及材料

（1）实验室、设备、拌和水、样品。

应符合《水泥胶砂强度检验方法（ISO 法）》（GB/T 17671—2021）中第 5 条实验室和设备的有关规定。

（2）胶砂组成

胶砂材料用量按相应标准要求或实验设计确定。

四、实验设备

（1）胶砂搅拌机。

（2）水泥胶砂流动度测定仪，简称跳桌。

（3）试模：用金属材料制成，由截锥圆模和模套组成。截锥圆模内壁光滑，尺寸为：60mm±0.5mm；上口内径 70mm±0.5mm；下口内径 100mm±0.5mm；下口外径 120mm，模壁厚度大于 5mm。模套与截锥圆模配合使用。

（4）捣棒：用金属材料制成，直径为 20mm±0.5mm，长度约 200mm，捣棒底面与侧面成直角，其下部光滑，上部手柄滚花。

（5）卡尺：量程不小于 300mm，分度值不大于 0.5mm。

（6）小刀：刀口直平，长度大于 80mm。

（7）秒表：分度值为 1s。

五、实验步骤

（1）如跳桌在 24h 内未被使用，先空跳一个周期 25 次。

（2）按照水泥胶砂强度实验描述的方法制备胶砂，胶砂的用量按实验设计确定。在制备胶砂的同时，用潮湿棉布擦拭跳桌台面、试模内壁、捣棒以及与胶砂接触的用具，将试模放在跳桌台面中央并用潮湿棉布覆盖。

（3）将拌好的胶砂分两层迅速装入试模，第一层装至截锥圆模高度约三分之二处，用小刀在相互垂直两个方向各划 5 次，用捣棒由边缘至中心均匀捣压 15 次；随后，装第二层胶砂，装至高出截锥圆模约 20mm，用小刀在相互垂直两个方向各划 5 次，再用捣棒由边缘至中心均匀捣压 10 次。捣压后胶砂应略高于试模。捣压深度，第一层捣至胶砂高度的二分之一，第二层捣实不超过已捣实底层表面。装胶砂和捣压时，用手扶稳试模，不要使其移动。

（4）捣压完毕，取下模套，将小刀倾斜，从中间向边缘分两次以近水平的角度抹去高出截锥圆模的胶砂，并擦去落在桌面上的胶砂。将截锥圆模垂直向上轻轻提起。立刻开动跳桌，以每秒钟一次的频率，在 25s±1s 内完成 25 次跳动。

（5）跳动完毕，用卡尺测量胶砂底面最大扩散直径及与其垂直方向的直径，计算平均值，精确至 1mm，即为该水量下的水泥胶砂流动度。流动度实验，从胶砂加水开始到测量扩散直径结束，应在 6min 内完成。

六、数据处理与记录

如实填写实验数据记录表 1-16。

表 1-16 水泥胶砂流动度实验记录表

编号	水用量（mL）	水泥用量（g）	水灰比	标准砂用量（g）	地面最大扩散直径（mm）	垂直方向上的直径（mm）	流动度（mm）

讨论：水泥胶砂流动度实验不是必检项目，为何只有火山灰水泥才检此项?

第十二节 水泥及其制品检测案例

由中国建筑材料集团公司所属中国建筑材料科学研究总院承担的“高性能低热硅酸盐水泥（高贝利特水泥）的制备及应用”项目，获得 2006 年度国家技术发明奖二等奖，并且是 2006 年我国水泥行业唯一一个获得国家技术发明奖的项目。高贝利特水泥与通用硅酸盐水泥相比，其烧成过程中二氧化碳、二氧化硫等的排放量降低了 10%以上，生产成本节约 10%。此外，经过各项性能检测，用高贝利特水泥开发的高性能混凝土、高抗裂和耐久性方面指标均优化于通用的高硅酸三钙的通用硅酸盐水泥混凝土。目前，高贝利特水泥已在三峡工程、首都国际机场、北京五环路等重点工程中得到大规模应用。高贝利特水泥的开发成功不仅填补了我国低热硅酸盐水泥产品的空白，而且形成了具有自主知识产权的高性能低热硅酸盐水泥制备和应用技术创新体系，充实和发展了现有的水泥混凝土化学科学理论。目前，这个项目已获得了 4 项国家发明专利、3 项鉴定科技成果，均达到国际领先水平。

课程思政——中国水泥发展史

在古代，中国有过辉煌于世界的建筑胶凝材料发展历史。在新石器时代的仰韶文化时期，我们的祖先就懂得用“白灰面”涂抹山洞，这之后又学会了用黄泥制成浆体用来砌筑土坯墙，到公元前 7 世纪，开始出现了胶凝材料石灰。在公元 5 世纪的南北朝时期，出现了一种名叫“三合土”的建筑材料，明清时期的“三合土”质量和技术水平都远远高于欧洲大陆的“罗马砂浆”，但是由于我国在一段时间内社会与经济的停滞，使得建筑胶凝材料发展到“三合土”这个阶段就几乎停滞不前了，中国水泥行业在之后的发展中一直落后于欧洲。在欧美一些国家，建筑用胶凝材料是在罗马砂浆的基础上不断地提高发展，最终发明了具有里程碑意义的波特兰水泥，与之相应的水泥工业不断成长壮大，水泥的生产技术不断进步。中国用水泥主要从外国输入，生产技术也彻底依赖国外技术，因此中国在那个时期把水泥叫“洋灰”。1949 年后，在计划经济体制下我们国家建设了一大批水泥企业，1978 年改革开放号角吹响后，中国现代化的水泥企业纷纷诞生，先后经历了立窑生产、湿法回转窑生产、日产 2000t 熟料预分解窑新型干法生产和日产 5000t 熟料预分解窑新型干法生产等四个发展阶段。改革开放后，我国社会和经济快速发展，水泥工业逐渐复兴。2020 年，我国水泥行业继续保持稳健发展态势，水泥产量达到 23.77 亿 t，连续 36 年稳居世界第一。中国水泥行业，现在已经扬眉吐气，并昂首阔步地进入国际先进行列。

参考文献

[1] 中华人民共和国国家质量监督检验检疫总局，中国国家标准化管理委员会．水泥化学分析方法：GB/T 176—2017 [S]．北京：中国标准出版社，2017.

[2] 中华人民共和国国家市场监督管理总局，中华人民共和国国家标准化管理委员会．通用硅酸盐水泥：GB 175—2023 [S]．北京：中国标准出版社，2020.

[3] 中华人民共和国国家质量监督检验检疫总局，中国国家标准化管理委员会．水泥细度检验方法筛析法：GB/T 1345—2005 [S]．北京：中国标准出版社，2020.

[4] 中华人民共和国国家质量监督检验检疫总局，中国国家标准化管理委员会．水泥标准稠度用水量、凝结时间、安定性检验方法：GB/T 1346—2011 [S]．北京：中国标准出版社，2011.

[5] 中华人民共和国国家市场监督管理总局，中华人民共和国国家标准化管理委员会．水泥胶砂强度检验方法（ISO 法）：GB/T 17671—2021 [S]．北京：中国标准出版社，2021.

[6] 中华人民共和国国家质量监督检验检疫总局，中国国家标准化管理委员会．水泥胶砂流动度测定方法：GB/T 2419—2005 [S]．北京：中国标准出版社，2005.

第二章 石膏与石灰

第一节 生石膏的附着水

一、实验目的

本实验的目的是利用干燥差减法测定生石膏的附着水含量。

二、实验原理

通过低温烘干技术，将生石膏表面附着的水分除去，并测量生石膏烘干前后质量差值，来计算天然石膏的附着水含量。

三、实验材料

生石膏。

四、实验设备

（1）干燥箱：可控制温度在45℃±3℃、230℃±5℃、105～110℃、120℃、150℃。

（2）干燥器：内装变色硅胶。

（3）称量瓶：尺寸为60mm×30mm和40mm×25mm。

五、实验步骤

选取试样，试样应具有代表性和均匀性。样品不少于100g（如果样品的粒度在3mm以下，可以不少于50g）。根据收到基样品的粒度和附着水多少制备成测定附着水试样的细度（6mm以下、3mm以下或150μm以下），将试样混匀后，用防止水分蒸发的容器盛装，密封保存，用于附着水的测定。

按表2-1规定的称取试样的质量，称取试样（m_1），平铺于已烘干至恒量的适宜的称量瓶内，将装有试样的容器在45℃±3℃的干燥箱中烘干2h以上，取出放入干燥器中，使用称量瓶，需将磨口塞紧密盖好，冷却至室温，马上称量。在同样温度下再烘干30min以上，如此反复烘干，直至恒量（m_2）。如果称取约1g 150μm以下的试样，需采用40mm×25mm的称量瓶。试样测定3次，取平均值。

表 2-1　称取试样的质量

试样细度	称取试样的质量（g）	天平分度值（g）	连续两次称量之差（g）
6mm 以下	50	不大于 0.01	小于 0.1
3mm 以下	10	不大于 0.001	小于 0.01
150μm 以下	1	不大于 0.0001	小于 0.0005

六、数据处理与记录

附着水的质量分数按式（2-1）计算：

$$w_{附着水}=\frac{m_1-m_2}{m_1}\times 100\% \qquad (2-1)$$

式中　$w_{附着水}$——附着水的质量分数（%）；

m_1——试样的质量（g）；

m_2——烘干后试样的质量（g）。

实验数据记录于表 2-2。

表 2-2　数据记录

序号	试样的质量（g）	烘干后试样的质量（g）
1		
2		
3		

讨论：45℃煅烧能脱去生石膏中的结晶水吗？为什么？

第二节　生石膏的品位

一、结晶水测定

（一）实验目的

本实验的目的是利用干燥差减法测定生石膏的结晶水含量，为测定生石膏的品位做好准备。

（二）实验原理

通过高温煅烧技术，将生石膏内部的结晶水除去，并测量生石膏烘干前后质量差值，来计算生石膏的结晶水含量。

（三）实验材料

生石膏。

（四）实验设备

（1）干燥箱：可控制 45℃±3℃、230℃±5℃、105～110℃、120℃、150℃温度。

（2）干燥器：内装变色硅胶。

（3）称量瓶：尺寸 60mm×30mm 或 40mm×25mm。

（五）实验步骤

将测定附着水后的试样或在45℃±3℃烘干至恒量后的试样缩分至约50g。把试样研磨至全部通过孔径为150μm方孔筛，机械研磨时应注意研磨过程中试样温度不超过55℃，制样前清洗干净设备，避免污染试样。然后充分混匀，装入试样瓶中，密封保存，用于生石膏结晶水的分析。

从上述样品中称取约1g试样（m_1），精确至0.0001g，平铺于已烘干至恒量的带磨口塞的称量瓶中，将磨口塞斜置于称量瓶上，将装有试样的称量瓶在230℃±5℃的干燥箱中烘干1h以上，取出称量瓶于干燥器中，将磨口塞紧密盖好，冷却至室温，称量。如此反复烘干，直至恒量（m_2）。试样测定3次，取平均值。

（六）数据处理与记录

结晶水的质量分数按式（2-2）计算：

$$w_{结晶水}=\frac{m_1-m_2}{m_1}\times 100\% \tag{2-2}$$

式中　$w_{结晶水}$——结晶水的质量分数（%）；

m_1——试样的质量（g）；

m_2——烘干后试样的质量（g）。

实验数据记录于表2-3。

表2-3　数据记录

序号	试样的质量（g）	烘干后试样的质量（g）
1		
2		
3		

讨论：在测定生石膏结晶水含量前，如不在45℃的烘箱中进行预烘干，会对测试结果产生哪些影响？

二、三氧化硫的测定

（一）实验目的

本实验的目的是利用硫酸钡质量法测定生石膏的三氧化硫含量，为测定生石膏的品位做好准备。

（二）实验原理

对于天然石膏、硬石膏和不含有亚硫酸钙的工业副产石膏，试样用盐酸分解，过滤后在酸性溶液中，用氯化钡沉淀硫酸盐，经过灼烧后，以硫酸钡形式称量，测定结果以三氧化硫计。对于含有亚硫酸钙的工业副产石膏，试样用过氧化氢氧化后，在酸性溶液中测定三氧化硫和二氧化硫含量，再减去测得的二氧化硫的量。

（三）实验材料

天然石膏（或硬石膏、工业副产石膏）、盐酸、氯化钡。

（四）实验设备

平头玻璃棒、滤纸、表面皿、高温炉、瓷坩埚、干燥器、坩埚。

（五）实验步骤

将测定附着水后的试样或在45℃±3℃烘干至恒量后的试样缩分至约50g。把试样研磨至全部通过孔径为150μm方孔筛，使用机械研磨时应注意研磨过程中试样温度不超过55℃，制样前清洗干净设备，避免污染试样。然后充分混匀，装入试样瓶中，密封保存，用于石膏三氧化硫的分析。

对于天然石膏、硬石膏和不含有亚硫酸钙的工业副产石膏，先称取约0.2g试样（m_1），精确至0.0001g，置于200mL烧杯中，加入40mL水，搅拌使试样分散，边搅拌边加入10mL盐酸（1∶1），用平头玻璃棒压碎块状物。将溶液加热煮沸并保持微沸5min，用中速滤纸过滤，用热水洗涤10～12次，滤液及洗液收集于400mL烧杯中，加水稀释至约250mL。玻璃棒底部压一小片定量滤纸，盖上表面皿，加热煮沸，在微沸下从杯口缓慢逐滴加入15mL热的氯化钡溶液，继续微沸数分钟至沉淀良好的形成，然后在常温下静置12～24h或温热处静置至少4h（仲裁分析须在常温下静置12～24h），溶液体积应保持在约200mL。用慢速定量滤纸过滤，以温水洗涤，用胶头擦棒和一小片定量滤纸擦洗烧杯及玻璃棒，洗涤至检验无氯离子为止。将沉淀及滤纸一并移入已灼烧恒量的瓷坩埚中，灰化完成后，放入800～950℃的高温炉内灼烧30min，取出坩埚置于干燥器中冷却至室温，称量。反复灼烧，直至恒量（m_2）。

对于含有亚硫酸钙的工业副产石膏，先称取约0.2g试样（m_3），精确至0.0001g，置于220mL烧杯中，加入30mL水，搅拌使试样分散，加入5mL过氧化氢和15mL pH4.3的缓冲溶液，加热煮沸并微沸5～10min，取下稍冷，在搅拌下加入10mL盐酸（1∶1），将溶液加热微沸并微沸5min。用中速滤纸过滤，用热水洗涤10～12次，滤液及洗液收集于400mL烧杯中加水稀释至约250mL。玻璃棒底部压一小片定量滤纸，盖上表面皿，加热煮沸，在微沸时从杯口缓慢逐滴加入15mL热的氯化钡溶液，继续微沸数分钟至沉淀良好的形成，然后在常温下静置12～24h或温热处静置至少4h（仲裁分析须在常温下静置12～24h），溶液体积应保持在约200mL。用慢速定量滤纸过滤，以温水洗涤，用胶头擦棒和一小片定量滤纸擦洗烧杯及玻璃棒，洗涤至检验无氯离子为止。将沉淀及滤纸一并移入已灼烧恒量的瓷坩埚中，灰化完成后，放入800～950℃的高温炉内灼烧30min，取出坩埚置于干燥器中冷却至室温，称量。反复灼烧，直至恒量（m_4）。

（六）数据处理与记录

对于天然石膏、硬石膏和不含有亚硫酸钙的工业副产石膏，试样中三氧化硫的质量分数w_{SO_3}按式（2-3）计算：

$$w_{SO_3}=\frac{(m_2-m_{02})\times 0.343}{m_1}\times 100\% \tag{2-3}$$

式中　w_{SO_3}——三氧化硫的质量分数（%）；

m_2——灼烧后沉淀物的质量（g）；

m_{02}——空白实验灼烧后沉淀物的质量（g）；

m_1——试样的质量（g）；

0.343——硫酸钡对三氧化硫的换算系数。

对于含有亚硫酸钙的工业副产石膏，试样中三氧化硫的质量分数w_{SO_3}按式（2-4）

计算：

$$w_{SO_3}=\frac{(m_4-m_{04})\times 0.343}{m_3}\times 100\%-1.25w_{SO_2} \quad (2\text{-}4)$$

式中　w_{SO_3}——三氧化硫的质量分数（%）；

m_4——灼烧后沉淀物的质量（g）；

m_{04}——空白实验灼烧后沉淀物的质量（g）；

m_3——试料的质量（g）；

w_{SO_2}——二氧化硫的质量分数（%），采用碘量法进行测试；

1.25——二氧化硫对三氧化硫的换算系数。

实验数据记录于表 2-4 和表 2-5。

表 2-4　数据记录（天然石膏、硬石膏等）

序号	硫酸钡对三氧化硫的换算系数	灼烧后沉淀的质量（g）	空白实验灼烧后沉淀的质量（g）	试料的质量（g）
1	0.343			
2				
3				

表 2-5　数据记录（亚硫酸钙）

序号	硫酸钡对三氧化硫的换算系数	二氧化硫对三氧化硫的换算系数	二氧化硫的质量分数（%）	灼烧后沉淀的质量（g）	空白试验灼烧后沉淀的质量（g）	试料的质量（g）
1	0.343	1.25				
2						
3						

三、品位的计算

品位的计算见式（2-5）～式（2-7）：

$$G_1=4.7785\times w \quad (2\text{-}5)$$

$$G_2=1.7005\times S+w \quad (2\text{-}6)$$

$$X_1=1.7005\times S+4.7785\times w \quad (2\text{-}7)$$

式中　G_1——G 类产品的品位（%）；

G_2——A 类和 M 类产品的品位（%）；

X_1——$CaSO_4$ 质量分数（%）；

w——结晶水质量分数（%）；

S——三氧化硫质量分数（%）。

四、实验结论

根据国家标准评定天然石膏的品位，见表 2-6。

表 2-6　各天然石膏的品位

级别	品位，质量分数（%）		
	石膏（G）	硬石膏（A）	混合石膏（M）
特级	≥95	—	≥95
一级	≥85		
二级	≥75		
三级	≥65		
四级	≥55		

讨论：对于含亚硫酸钙的工业副产石膏和不含亚硫酸钙的工业副产石膏，两者在计算三氧化硫含量时的区别在于？

第三节　建筑石膏的组成

一、实验目的

本实验的目的是测定建筑石膏中β半水硫酸钙、可溶性无水硫酸钙和二水硫酸钙的含量，分析建筑石膏的组成。

二、实验原理

（1）建筑石膏中的可溶性无水石膏（AⅢ）

可溶性无水石膏（AⅢ）具有吸湿性，其吸收空气中的水可以转化为半水石膏，因此可溶性无水石膏与附着水不会同时存在于样品中，可溶性无水石膏（AⅢ）在95%的乙醇水溶液中能水化成半水石膏，在同等条件下半水石膏（HH）不能水化成二水石膏（DH），因此可通过测定可溶性无水石膏（AⅢ）在95%乙醇水溶液中水化的增量来计算其含量，其水化反应式如下：

$$CaSO_4+0.5H_2O = CaSO_4 \cdot 0.5H_2O$$

按化学反应式计算可溶性无水石膏（AⅢ）含量。

若样品中无可溶性无水石膏（AⅢ）存在时，样品烘干前质量大于烘干恒重后的质量，可算出附着水的质量分数。

（2）建筑石膏中的半水石膏（HH）

半水石膏（HH）和可溶性无水石膏（AⅢ）在纯水中可全部水化成二水石膏（DH），测定建筑石膏在纯水中的水化增量，即测定半水石膏（HH）和无可溶性无水石膏（AⅢ）形成二水石膏（DH）的总量，减去之前测得的可溶性无水石膏（AⅢ）含量，即可计算出半水石膏（HH）的含量，其水化反应式如下：

$$CaSO_4 \cdot 0.5H_2O+1.5H_2O = CaSO_4 \cdot 2H_2O$$

$$CaSO_4+2H_2O = CaSO_4 \cdot 2H_2O$$

（3）建筑石膏中残留的二水石膏（DH）

将建筑石膏加热到200℃或以上，二水石膏（DH）脱水变成可溶性无水石膏

（AⅢ），其脱水总量为二水石膏（DH）与半水石膏（HH）、附着水的脱水量的总和，减去半水石膏（HH）与附着水的脱水量，即可计算出残留的二水石膏（DH）的含量。其加热脱水反应式如下：

$$CaSO_4 \cdot 2H_2O = CaSO_4 + 2H_2O$$

$$CaSO_4 \cdot 0.5H_2O = CaSO_4 + 0.5H_2O$$

三、实验材料

建筑石膏、纯净水、95%的乙醇溶液。

四、实验设备

（1）电子天平：精确到0.0001g；

（2）电热干燥箱：温度能达到230℃，控温精度±3℃，带有温度自动控制器；

（3）干燥器：内装变色硅胶；

（4）容器：带盖称量瓶，规格：ϕ50mm×30mm。

五、实验步骤

（1）附着水与可溶性无水石膏（AⅢ）的测定。

称量已烘干至恒重的空称量瓶 m_{01}，称取约5g试样放入称量瓶中，精确至0.0001g，记录质量 m_1。顺着称量瓶边缘缓慢加入95%乙醇溶液约5mL，轻轻振荡使试样润湿均匀，静置10min，将上述称量瓶敞开盖放入40℃±3℃烘箱中（盖子同时放在烘箱中加热），加热不少于6h。去除称量瓶立即盖上盖子，放入干燥器中于室温下冷却15min，称量。再将称量瓶敞开盖放入烘箱内于同样的温度下加热1h，冷却、称量，如此反复，当加热时间相隔1h的两次称量之差不大于0.5mg即为恒重，记录质量 m_2。

（2）半水石膏（HH）含量的测定。

称量已烘干至恒重的空称量瓶 m_{02}，称取约2g试样放入称量瓶中，精确至0.0001g，记录质量 m_3。顺着称量瓶边缘缓慢加入蒸馏水约2mL，轻轻振荡使试样润湿均匀，浸泡2h。将上述称量瓶敞开盖放入40℃±4℃烘箱中，加热不少于6h。取出称量瓶立即盖上盖子，放入干燥器中于室温下冷却15min，称量，待至恒重后，记录恒重质量 m_4。

（3）建筑石膏中残留的二水石膏（DH）。

称量已烘干至恒重的空称量瓶 m_{03}，称取约5g试样放入称量瓶中，精确至0.0001g，记录质量 m_5，将上述称量瓶敞开盖放入230℃±3℃烘箱中，加热120min。取出称量瓶立即盖上盖子，放入干燥器中于室温下冷却30min，将盖子紧密盖好，称量。再将称量瓶敞开盖放入烘箱内于同样的温度下加热0.5h，冷却、称量；如此反复，当加热时间相隔1h的两次称量之差不大于0.5mg即为恒重，记录质量 m_6。

六、数据处理与记录

（1）附着水与可溶性无水石膏（AⅢ）的计算

当 $m_1 > m_2$ 时，附着水含量以质量分数 w_{a1} 计，按式（2-8）进行计算，此时可溶性无水石膏（AⅢ）含量 $w_{A1}=0$。

$$w_{a1}=\frac{m_1-m_2}{m_1-m_{01}}\times 100\% \tag{2-8}$$

当 $m_1<m_2$ 时，可溶性无水石膏（AⅢ）含量以质量分数 w_{A1} 计，按式（2-9）进行计算，此时附着水含量 $w_{a1}=0$。

$$w_{a1}=15.11\times\frac{m_2-m_1}{m_1-m_{01}}\times 100\% \tag{2-9}$$

式中 w_{a1}——试样中附着水的质量分数；

w_{A1}——试样中可溶性无水石膏（AⅢ）的质量分数；

m_{01}——空称量瓶质量（g）；

m_1——加入乙醇溶液前（称量瓶+样品）的质量（g）；

m_2——加入乙醇溶液前并烘干至恒重后（称量瓶+样品）的质量（g）。

附着水或可溶性无水石膏（AⅢ）含量测量结果以质量分数表示，单位为%；实验结果取三次平行试样的算数平均值，精确到小数点后两位。当三个数值中有一个数值超出平均值±10%时，应剔除这个数值后取剩下两个数值的平均值作为附着水或可溶性无水石膏（AⅢ）含量测量结果；若剩下两个值中有任意一个超出其平均值±10%时，则此组数据作废，应重新取样检测；若三个数值中有任意两个数值超出其平均值±10%时，则此组数据作废，应重新取样检测。

（2）半水石膏（HH）含量的计算

试样水化后的质量变化量以质量分数 c_1 计，按式（2-10）进行计算。

$$c_1=\frac{m_4-m_3}{m_3-m_{02}}\times 100\% \tag{2-10}$$

半水石膏（HH）含量以质量分数 W_{HH1} 计，计算方法如下：当 $m_1>m_2$ 时，按式（2-11）进行计算。当 $m_1<m_2$ 时，按式（2-12）进行计算。

$$w_{HH1}=5.37\times(c_1+W_{a1})\times 100\% \tag{2-11}$$

$$w_{HH1}=5.37\times(c_1+0.265\times W_{A1})\times 100\% \tag{2-12}$$

式中 c_1——试样水化后的质量变化分数；

w_{A1}——试样中可溶性无水石膏（AⅢ）的质量分数；

w_{HH1}——试样中半水石膏（HH）的质量分数；

m_{02}——空称量瓶质量（g）；

m_3——加水前（称量瓶+样品）的质量（g）；

m_4——加水并烘干至恒重后（称量瓶+样品）的质量（g）。

（3）建筑石膏中残留的二水石膏（DH）的计算

试样在加热过程中质量的变化量以质量分数 d_1 计，按式（2-13）进行计算。

$$d_1=\frac{m_5-m_6}{m_5-m_{03}}\times 100\% \tag{2-13}$$

二水石膏（DH）含量以质量分数 W_{DH1} 计，计算方法如下：当 $m_1>m_2$ 时，按式（2-14）进行计算。当 $m_1<m_2$ 时，按式（2-15）进行计算。

$$W_{DH1}=4.78\times[(d_1-W_{a1})-0.062\times W_{HH1}]\times 100\% \tag{2-14}$$

$$W_{DH1}=4.78\times[d_1-0.062\times W_{HH1}]\times 100\% \tag{2-15}$$

式中　d_1——试样在加热过程中质量的变化分数；

W_{DH1}——试样中二水石膏（DH）的质量分数；

m_{03}——空称量瓶质量（g）；

m_5——加热前（称量瓶+样品）的质量（g）；

m_6——烘干至恒重后（称量瓶+样品）的质量（g）。

测量数据记录于表 2-7。

表 2-7　数据记录

附着水与可溶性无水石膏（AⅢ）	m_{01}	m_1	m_2
半水石膏（HH）	m_{02}	m_3	m_4
二水石膏（DH）	m_{03}	m_5	m_6

讨论：在测定建筑石膏中 β 半水硫酸钙含量时，如果不预先在 40℃±4℃下烘至恒量，会对实验结果产生什么影响？

第四节　建筑石膏的细度

一、实验目的

本实验的目的是测定建筑石膏的细度。

二、实验原理

用一定孔径的筛子筛分建筑石膏时，留在筛子上面的较粗颗粒占建筑石膏总量的比例，在一定程度上反映了建筑石膏的粗细程度。

三、实验材料

建筑石膏。

四、实验设备

天平、烘箱、干燥器和标准筛，其中，标准筛由圆形筛帮和方孔筛网组成，筛帮直径 ϕ200mm，实验筛其他技术指标应符合《试验筛 技术要求和检验》（GB/T 6003）的要求，网孔尺寸为0.2mm的实验筛，并在筛顶用筛盖封闭，在筛底用接收盘封闭。

五、实验步骤

称取约200g试样，在40℃±4℃下烘至恒量（烘干时间相隔1h的两次称量之差不超过0.2g时，即为恒量），并在干燥器中冷却至室温。

在0.2mm试验筛下部安装上接收盘，称取试样100.0g后，倒入其中，盖上筛盖。一只手拿住筛子，略微倾斜地摆动筛子，使其撞击另一只手。撞击的速度为125次/min。每撞击一次都应将筛子摆动一下，以便使试样始终均匀地撒开。每摆动25次后，把实验筛旋转90°，并对着筛帮重重拍几下，继续进行筛分。当1min的过筛试样质量不超过0.1g时，则认为筛分完成。称量0.2mm实验筛的筛上物，作为筛余量。细度以筛余量与试样原始质量（100.0g）之比的百分数形式表示，精确至0.1%。

称量通过0.2mm实验筛的筛下物质量，作为筛下量，并用与试样原始质量（100.0g）之比的百分数形式表示，精确至0.1%。

将试样按上述步骤连续测定两次，至两次测定值之差不大于1%，取二者的平均值为实验的结果。

六、数据处理与记录

采用0.2mm实验筛两次测定结果的算术平均值作为试样的细度值。

对筛分析而言，两次测定值之差不应大于平均值的5%，并且当筛余量小于2g时，两次测定值之差不应大于0.1g。否则，应再次测定。

按照国家标准要求，0.2mm方孔筛筛余不应超过10%。

实验数据记录于表2-8。

表2-8　数据记录

实验筛	筛余量（%）	平均筛余量（%）
0.2mm方孔筛		

讨论：若第一次实验做完后，未及时用毛刷清理筛网，那么第二次的测试的结果会怎样？

第五节　建筑石膏的堆积密度

一、实验目的

本实验的目的是测定建筑石膏的堆积密度，作为建筑石膏使用的依据。

二、实验原理

通过测定单位体积的质量来表征它的堆积密度。

三、实验材料

建筑石膏。

四、实验设备

天平、平勺、直尺、堆积密度测定仪。

五、实验步骤

称量不带套筒的测量容器，精确至 1g，然后装上套筒，放在堆积密度测定仪下方。然后将干燥过筛试样倒入堆积密度测定仪中（每次倒入 100g），转动平勺，使试样通过方孔筛网，自由掉落于测量容器中。当装配有延伸套筒的测量容器被试样填满时，停止加样。在避免振动的条件下，移去套筒，用直尺刮平表面，以去除多余试样，使试样表面与测量容器上缘齐平。称量测量容器和试样总质量，精确至 1g。将试样按上述步骤连续测定两次，取平均值。

六、数据处理与记录

堆积密度按式（2-16）计算：

$$\gamma=\frac{m_1-m_0}{v} \tag{2-16}$$

式中　γ——堆积密度（g/L）；

m_1——测量容器和试样的总质量（g）；

m_0——测量容器的质量（g）；

v——测量容器的容积，v=1L。

取两次测定结果的算术平均值作为该试样的堆积密度。两次测定结果之差应小于平均值的 5%，否则，应再次测定。

实验结果记录于表 2-9。

表 2-9　数据记录

序号	测量容器的质量（g）	测量容器和试样的总质量（g）	测量容器的容积（L）
1			
2			

讨论：堆积密度测定时的体积是不含空隙的体积吗？

第六节　建筑石膏的标准稠度用水量

一、实验目的

本实验的目的是测定建筑石膏浆体达到标准稠度时的用水量，为测定建筑石膏的凝结时间和力学性能做好准备。

二、实验原理

测定建筑石膏浆体达到的扩展度是否达到标准，从而得出建筑石膏的用水量。

三、实验材料

建筑石膏。

四、实验设备

稠度仪、天平、搅拌碗、搅拌棒。

五、实验步骤

先将稠度仪的筒体内部及玻璃板擦净，并保持湿润，将筒体复位，垂直放置于玻璃板上。将估计的标准稠度用水量的水倒入搅拌碗中。称取试样 300g，在 5s 内倒入水中。用拌和棒搅拌 30s，得到均匀的石膏浆，然后边搅拌边迅速注入稠度仪筒体内，并用刮刀刮去溢浆，使浆面与筒体上端面齐平。从试样与水接触开始至第 50s 时，开动仪器提升按钮。待筒体提取后，测定浆料扩展成的试饼两垂直方向上的直径，计算其算术平均值。记录料浆扩展直径等于 180mm±5mm 时的加水量，将试样按上述步骤连续测定两次。

六、数据处理与记录

计算该加入的水的质量与试样的质量之比，以百分数表示，取二次测定结果的平均值作为该试样标准稠度用水量，精确至 1%。实验数据记录于表 2-10。

表 2-10　数据记录

试样质量（g）	用水量（g）	料浆扩展直径（g）	标准稠度用水量（%）

讨论：要测定建筑石膏的标准稠度用水量，需要通过搅拌得到均匀的石膏浆体，怎样知道石膏料浆是均匀的？

第七节　建筑石膏的凝结时间

一、实验目的

本实验的目的是测定建筑石膏的凝结时间，判断建筑石膏的质量。

二、实验原理

测定建筑石膏在标准稠度用水量下，试针插入建筑石膏浆体中的深度，从而得出建筑石膏的初凝和终凝时间。

三、实验材料

建筑石膏。

四、实验设备

天平、平勺、直尺、凝结时间测定仪。

五、实验步骤

按照标准稠度用水量称量水，并把水倒入搅拌碗中。称取试样 200g，在 5s 内将试样倒入水中。用拌和棒搅拌 30s，得到均匀的料浆，倒入环模中，然后将玻璃底板抬高约 10mm，上下振动五次。用刮刀刮去溢浆，并使料浆与环模上端齐平。将装满料浆的环模连同玻璃底板放在仪器的钢针下，使针尖与料浆的表面相接处，且离开环模边缘大于 10mm。迅速放松杆上的固定螺丝，针即自由地插入料浆中。每隔 30s 重复一次，每次都应改变插点，并将针擦净、校直。

记录从试样与水接触开始，至钢针第一次碰不到玻璃底板所经历的时间，即为试样的初凝时间。记录从试样与水接触开始，至钢针第一次插入料浆的深度不大于 1mm 所经历的时间，即为试样的终凝时间。将试样按上述步骤连续测定二次。取二次测定结果的平均值，作为该试样的初凝时间和终凝时间，精确至 1min。

六、数据处理与记录

根据国家标准评定建筑石膏的质量，见表 2-11。实验数据记录于表 2-12。

表 2-11　建筑石膏的凝结时间

等级	凝结时间（min）	
	初凝	终凝
3.0	≥3	≤30
2.0		
1.6		

表 2-12　数据记录

加水拌和时间	测定时的时间	试针插入深度（mm）	初凝时间（min）	终凝时间（min）

讨论：测定建筑石膏的终凝时间时，它的起始时间是从加水开始，还是从初凝结束开始？有何影响？

第八节　建筑石膏的强度

一、实验目的

本实验的目的是检验建筑石膏的强度，确定建筑石膏的强度等级。

二、实验原理

建筑石膏强度是一个相对值，同一试样用不同方法检验，强度值不同，本实验是将建筑石膏浆制备成 40mm×40mm×160mm 的试件，从而对它的抗折和抗压强度进行检测。

三、实验材料

建筑石膏。

四、实验设备

抗折强度试验机、抗压强度试验机。

五、实验步骤

(1) 试件的制备：一次调和制备的建筑石膏量，应能填满制作三个试件的试模，并将损耗计算在内，所需料浆的体积为 950mL，采用标准稠度用水量，用式（2-17)、式（2-18）计算出建筑石膏用量和加水量。

$$m_g=\frac{950}{0.4+(W/P)} \tag{2-17}$$

$$m_w=m_g\times(W/P) \tag{2-18}$$

式中　m_g——建筑石膏质量（g）；

W/P——标准稠度用水量（%）；

m_w——水质量（g）。

在试模内侧薄薄地涂上一层矿物油，并使连接缝封闭，以防料浆流失。

先把所需加水量的水倒入搅拌容器中，再把已称量的建筑石膏倒入其中，静置 1min，然后用拌和棒在 30s 内搅拌 30 圈。接着，以 3r/min 的速度搅拌，使料浆保持悬浮状态，然后用勺子搅拌至料浆开始稠化（即当料浆从勺子上慢慢落到浆体表面刚能形成一个圆锥为止）。

一边慢慢搅拌，一边把料浆舀入试模中。将试模的前端抬起约 10mm，再使之落下，如此重复五次已排除气泡。当溢出的料浆初凝时，用刮平刀刮去溢浆，但不必反复刮抹表面。终凝后，在试件表面作上标记，并拆模。

(2) 试件的存放：遇水后 2h 就将进行力学性能实验的试件，脱模后存放在实验室环境中。需要在其他水化龄期后做强度实验的试件，脱模后立即存放于封闭处。在整个水化期间，封闭处空气的温度为 20℃±2℃、相对湿度为 90%±5%。每一类建筑石膏试件都应规定试件龄期。到达规定龄期后，用于测定湿强度的试件应立即进行强度测定。用于测定干强度的试件先在 40℃±4℃的烘箱中干燥至恒重，然后迅速进行强度测定。每一类存放龄期的试件至少应保存三条，用于抗折强度的测定。做完抗折强度测定后分别得到的三块半截试件用作抗压强度测定，另外三块半截试件用于石膏硬度测定。

(3) 抗折强度测试：将试件置于抗折试验机的两根支撑辊上，试件的成型面应侧立。试件各棱边与各辊保持垂直，并使加荷辊与二根支承辊保持等距。开动抗折试验机后逐渐增加荷载，最终使试件断裂，记录试件的断裂荷载值或抗折强度值。实验用试件三条。

(4) 抗压强度测试：对已做完抗折实验后的不同试件上的三块半截试件进行实验。将试件成型面侧立，置于抗压夹具内，并使抗压夹具的中心处于上、下夹板的轴心上，保证上夹板球轴通过试件受压面中心。开动抗压试验机，使试件在开始加荷后 20s 至 40s 内破坏。

六、数据处理与记录

抗折强度 R_f 按式 (2-19) 计算：

$$R_f=\frac{6M}{b^3}=0.00234P \tag{2-19}$$

式中　R_f——抗折强度 (MPa)；

P——断裂荷载 (N)；

M——弯矩 (N·mm)；

b——试件方形截面边长，$b=40$mm。

计算三个试件抗折强度平均值，精确至 0.05MPa。如果所测得的三个 R_f 值与其平均值之差不大于平均值的 15%，则用该平均值作为抗折强度值；如果有一个 R_f 值与平均值之差大于平均值的 15%，应将此 R_f 值舍去，以其余两个 R_f 值计算平均值；如果有一个以上的 R_f 值与平均值之差大于平均值的 15%，则用三个新试件重做实验。

抗压强度 R_c 按式 (2-20) 计算：

$$R_c=\frac{P}{S}=\frac{P}{1600} \tag{2-20}$$

式中　R_c——抗压强度 (MPa)；

P——破坏荷载 (N)；

S——试件受压面积，$S=1600\text{mm}^2$。

计算三个试件抗压强度平均值，精确至 0.05MPa。如果所测得的三个 R_c 值与其平均值之差不大于平均值的 15%，则用该平均值作为抗压强度值；如果有一个 R_c 值与平均值之差大于平均值的 15%，应将此 R_c 值舍去，以其余二个 R_c 值计算平均值；如果有一个以上的 R_c 值与平均值之差大于平均值的 15%，则用三个新试件重做实验。

根据国家标准评定建筑石膏的质量，见表 2-13。

表 2-13　建筑石膏的抗折强度和抗压强度

等级	2h 湿强度（MPa）		干强度（MPa）	
	抗折	抗压	抗折	抗压
4.0	≥4.0	≥8.0	≥7.0	≥15.0
3.0	≥3.0	≥6.0	≥5.0	≥12.0
2.0	≥2.0	≥4.0	≥4.0	≥8.0

实验数据记录于表 2-14 和表 2-15。

表 2-14　数据记录

试块编号	试块规格（mm）	加载速率（$N/mm^2 \cdot s$）	破坏荷载（N）	抗折强度（MPa）
1				
2				
3				

表 2-15　数据记录

试块编号	试块规格（mm）	受压面积（mm^2）	加载速率（$N/mm^2 \cdot s$）	破坏荷载（N）	抗压强度（MPa）
1					
2					
3					

讨论：在测试建筑石膏抗压强度时，若采用更大的试件，测出的建筑石膏强度是变大还是变小？

第九节　建筑石膏的硬度

一、实验目的

本实验的目的是测定石膏的硬度，作为石膏利用的技术依据。

二、实验原理

采用硬质钢球为压头，压入硬化石膏表面，通过测量压痕深度来计算石膏硬度值。

三、实验材料

建筑石膏。

四、实验设备

石膏硬度计：采用直径为 10mm 的硬质钢球，把钢球置于试件表面的一个固定点上，将一固定荷载垂直加到该钢球上，使钢球压入被测试件，然后静停，保持荷载，最终卸载，荷载精度为2%，感量为0.001mm。

五、实验步骤

(1) 试件的制备：调和制备的建筑石膏量，应能填满制作三个试件的试模，并将损耗计算在内，所需料浆的体积为950mL，采用标准稠度用水量，用式（2-21）、式（2-22)计算出建筑石膏用量和加水量。

$$m_g=\frac{950}{0.4+(W/P)} \tag{2-21}$$

$$m_w=m_g\times(W/P) \tag{2-22}$$

式中 m_g——建筑石膏质量（g）；

W/P——标准稠度用水量（%）；

m_w——水质量（g）。

在试模内侧薄薄地涂上一层矿物油，并使连接缝封闭，以防料浆流失。

先把所需加水量的水倒入搅拌容器中，再把已称量的建筑石膏倒入其中，静置1min，然后用拌和棒在30s内搅拌30圈。接着，以3r/min的速度搅拌，使料浆保持悬浮状态，然后用勺子搅拌至料浆开始稠化（即当料浆从勺子上慢慢落到浆体表面刚能形成一个圆锥为止）。

一边慢慢搅拌，一边把料浆舀入试模中。将试模的前端抬起约10mm，再使之落下，如此重复五次已排除气泡。当溢出的料浆初凝时，用刮平刀刮去溢浆，但不必反复刮抹表面。终凝后，在试件表面作上标记，并拆模。

(2) 试件的存放：遇水后2h就进行力学性能实验的试件，脱模后存放在实验室环境中。需要在其他水化龄期后进行强度实验的试件，脱模后立即存放于封闭处。在整个水化期间，封闭处空气的温度为20℃±2℃、相对湿度为90%±5%。每一类建筑石膏试件都应规定试件龄期。到达规定龄期后，用于测定湿强度的试件应立即进行强度测定。用于测定干强度的试件先在40℃±4℃的烘箱中干燥至恒重，然后迅速进行强度测定。每一类存放龄期的试件至少应保存三条，用于抗折强度的测定。做完抗折强度测定后分别得到的三块半截试件用于石膏硬度测定。

(3) 硬度测试：对已做完抗折实验后的不同试件上的三块半截试件进行实验。在试件成型的两个纵向面（即与模具接触的侧面）上测定石膏硬度。

将试件置于硬度计上，并使钢球加载方向与待测面垂直。每个试件的侧面布置三点，各点之间的距离为试件长度的四分之一，最外点应至少距试件边缘20mm。先施加10N荷载，然后在2s内把荷载加到200N，静置15s。移去荷载15s后，测量球痕深度。

六、数据处理与记录

石膏硬度 H 按式（2-23）计算：

$$H=\frac{F}{\pi Dt}=\frac{200}{\pi\times10\times t}=\frac{6.37}{t} \tag{2-23}$$

式中 H——石膏硬度（N/mm^2）；

t——球痕的平均深度（mm）；

F——荷载为 200N；

D——钢球直径为 10mm。

取所测的 18 个深度值的算术平均值 *t* 作为球痕的平均深度，再按式（2-23）计算石膏硬度，精确至 0.1N/mm²。球痕显现出明显孔洞的测定值不应计算在内。球痕深度小于 0.159mm 或大于 1.000mm 的单个测定值应剔除，球痕深度超过 *t*（1－10%）与 *t*（1＋10%）范围的单个测定值也应剔除。

实验数据记录于表 2-16。

表 2-16　数据记录

试块编号	试块规格（mm）	钢球直径（10mm）	荷载（200N）	球痕的平均深度（mm）
1				
2				
3				

讨论：测定石膏硬度共有几种方法，哪种更适合用来测定石膏的硬度？

第十节　高强石膏的细度

一、实验目的

本实验的目的是掌握高强石膏细度的测试方法。

二、实验原理

用一定孔径的筛子筛分高强石膏时，留在筛子上面的较粗颗粒占高强石膏总量的比例，在一定程度上反映了高强石膏的粗细程度。

三、实验材料

高强石膏。

四、实验设备

天平、烘箱、干燥器和标准筛，其中，标准筛由圆形筛帮和方孔筛网组成，筛帮直径 ϕ200mm，网孔尺寸为 0.125mm 的规格，并在筛顶用筛盖封闭，在筛底用接收盘封闭。

五、实验步骤

称取试样 200g，在 40℃±4℃下烘至恒量（烘干时间相隔 1h 的两次称量之差不超过 0.2g 时，即为恒量），并在干燥器中冷却至室温。在 0.125mm 实验筛下部安装上接收盘，称取试样 50.0g 后，倒入其中，盖上筛盖。一只手拿住筛子，略微倾斜地摆动筛子，使其撞击另一只手。撞击的速度为 125 次/min。每撞击一次都应将筛子摆动一下，以便使试样始终均匀地撒开。每摆动 25 次后，把实验筛旋转 90°，并对着筛帮重重拍几下，继续进行筛分。当 1min 的过筛试样质量不超过 0.1g 时，则认为筛分完成。称量 0.125mm 实验筛的筛上物，作为筛余量。细度以筛余量与试样原始质量（100.0g）之比的百分数形式表示，精确至 0.1%。将试样按上述步骤连续测定两次，至两次测定值之差不大于 1%，取二者的平均值为实验的结果。如两次测定结果的差值大于 1%，应重新进行上述实验。

六、数据处理与记录

采用 0.125mm 实验筛两次测定结果的算术平均值作为试样的细度值。

对筛分析而言，两次测定结果的差值小于 1%时取二者的平均值，如两次测定结果的差值大于 1%，应重新进行上述实验。

实验数据记录于表 2-17。

表 2-17　数据记录

实验筛	筛余量（%）	平均筛余量（%）
0.125mm		

讨论：若第一次实验做完后，未及时用毛刷清理筛网，那么第二次的测试的结果会怎样?

第十一节　高强石膏的标准稠度用水量

一、实验目的

本实验的目的是测定高强石膏浆体达到标准稠度时的用水量，为测定高强石膏的凝结时间和力学性能做好准备。

二、实验原理

测定高强石膏浆体达到的扩展度是否达到标准，从而得出高强石膏的用水量。

三、实验材料

高强石膏。

四、实验设备

稠度仪、天平、搅拌碗、搅拌棒。

五、实验步骤

先将稠度仪的筒体内部及玻璃板擦净，并保持湿润，将筒体复位，垂直放置于玻璃板上。将估计的标准稠度用水量的水倒入搅拌碗中。称取试样 400g，在 5s 内倒入水中。

用拌和棒搅拌 30s，得到均匀的石膏浆，然后边搅拌边迅速注入稠度仪筒体内，并用刮刀刮去溢浆，使浆面与筒体上端面齐平。从试样与水接触开始至第 50s 时，开动仪器提升按钮。待筒体提取后，测定浆料扩展成的试饼两垂直方向上的直径，计算其算术平均值。记录料浆扩展直径等于 180mm±5mm 时的加水量，将试样按上述步骤连续测定两次。

六、数据处理与记录

计算应该加入的水的质量与试样的质量之比，以百分数表示，取两次测定结果的平均值作为该试样标准稠度用水量，精确至 1%。

实验结果记录于表 2-18。

表 2-18 数据记录

试样质量（g）	用水量（g）	料浆扩展直径（g）	标准稠度用水量（%）

讨论：要测定高强石膏的标准稠度用水量，需要通过搅拌得到均匀的石膏浆体，怎样知道石膏料浆是均匀的？

第十二节 高强石膏的浇筑时间

一、实验目的

掌握测定高强石膏浇筑时间的方法。

二、实验原理

以高强石膏浆体到达某一流动度所需的时间表示浇筑时间。

三、实验材料

高强石膏。

四、实验设备

稠度仪、天平、搅拌碗、搅拌棒。

五、实验步骤

称取试样 400g，按标准稠度用水量称量水，并把水倒入搅拌碗中。在 5s 内将试样倒入水中，静置 5s 后快速搅拌 30s。在注浆前 30s，边搅拌边迅速将料浆注入稠度仪筒体，用刮刀刮去溢浆，使浆面与筒体上端面齐平，将筒体迅速向上垂直提起，测量料浆扩展成的试饼两垂直方向上的直径不小于 160mm。以试样倒入水中至提去筒体后所测试饼直径不小于 160mm 的时间间隔表示浇筑时间，精确至 min。

六、数据处理与记录

以试样倒入水中至筒体提去后所测试饼直径不小于160mm的时间间隔表示浇筑时间，精确至min。

实验数据记录于表2-19。

表2-19　数据记录

加水时间	测定时间	试饼直径（mm）	浇筑时间（min）

讨论：高强石膏浇筑时间与水泥浆体经时损失的异同点？

第十三节　高强石膏的强度

一、实验目的

本实验的目的是检验高强石膏的强度，确定高强石膏的强度等级。

二、实验原理

高强石膏强度是一个相对值，同一试样用不同方法检验，强度值不同，本实验是将高强石膏浆制备成40mm×40mm×160mm的试件，从而对它的抗折和抗压强度进行检测。

三、实验材料

高强石膏。

四、实验设备

抗折强度试验机、抗压强度试验机。

五、实验步骤

（1）试件的成型：从密封容器内取出1500g试样，充分拌匀。取出试样1400g±1g，按标准稠度用水量称量水，并把水倒入搅拌容器中。在10s内将试样均匀地撒入水中，静置20s，用搅拌棒在30s内搅拌30圈。接着以30r/min的速度搅拌，使料浆保持悬浮状态，然后搅拌至料浆开始稠化，用料勺将料浆灌入预先涂有一层矿物的试模内。试模充满后，将模具的一端用手抬起10～30mm，使其自由落下，如此振动10次，用同一操作将试模另一端振动10次，排除料浆中的气泡。在初凝前，用刮刀刮去溢浆，但不必抹光表面。在水与试样接触1h后，在试件表面编号并拆模、备用。

（2）2h抗折强度的测定。脱模后的试件存放在实验条件下，在试样与水接触到2h时，进行抗折强度的测定。将试件置于抗折试验机的两根支撑辊上，试件的成型面应侧立。试件各棱边与各辊保持垂直，并使加荷辊与两根支承辊保持等距。开动抗折试验机后逐渐增加荷载，最终使试件断裂，记录试件的断裂荷载值或抗折强度值。实验用试件为三条。

（3）烘干抗压强度的测定。脱模后的试件存放在实验条件下 24h，再将试件放入电热鼓风干燥箱中，以 40℃±1℃的温度烘干至恒重（当有效烘干时间相隔 1h 的两次称量之差不超过 0.5g 时即为恒重），恒重后将试件放在实验条件下冷却至室温。将三块试件在抗折试验机上折成六个半块试件，将试件成型面侧立，置于抗压夹具内，并使抗压夹具的中心处于上、下夹板的轴心上，保证上夹板球轴通过试件受压面中心。开动抗压试验机，使试件在开始加荷后 20s 至 40s 内破坏，测试出的烘干抗压强度值精确至 0.1MPa。

六、数据处理与记录

抗折强度 R_f 按式（2-24）计算：

$$R_f=\frac{6M}{b^3}=0.00234P \tag{2-24}$$

式中 R_f——抗折强度（MPa）；

P——断裂荷载（N）；

M——弯矩（N·mm）；

b——试件方形截面边长，b=40mm。

抗压强度 R_c 按式（2-25）计算：

$$R_c=\frac{P}{1600} \tag{2-25}$$

式中 R_c——抗压强度（MPa）；

P——破坏荷载（N）。

根据国家标准评定高强石膏的质量，见表 2-20。

表 2-20 高强石膏的抗折强度和抗压强度

等级	2h 抗折强度（MPa）	烘干抗压强度（MPa）
α25	3.5	25.0
α30	4.0	30.0
α40	5.0	40.0
α50	6.0	50.0

实验数据记录于表 2-21 和表 2-22。

表 2-21 抗折强度数据记录

试块编号	试块规格（mm）	加载速率（$N/mm^2 \cdot s$）	破坏荷载（N）	抗折强度（MPa）
1				
2				
3				

表 2-22 抗压强度数据记录

试块编号	试块规格（mm）	受压面积（mm^2）	加载速率（$N/mm^2 \cdot s$）	破坏荷载（N）	抗压强度（MPa）
1					
2					
3					
4					
5					
6					

讨论：在测试高强石膏抗压强度时，若采用更大的试件，测出的高强石膏强度是变大还是变小？

第十四节 高强石膏的膨胀率

一、实验目的

掌握测定高强石膏膨胀率的方法。

二、实验原理

本方法是将一定长度的高强石膏浆体试件，通过测定规定时间试件的长度变化率来确定高强石膏浆体的膨胀性能。

三、实验材料

高强石膏。

四、实验设备

膨胀率测定仪、搅拌碗、三联试模。

五、实验步骤

按标准稠度用水量称量水，并把水倒入搅拌碗中。将 350g 试样在 5s 内倒入水中，静置 5s，用拌和棒搅拌，得到均匀的料浆，将料浆完全充满在模具中。用手将试模一端提起 10～30mm，使其自由落下，振动 10 次，用同一操作将试模另一端振动 10 次，刮平试件表面，在终凝前 1min 内拆除模具两端挡板及底座，并将试件和两侧挡板一起置于测定仪中，读取试件的初始数值。让试件无约束膨胀至 2h，读取试件最后的数值，数值精确至 0.01mm。

六、数据处理与记录

膨胀率计算按式（2-26）计算，结果精确至 0.01%。

$$E=\frac{L_2-L_1}{L}\times 100\% \tag{2-26}$$

式中 E——膨胀率（%）；

L_1——试件的初始读数（mm）；

L_2——试件的 2h 读数（mm）；

L——试件的有效长度为 250mm。

上述实验进行两次，计算两次实验结果的平均值，精确至 0.01%。

实验数据记录于表 2-23。

表 2-23 数据记录

初始读数（mm）	2h 读数（mm）	有效长度（mm）

讨论：水泥测定的是收缩率，高强石膏测定的是膨胀率，两种测试方法在测定时的异同点？

第十五节 消石灰、粉状生石灰的松散密度

一、实验目的

本实验的目的是测定消石灰、粉状生石灰的松散密度。

二、实验原理

单位体积、自然堆积状态下的物料质量。

三、实验材料

生石灰（或消石灰）。

四、实验设备

（1）容量筒：容量不小于 1L。
（2）天平：称量精确到 1.0g。
（3）刮刀。

五、实验步骤

称量容量筒（m_0），精确到 1.0g，置于工作台上，用样品装满容量筒直至溢出，用刮刀刮平，除去多余样品，刮平过程应避免容量筒震动和样品溢出。刮平后，擦净容量筒外壁，避免样品溢出，用天平称量容量筒（m_1），精确到 1.0g。

六、数据处理与记录

松散密度按式（2-27）计算：

$$松散密度\ D_1=\frac{m_1-m_0}{V_1} \tag{2-27}$$

式中　D_1——松散密度（g/cm^3）；

m_0——空容量筒的质量（g）；

m_1——容量筒与样品质量之和（g）；

V_1——容量筒的容积（cm^3）。

实验数据记录于表 2-24。

表 2-24　数据记录

序号	空容量筒的质量（g）	容量筒与样品质量之和（g）	容量筒的容积（cm^3）
1			
2			
3			

讨论：块状生石灰的松散堆积密度可以采用这个方法测试吗？为什么？

第十六节　消石灰、粉状生石灰的细度

一、实验目的

本实验的目的是用筛分析评定生石灰（或消石灰）的细度。

二、实验原理

本实验方法通过测定生石灰粉（或消石灰）的筛余量，评定生石灰粉（或消石灰）的细度。

三、实验材料

生石灰粉（或消石灰）。

四、实验设备

（1）筛子：筛孔为 0.2mm 和 90μm。

（2）天平：量程为 200g，称量精确到 0.1g。

（3）羊毛刷：4 号。

五、实验步骤

称 100g 样品（m），放在顶筛上。手持筛子往复摇动，不时轻轻拍打，摇动和拍打过程应保持近于水平，保持样品在整个筛子表面连续运动，用羊毛刷在筛面上轻刷，连续筛选直到 1min 通过的试样量不大于 0.1g，称量套装筛子每层筛子的筛余量（m_1、m_2），精确到 0.1g。

六、数据处理与记录

数据的处理按式（2-28）和式（2-29）计算

$$X_1=\frac{m_1}{m}\times 100\% \tag{2-28}$$

$$X_2=\frac{m_1+m_2}{m}\times 100\% \tag{2-29}$$

式中 X_1——0.2mm 方孔筛筛余百分含量（%）；

X_2——90μm、0.2mm 方孔筛，两筛上的总筛余百分含量（%）；

m_1——0.2mm 方孔筛筛余物质量（g）；

m_2——90μm 筛余物质量（g）；

m——样品质量（g）。

实验数据记录于表 2-25。

表 2-25　数据记录

序号	0.2mm 方孔筛筛余百分含量（%）	90μm、0.2mm 方孔筛，两筛上的总筛余百分含量（%）	0.2mm 方孔筛筛余物质量（g）	90μm 筛余物质量（g）	样品质量（g）
1					

讨论：在评定生石灰（或消石灰）细度时，为什么要采用 0.2mm 方孔筛筛余百分含量和 90μm、0.2mm 方孔筛两筛上的总筛余百分含量共同评定？

第十七节　消石灰的安定性

一、实验目的

本实验的目的是评定消石灰的安定性。

二、实验原理

消石灰存在未完全消化的氧化物，使用时可能会产生体积变化。用干燥箱处理样品，以是否产生溃散、暴突和裂缝等现象，来评定消石灰的安定性。

三、实验材料

消石灰。

四、实验设备

（1）天平：量程 200g，精度 0.2g。

（2）量筒：250mL。

（3）牛角勺。

（4）蒸发皿：300mL。
（5）耐热板：外径不小于125mm，耐热温度大于150℃。
（6）烘箱：最高温度200℃。

五、实验步骤

称取试样100g，倒入300mL蒸发皿内，加入常温清水约120mL，在3min内拌和成稠浆，一次性浇筑于两块耐热板上，其饼块直径50～70mm，中心高8～10mm。成饼后在室温下放置5min，然后放入温度为100～105℃烘箱中，烘干4h取出。

六、实验结果与记录

烘干后肉眼观察饼块无溃散、暴突、裂缝等现象，评定未体积安定性合格；若出现三种现象之一者，评定未体积安定性不合格。

实验数据记录于表2-26。

表2-26　数据记录

序号	观察饼块			体积安定性
	溃散	暴突	裂缝	
1				
2				

讨论：消石灰存在未完全消化的氧化物，试从原材料来源分析，这些氧化物通常是什么？

第十八节　生石灰产浆量、未消化残渣

一、实验目的

本实验的目的是测定生石灰的产浆量和未消化残渣。

二、实验原理

生石灰产浆量是生石灰与足够量的水作用，在规定时间内产生的石灰浆的体积，以升每10千克（L/10kg）表示。

三、实验材料

生石灰粉。

四、实验设备

（1）生石灰消化器：由耐石灰腐蚀的金属制成的带盖双层容器，两层容器壁之间的空隙有保温材料矿渣棉填充。生石灰消化器每2mm高度产浆量为1L/10kg。
（2）玻璃量筒：500mL。

（3）天平：量程为 1000g，精确度 1g。

（4）搪瓷盘：200mm×300mm。

（5）钢板尺：量程为 300mm。

（6）烘箱：最高温度 200℃。

五、实验步骤

在消化器中加入 320mL±1mL 温度为 20℃±2℃的水，然后加入 200g±1g 生石灰（块状石灰则碾碎成小于 5mm 的粒子）（m）。慢慢搅拌混合物，然后根据生石灰的消化需要立刻加入适量的水。继续搅拌片刻后，盖上生石灰消化器的盖子。静置 24h 后，取下盖子，若此时消化器内，石灰膏顶面之上有不超过 40mL 的水，说明消化过程中加入的水量是合适的，否则调整加水量。测定石灰膏的高度，结果取 4 次测定的平均值（H），计算产浆量（X）。

提起消化器内筒用清水冲洗筒内残渣，至水流不浑浊（冲洗用清水仍倒入筛筒内，水总体积控制在 3000mL），将渣移入搪瓷盘内，至 100～105℃烘箱中，烘干至恒重，冷却至室温后用 5mm 圆孔筛筛分，称量筛余物（m_1），计算未消化残渣含量（X_1）。

六、数据处理与记录

以每 2mm 的浆体高度标识产浆量，按公式（2-30）计算产浆量，按公式（2-31）计算未消化残渣百分含量：

$$X=\frac{H}{2} \tag{2-30}$$

$$X_1=\frac{m_1}{m} \tag{2-31}$$

式中 X——产浆量（L/10kg）；

H——四次测定的浆体高度平均值（mm）；

X_1——未消化残渣百分含量（%）；

m_1——未消化残渣质量（g）；

m——样品质量（g）。

实验数据记录于表 2-27。

表 2-27 数据记录

生石灰（g）	首次加水量（g）	调整加水量（g）	石灰膏顶面的水量（mL）	石灰膏高度（mm）	筛余物（g）

讨论：静置 24h 后，为什么说消化器内石灰膏顶面之上有不超过 40mL 的水，加入的水量是合适的？

第十九节　消石灰的游离水

一、实验目的

本实验的目的是测定消石灰的游离水，评定消石灰的质量。

二、实验原理

当消石灰样品加热到105℃，游离水逃逸，此温度下损失的质量百分数为消石灰游离水。

三、实验材料

消石灰。

四、实验设备

（1）电子分析天平：量程200g，精度0.1mg。
（2）称量瓶：30mm×60mm。
（3）烘箱：最高温度200℃。

五、实验步骤

称5g消石灰样品（m），精确到0.0001g，放入称量瓶中，在105℃±5℃烘箱烘干到恒重后，立即放入干燥器中，冷却到室温（约需20min），称量（m_1）。

六、数据处理与记录

数据的处理按式（2-32）计算：

$$W_F=\frac{m-m_1}{m}\times 100\% \tag{2-32}$$

式中　W_F——消石灰游离水（%）；
m——干燥前样品重（g）；
m_1——干燥后样品重（g）。

实验数据记录于表2-28。

表2-28　数据记录

序号	干燥前样品重（g）	干燥后样品重（g）
1		
2		

讨论：当将消石灰样品加热到105℃时，游离水逃逸的同时，会不会使消石灰发生分解，导致测出的结果不准确？

第二十节　建筑石灰的灼烧失量

一、实验目的

本实验的目的是采用灼烧的方式测定建筑石灰的烧失量。

二、实验原理

将盛有已称量试样的坩埚（已称空重）灼烧至恒重，质量损失的百分数即试样的灼烧失量，记作 *LOI*。

三、实验材料

消石灰粉（或生石灰粉）。

四、实验设备

（1）天平：量程为 200g，精度 0.1mg。
（2）坩埚：瓷坩埚或铂金坩埚。
（3）高温炉：温度可调，最高使用温度 300℃。
（4）150μm 标准筛。

五、实验步骤

将消石灰粉（或生石灰粉）通过 150μm 的标准筛，然后称量样品约 1g，精确称量到 0.1mg（m_1）。之后将样品放入已称量的坩埚中，盖上盖子，称量坩埚加样品的质量（m_2）。在 400℃高温炉中预灼烧 30min，然后升温到 1000℃±20℃，保持 20min，直至恒重（m_3）。计算灼烧前后质量之差，用质量百分数表示为灼烧失量（LOI）。另外生石灰也可直接放到 1000℃的高温炉中灼烧。

六、数据处理与记录

数据的处理按式（2-33）计算：

$$\mathrm{LOI}=\frac{m_3-m_2}{m_1}\times 100\% \tag{2-33}$$

式中　LOI——灼烧失量百分含量（%）；
　　m_1——样品质量（g）；
　　m_2——灼烧后坩埚加样品质量（g）；
　　m_3——坩埚加样品质量（g）。

实验数据记录于表 2-29。

表 2-29　数据记录

样品质量（g）	灼烧后坩埚加样品质量（g）	坩埚加样品质量（g）

讨论：为什么生石灰可以免去在高温炉中预灼烧，而消石灰却要预灼烧？

第二十一节 建筑石灰的酸不溶物（盐酸法）

一、实验目的

本实验的目的是采用盐酸法测定建筑石灰的酸不溶物。

二、实验原理

试样在盐酸中溶解后，经二次蒸干，使硅酸完全脱水。再用稀盐酸处理，经过滤、洗涤，分离出含二氧化硅的不溶物残渣。将两次过滤后含有残渣的滤纸合并灰化，所得残渣在高温下灼烧至灰呈白色，然后称量。

三、实验材料

消石灰（或生石灰），盐酸（1∶1），盐酸（1∶19）。

四、实验设备

（1）天平：量程为200g，精度0.1mg。

（2）250μm标准筛。

（3）坩埚：瓷坩埚或铂金坩埚。

（4）高温炉：温度可调，最高使用温度1000℃。

（5）烘箱：温度可调，最高使用温度300℃。

（6）移液管、蒸发皿。

（7）滤纸：无灰慢速滤纸。

五、实验步骤

称量0.5g生石灰或消石灰，或1g经磨细并通过250μm筛的石灰石样品（m_1），放入带盖的坩埚中，置于高温炉中，在950℃下灼烧15min以上，使其完全分解。然后转移到盛有10mL蒸馏水的蒸发皿中，搅成浆状，加5～10mL盐酸，用文火加热，至完全溶解。

通过水浴将溶液蒸至接近干时，将蒸发皿放入烘箱中烘干1h，取出冷却。加20mL盐酸（1∶1），放入水浴中10min，然后用慢速定量滤纸过滤后热的稀盐酸（1∶19）洗涤。再用热的蒸馏水冲洗两遍，保留带残渣的滤纸备用。

蒸干滤液，加5～10mL盐酸溶解，之后的步骤重复如前，但加20mL盐酸（1∶1）后，放入水浴中2min，然后过滤、洗涤。保留滤液以测定钙、镁氧化物用。将两次过滤后带残渣的滤纸放入坩埚中，无焰灰化，再放入高温炉中，温度设置为1000℃灼烧30min。最后在干燥器中冷却、称量（m_2）。

六、数据处理与记录

数据的处理按式（2-34）计算：

$$SB=\frac{m_2}{m_1}\times 100\% \tag{2-34}$$

式中 SB——包含二氧化硅的酸不溶物（%）；

m_1——试样质量（g）；

m_2——灼烧后残渣质量（g）。

实验数据记录于表 2-30。

表 2-30 数据记录

生石灰质量（g）	消石灰质量（g）	石灰石质量（g）	灼烧后残渣质量（g）

讨论：采用生石灰、消石灰和石灰石测定酸不溶物时，在样品处理上有何不同？

第二十二节 建筑石灰的氧化钙、氧化镁含量（EDTA 滴定法）

一、实验目的

本实验的目的是测定建筑石灰的氧化钙和氧化镁的含量。

二、实验原理

本实验原理是在石灰的系统分析中，分离氧化硅及沉淀铁、铝等氢氧化物后，通过 EDTA 滴定，分别测定氧化钙和氧化镁含量。本实验也可以直接用盐酸分解，除去二氧化硅和酸不溶物后，通过 EDTA 滴定，分别测定氧化钙和氧化镁含量。

如果干扰元素大量存在，会干扰测定，可以通过加络合剂或屏蔽剂，如三乙醇胺加以屏蔽。

测定氧化钙，可用氢氧化钾溶液调节试液 pH 值为 12～12.5，采用羟基萘酚蓝作指示剂，用 EDTA 滴定到蓝色终点。

测定氧化镁，则加钙镁指示剂，用氢氧化铵-氯化铵缓冲溶剂使试液 pH 保持在 10，滴定钙镁氧化物。从滴定消耗钙镁氧化物的 EDTA 体积中减去滴定氧化钙消耗的 ED-TA 体积可计算氧化镁的含量。

三、实验材料

（1）消石灰（或生石灰）。

（2）乙二胺四乙酸二钠（EDTA）溶液的质量浓度 $\rho_{EDTA}=4g/L$：在水中溶解 4g EDTA，稀释至 1L。

（3）氢氧化钾（KOH）标准溶液的量浓度 $c_{KOH}=1mol/L$：在 1L 蒸馏水中溶解 56g KOH。

（4）氢氧化铵-氯化铵（NH_4OH-NH_4Cl）缓冲溶液（pH4.5）：在 300mL 蒸馏水中溶解 67.5g NH_4Cl，加 570mL NH_4OH，稀释到 1L。

（5）羟基萘酚蓝（钙指示剂）。

（6）钙镁指示剂。

(7) 盐酸 (HCl) (1∶1)。

(8) 盐酸 (HCl) (1∶9)。

(9) 三乙醇胺 [N $(CH_2CH_2OH)_3$] (1∶2)。

(10) 钙标准溶液（每毫升含有 1.00mg CaO)：称 1.785g 基准标准物质 $CaCO_3$ 溶解于 HCl (1∶9)，用蒸馏水稀释到 1L。

(11) 镁标准溶液（每毫升含有 1.00mg MgO)：称 0.603g 金属镁屑溶解于 HCl 中，用蒸馏水稀释到 1L。

(12) 甲基红溶液 (2g/L)：用 1L 95%的乙醇溶解 2g 甲基红指示剂。

(13) 饱和溴水。

四、实验设备

(1) 天平：量程为 200g，精度 0.1mg。

(2) 玻璃容量器皿：容量瓶、烧杯、滴定管、移液管、锥形瓶等。

(3) 滤纸：无灰中速滤纸。

(4) 磁力搅拌器。

五、实验步骤

(1) 标准氧化钙溶液标定。

用移液管吸取 10mL 标准 CaO 溶液，放入锥形瓶中，并加 100mL 蒸馏水。为防止沉淀出钙，加约 10mL EDTA，用约 15mL KOH (1mol/L) 溶液，调整 pH 值 12～12.5 并搅拌。加 0.2～0.3g 羟基萘酚蓝指示剂滴定到蓝色终点。CaO 溶液滴定度按公式 (2-35) 计算。滴定 3 个以上等分试样，取平均值来计算 CaO 溶液的滴定度。

(2) 标准氧化镁溶液标定。

用移液管吸取 10mL 标准 MgO (1.00mg/mL) 溶液至锥形瓶中，并加 100mL 蒸馏水。用 10mL NH_4Cl-NH_4OH 缓冲溶液调节 pH 值到 10，加 0.3～0.4g 钙镁指示剂。用 EDTA 滴定，颜色从红色变成深蓝色，到达终点（蓝色保持至少 30s）。MgO 溶液的滴定度按公式 (2-36) 计算。滴定 3 个以上等分试样，取平均值来计算 MgO 溶液的滴定度。

(3) 滤液。

称 0.5g 试样（若测试消石灰，在称样之前需将消石灰样品在 600℃下，焙烧 2h，成干基试样）(m)，加热到 250mL 烧杯中，加 10mL HCl (1∶1)，在加热板上仔细蒸干。溶解残渣于 25mL HCl (1∶9) 中，用水稀释到约 100mL，在较低温度下溶解 15min，冷却后转移到 250mL 容量瓶中，稀释到刻度，混合均匀，让其沉降，用中速滤纸过滤，滤液作氧化钙和氧化镁测定。

若用本章第二十一节酸不溶物测定中所得滤液来测定钙、镁氧化物，则先加 10～15mL 盐酸到滤液中，再加 1mL 饱和溴水到滤液中，以氧化部分还原的铁，煮沸滤液，消除多余的溴水。然后加水至 200～250mL，加几滴甲基红溶液，加热至沸，再加氢氧化铵(1∶1)至溶液呈明显黄色，再加一滴使之过量。加热含沉淀物的溶液至沸，煮沸 50～60s。停止加热使沉淀沉降（不超过 5min)，在沉淀或加热时，若颜色消退，则再加1～2滴指示剂，在过滤前，滤液应为明显黄色，否则再加氢氧化铵（1：1）使之变黄。用中速滤纸过滤，并用20g/L的氯化铵热溶液立即洗涤沉淀物2～3次。

搁置滤液，用40mL热盐酸（1：3）溶解滤纸上的沉淀，热酸通过滤纸进入原来进行沉淀操作的烧杯中。先用热盐酸（1：9），后用热水充分洗涤滤纸。煮沸溶液，用氢氧化铵（1：1）沉淀出氢氧化物（如上所述步骤）。用新的中速滤纸过滤，用20g/L的氯化铵热溶液立即洗涤沉淀物至少8次，合并两次滤液，用盐酸酸化滤液，转移到250mL容量瓶中，用蒸馏水稀释到刻度并混匀，供氧化钙和氧化镁分析用。

（4）滴定氧化钙。

选择以上两种方法中任一种所制备的250mL容量瓶中滤液，用移液管吸取20mL滤液至锥形瓶中，用水稀释到150mL，用约30mL氢氧化钾溶液（1mol/L）调节pH到12，并搅拌。若试样中已知含显著量（大于1%）的铁、锰和重金属，则添加10mL三乙醇胺（1：2）．添加0.2～0.3g羟基萘酚蓝指示剂，滴定至明亮的蓝色终点。按公式（2-37）计算氧化钙含量。

（5）滴定氧化镁。

从250mL容量瓶中，用移液管吸取20mL滤液，转入锥形瓶中，用100mL水稀释，加约20mL NH_4Cl-NH_4OH缓冲溶液调节pH到10，并搅拌。添加2～3滴KCN（20g/L）溶液，或10mL三乙醇胺，加等量的氧化钙滴定时所消耗的EDTA毫升数，然后再加约0.4g钙镁指示剂，用EDTA（$\rho_{EDTA}=4g/L$）溶液滴定到蓝色终点，为氧化钙和氧化镁总的滴定量。从总滴定量中减去钙的EDTA滴定量，即得氧化镁的滴定量。氧化镁滴定所消耗的EDTA的体积按公式（2-38）计算，按公式（2-39）计算氧化镁含量。

六、数据处理与记录

数据的处理按式（2-35）～式（2-39）计算：

$$T_{(CaO/EDTA)}=\frac{10\times\rho_{CaO}}{V_1} \tag{2-35}$$

$$T_{(MgO/EDTA)}=\frac{10\times\rho_{MgO}}{V_2} \tag{2-36}$$

$$CaO（\%）=\frac{T_{(CaO/EDTA)}\times V_3\times 12.5}{m\times 1000} \tag{2-37}$$

$$V_5=V_4-V_3 \tag{2-38}$$

$$MgO（\%）=\frac{T_{(MgO/EDTA)}\times V_5\times 12.5}{m\times 1000} \tag{2-39}$$

式中 $T_{(CaO/EDTA)}$——CaO溶液的滴定度。每毫升EDTA相当于氧化钙的毫克数（mg/mL）；

$T_{(MgO/EDTA)}$——MgO溶液的滴定度。每毫升EDTA溶液相当于氧化镁的毫克数（mg/mL）；

ρ_{CaO}——钙标准溶液质量浓度。每毫升钙标准溶液含1.00mg氧化钙（mg/ml）；

ρ_{MgO}——镁标准溶液质量浓度。每毫升镁标准溶液含1.00mg氧化镁（mg/ml）；

V_1——标准CaO溶液滴定时消耗的EDTA体积（mL）；

V_2——标准 MgO 溶液滴定时消耗的 EDTA 体积（mL）；
V_3——滴定 CaO 所消耗的 EDTA 的体积（mL）；
V_4——滴定 CaO 和 MgO 所消耗的 EDTA 的体积（mL）；
V_5——相当于 MgO 滴定所消耗的 EDTA 的体积（mL）；
m——样品质量（g）；
12.5——全部试样溶液与分取试样溶液的体积比。

实验数据记录于表 2-31。

表 2-31　数据记录

样品质量（g）	
标准 CaO 溶液滴定时消耗的 EDTA 体积（mL）	
标准 MgO 溶液滴定时消耗的 EDTA 体积（mL）	
滴定 CaO 所消耗的 EDTA 标准溶液的体积（mL）	
滴定 CaO+MgO 所消耗的 EDTA 标准溶液的体积（mL）	
相当于 MgO 滴定所消耗的 EDTA 标准溶液的体积（mL）	
钙标准溶液质量浓度（mg/mL）	
镁标准溶液质量浓度（mg/mL）	

讨论：在建筑石灰中，为什么要测定氧化钙和氧化镁的含量？

第二十三节　建筑石灰的三氧化硫

一、实验目的

本实验的目的是测定建筑石灰中三氧化硫的含量。

二、实验原理

用氯化钡从石灰的酸化溶液中沉淀出硫酸钡，并换算成等值的三氧化硫的含量。

三、实验材料

（1）消石灰（或生石灰）。
（2）氯化钡溶液（100g/L）：在 1L 水中溶解 100g 氯化钡（$BaCl_2 \cdot 2H_2O$）。
（3）甲基红溶液（2g/L）：用 1L 95%的乙醇溶解 2g 甲基红指示剂。
（4）盐酸（1∶1）。
（5）氢氧化铵（1∶1）。

四、实验设备

（1）天平：量程为 200g，精度 0.1mg。
（2）玻璃容量器皿：容量瓶、烧杯、滴定管、移液管、锥形瓶等。
（3）干燥器：内置干燥剂。

（4）坩埚：瓷坩埚或铂坩埚。

（5）高温炉：温度可调，最高使用温度1000℃。

（6）滤纸：无灰滤纸。

（7）磁力搅拌器。

五、实验步骤

按表2-32范围选择和称重制备好的样品（m_1），放入盛有50mL水的烧杯中。搅拌所有样品使团块破碎，较轻的粒子呈悬浮状态。加50mL稀盐酸（1∶1），加热直到反应停止，分解完全。在刚好低于沸点的温度下加热几分钟，加几滴甲基红指示剂，加氢氧化铵（1∶1）让溶液变碱性（呈黄色）。加热溶液至沸腾，用中速滤纸过滤，用热水充分洗涤滤渣。稀释滤液至250mL，加5mL盐酸（1∶1）加热到沸腾，再慢慢加10mL热的氯化钡溶液。继续煮沸并搅拌，直到沉淀形成，然后在室温下放置过夜，务必保持溶液体积在225～250mL，若必要，可加水补充。用滤纸过滤，用热水洗涤沉淀物，把有沉淀物的滤纸放在已称量的坩埚中，慢慢地无焰炭化滤纸。在高温炉中1000℃下至灰呈白色，在干燥器中冷却并称量（m_2）。

表2-32　数据记录

预计的SO_3（%）范围	样品称量（g）
0.001～0.500	10.0
0.500～2.50	5.00
2.50～12.5	2.00

六、数据处理与记录

数据的处理按式（2-40）计算：

$$SO_3=\frac{m_2\times 0.343}{m_1} \tag{2-40}$$

式中　m_1——样品质量（g）；

m_2——$BaSO_4$质量（g）；

0.343——三氧化硫对硫酸钡的换算因数。

实验数据记录于表2-33。

表2-33　数据记录

样品质量（g）	$BaSO_4$质量（g）

讨论：高温炉1000℃后，为什么不能在空气中直接冷却？而要放在干燥器中冷却？

第二十四节　建筑石膏及制品检测案例

无锡市现代钢结构工程有限公司在国内首次成功提出了现浇石膏墙板这一新型墙体

概念，成功研制开发了相关的制粉技术、配方、施工工艺、专用施工设备等系列技术和产品。该现浇石膏墙板是以脱硫石膏、磷石膏等化学废弃物制造的建筑石膏为主要原料，在施工现场支模，使用专用机械取料、加水搅拌浇筑入模成型，经自然干燥而成的轻质建筑石膏墙体。在施工过程中可以加入纤维增韧材料或轻集料（发泡材料），以提高墙体的强度、减小墙体质量。经国家建筑材料质量监督检验中心抽样检测，现浇石膏墙板各项性能指标（除防水性能外）均远优于石膏砌块墙、龙骨石膏板墙、石膏条板墙、加气混凝土砖墙、粉煤灰砖墙等各类轻质墙体，完全符合国家有关非承重内隔墙的各项有关标准。

课程思政——石膏胶凝材料的辩证关系

石膏胶凝材料具有质量小、凝结硬化快、耐火性好、隔热隔声、色白或色淡易装饰性等优点，但建筑石膏硬化后有很强的吸湿性，在潮湿条件下，晶粒间的结合力减弱，导致强度下降，其软化系数仅为0.3～0.45，若长期浸泡在水中，水化生成物二水石膏晶体将逐渐溶解，导致制品破坏。为提高其耐水性，可加入适量水泥、矿渣等水硬性胶凝材料，也可加入有机硅、含氢硅油等防水剂，以改善石膏制品的孔隙状态和孔壁的憎水性。但同时也存在问题，加入水泥、矿渣等水硬性胶凝材料会改变石膏的颜色，装饰性变差；加入有机硅、含氢硅油等防水剂，会增加石膏成本和降低它的强度。这正是事物内部或事物之间的对立统一的辩证关系。

参考文献

[1] 中华人民共和国国家质量监督检验检疫总局，中国国家标准化管理委员会．石膏化学分析方法：GB/T 5484—2012［S］．北京：中国标准出版社，2012.

[2] 中华人民共和国国家质量监督检验检疫总局，中国国家标准化管理委员会．天然石膏：GB/T 5483—2008［S］．北京：中国标准出版社，2012.

[3] 中华人民共和国国家质量监督检验检疫总局，中国国家标准化管理委员会．石膏化学分析方法：GB/T 5484—2012［S］．北京：中国标准出版社，2012.

[4] 中华人民共和国工业和信息化部．α型高强石膏：JC/T 2038—2010［S］．北京：中国建材工业出版社，2010.

[5] 金国其．现浇石膏墙板将推动建筑业绿色发展［N］．中国工业报，2011-04-25（A03）．

[6] 中华人民共和国工业和信息化部．建筑石灰试验方法 第1部分：物理试验方法：JC/T 478.1—2013［S］．北京：中国建材工业出版社，2010.

[7] 中华人民共和国工业和信息化部．建筑石灰试验方法 第2部分：化学分析方法：JC/T 478.2—2013［S］．北京：中国建材工业出版社，2010.

[8] 国家市场监督管理总局，中国国家标准化管理委员会．建筑石膏：GB/T 9776—2022［S］．北京：中国标准出版社，2022.

[9] 国家市场监督管理总局，中国国家标准化管理委员会．建筑石膏相组成分析方法：GB/T 36141—2018［S］．北京：中国标准出版社，2018.

[10] 国家市场监督管理总局，中国国家标准化管理委员会．建筑石膏：GB/T 9776—2008［S］．北京：中国标准出版社，2008.

第三章 沥青与沥青混合料

第一节　沥青的表观黏度

一、实验目的

测定沥青在使用温度下的表观黏度，可用来确定沥青在施工应用时的拌和及碾压温度。

二、实验原理

用布式黏度仪测量高温下沥青的黏度。在黏度的测量过程中，将转子插入盛有沥青的样品筒中。转子在沥青中转动所产生的扭矩与沥青的黏度成正比，扭矩与仪器系数的乘积即为沥青的黏度，用 Pa·s 表示。

三、实验设备

（1）布洛克菲尔德黏度计，如图 3-1 所示，它由下列部分组成。

① 适用于不同黏度范围的标准高温黏度测量系统，如 LV、RV、HA 或 HB 型系列等，其量程应满足被测改性沥青黏度的要求。

② 不同型号的转子。

③ 自动温度控制系统，包括恒温控制器、盛样筒、温度传感器等。

④ 数据采集和显示系统，绘图记录设备等。

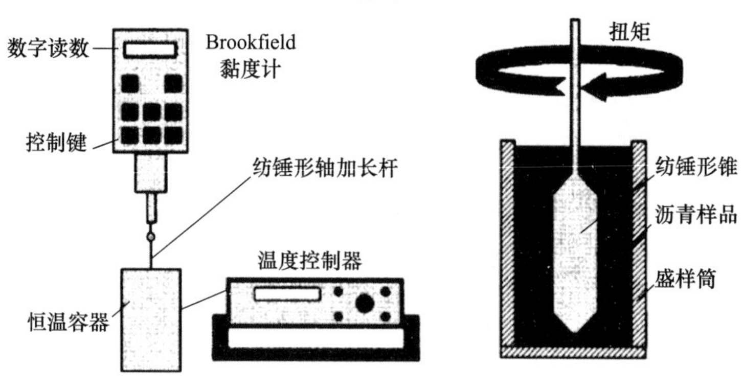

图 3-1　布洛克菲尔德黏度计

（2）烘箱：标称温度范围 300℃，控温的准确度为 1℃。

（3）标准温度计：分度为 0.1℃。

（4）秒表。

四、实验步骤

（1）按本规程要求准备沥青试样，分装在盛样容器中，在烘箱中加热至软化点以上 100℃左右保温 30～60min 备用，对改性沥青尤其应注意去除气泡。

（2）仪器在安装时必须调平，使用前应检查仪器的水准器气泡是否对中。开启黏度计温度控制器电源，设定温度控制系统至要求的实验温度。此系统的控温准确度应在使用前严格标定。

（3）根据估计的沥青黏度，按仪器说明书规定的不同型号的转子所适用的速率和黏度范围，选择适宜的转子。

（4）取出沥青盛样容器，适当搅拌，按转子型号所要求的体积向黏度计的盛样筒中添加沥青试样，根据试样的密度换算成质量。加入沥青试样后的液面应符合不同型号转子的规定要求，试样体积应与系统标定时的标准体积一致。

（5）将转子与盛样筒一起放置于已控温至实验温度的烘箱中保温，维持 1.5h。若实验温度较低时，可将盛样筒试样适当放冷至稍低于实验温度后再放入烘箱中保温。

（6）取出转子和盛样筒安装在黏度计上，降低黏度计，使转子插进盛样筒的沥青液面中至规定的高度。

（7）使沥青试样在恒温容器中保温，达到实验所需的平衡温度（不少于 15min）。

（8）按仪器说明书的要求选择转子速率，例如在 135℃测定时，对 RV、HA、HB 型黏度计可采用 20r/min，对 LV 型黏度计可采用 12r/min，在 60℃测定可选用 0.5r/min 等。开动布洛克菲尔德黏度计，观察读数，扭矩读数应在 10%～98%范围内。在整个测量黏度过程中，不能改变设定的转速，改变剪变率。仪器在测定前是否需要归零，可按操作说明书规定进行。

（9）待读数稍稳定后，在每个实验温度下，每隔 60s 读数一次，连续读数 3 次。

（10）对每个要求的实验温度，重复以上过程进行实验。实验温度宜从低到高进行，盛样筒和转子的恒温时间应不小于 1.5h。

（11）如果在实验温度下的扭矩读数不在 10%～98%的范围内，必须更换转子或降低转子转速后重新实验。

（12）利用布洛克菲尔德黏度计测定的不同温度的表观黏度，通常以 60℃、135℃及 175℃测定的表观黏度为准，绘制黏温曲线。

五、数据处理与记录

（1）当布洛克菲尔德黏度计的显示面板上具有直接显示黏度、扭矩、剪切应力、剪变率、转速和实验温度等项目的功能时，可直接根据需要记录数据，并以 3 次读数的平均值作为测定值。当黏度计不能直接显示读数装置，可按仪器厂家提供的仪器常数进行计算，或按式（3-1）计算沥青在该测定温度条件下的表观黏度。相关实验数据记录于表 3-1。

$$\eta_a = k_n \times \theta \tag{3-1}$$

式中　η_a——沥青在测定温度条件下的表观黏度（Pa·s）；

k_n——布洛克菲尔德仪器常数；

θ——3 次黏度计读数的平均值。

表 3-1　沥青旋转黏度实验数据记录表

品种及标号						试样描述		
转子型号						转子速度		
沥青布氏旋转黏度实验								
试样编号	实验温度	仪器常数 k_n	黏度计读数 θ（Pa·s）				黏度测值（Pa·s）	黏度 η_a（Pa·s）
			1	2	3	平均值		

（2）将在不同温度条件下测定的黏度绘于黏度温度曲线中，确定沥青混合料的施工温度（图 3-2）。当使用石油沥青时，宜以黏度为 0.17Pa·s±0.02Pa·s 时的温度作为拌和温度范围；以 0.28Pa·s±0.03Pa·s 时的温度作为压实成型温度范围。

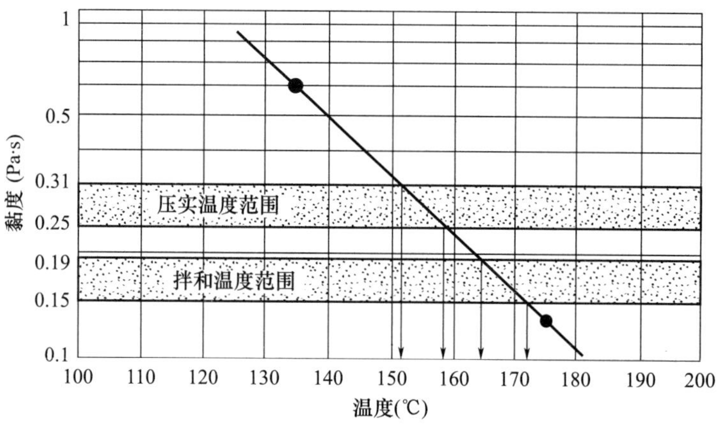

图 3-2　由沥青结合料的黏度温度曲线确定施工温度

讨论：沥青的表观黏度对于其施工和碾压有何影响？

第二节　沥青的运动黏度

一、实验目的

本实验目的为采用真空减压毛细管黏度计测定黏稠石油沥青、液体石油沥青及其蒸馏后残留物的运动黏度。

非经注明，实验温度为 135℃（黏稠石油沥青）及 60℃（液体石油沥青）。为得到黏稠石油沥青高温时的黏度温度曲线，以决定等黏温度作为施工温度时，宜用 120℃、150℃、180℃作为实验温度。

二、实验原理

在规定的温度条件下，测定一定体积的试样流过毛细管黏度计所需的时间，黏度计常数与时间的乘积即为运动黏度。

三、实验设备

（1）毛细管黏度计：通常采用坎芬式（Cannon-Fenske）逆流毛细管黏度计（图 3-3），也可采用国外通用其他的类型，如翟富斯横臂式（Zeitfuchs Cross-Arm）黏度计、兰特兹-翟富斯（Lantg-Zeitfuchs）型逆流式黏度计以及 BS/IP/RT U 型逆式黏度计等毛细管黏度计进行测定。

（2）恒温水槽或油浴：具有透明壁或装有观测孔，容积不少于 2L，并能使毛细管距浴壁的距离及试样距浴面至少为 20mm，装有加热温度调节器、自动搅拌器及带夹具的盖子等，其控温精密度能达到测定要求。

（3）温度计：分度为 0.1℃。

（4）烘箱：装有温度自动调节器。

（5）秒表：分度 0.1s，15min 的误差不超过 0.05%。

（6）水流泵或橡皮球。

（7）硅油或闪点高于 215℃的矿物油。

（8）溶剂：三氯乙烯（化学纯）。

（9）其他：洗液、蒸馏水等。

四、实验步骤

准备工作：小心地将试样加热，并不断地搅拌以保证样品受热均匀，防止局部过热。将至少 20mL 样品移入合适的容器内，加热至 135℃±5℃，在加热过程中应缓慢搅拌以防局部过热和产生气泡。

（1）使油浴温度保持在实验温度 135℃±0.03℃范围内。

（2）选择试样流动时间大于 60s、清洁干燥的黏度计，并预热到 135℃±5℃。

（3）将黏度计预热至实验温度后取出垂直倒置，使毛细管 N 通过橡皮管浸入沥青试样中。在管 L 的管口接一橡皮球（或水流泵）吸气，使试样经毛细管 N 充满球 D 并充满至 G 处后，用夹子夹住管 N 上的橡皮管，取出管 N 并迅速擦干管 N 口外部所黏附试样，并将黏度计倒转恢复到正常位置。然后用夹子夹紧管上橡皮球的皮管。

（4）将黏度计移入恒温水槽或油浴（实验温度±0.1℃）中，用橡皮的夹子将管 N 夹持固定、并使管 L 保持垂直。注意，夹持时，球 D 需浸入水或油面下 20mm 以上。

（5）放松管 L 夹子，使试样流入球 A 达一半时夹住夹子，停止试样流动。然后在恒温浴中保温 30min 后，放松管 L 夹子，让试样依靠重力流动。当试样弯液面达到标线 E 时，开动秒表，当试样液面流经标线 F 及 J 时，读取秒表，分别记录试样流经标志 E 到 F 和 F 到 J 的时间，准确至 0.1s。如试样流经时间小于 60s 时，应改选另一个毛细管直径较小型号的黏度计，重复上述操作。

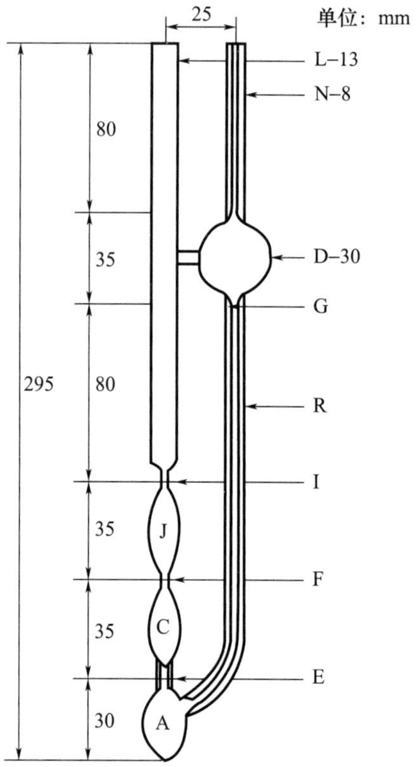

图 3-3　Cannon-Fenske 黏度计

L、N—导管；D—装样球；G—装样标线；R—毛细管

五、数据处理与记录

（1）按式（3-2）和式（3-3）先分别计算流经球 C 和球 J 测定的运动黏度：

$$V_c = C_c \times t_c \tag{3-2}$$

$$V_j = C_j \times t_j \tag{3-3}$$

式中　V_c、V_j——试样流经测定球 C、J 的运动黏度（mm^2/s）；

C_c、C_j——球 C、J 的黏度计标定常数（mm^2/s）；

t_c、t_j——试样流经球 C、J 的时间（s）。

（2）当V_c及 V_j之差不超过平均值的 3%时，试样的运动黏度按式（3-4）计算；若V_c及V_j之差超过平均值的 3%时，实验应重新进行。

$$V_T = (V_c + V_j)/2 \tag{3-4}$$

式中　V_T——试样在温度 T_C时的运动黏度（mm^2/s）；

V_c——试样流经 C 球时的运动黏度（mm^2/s）；

V_j——试样流经 J 球时的运动黏度（mm^2/s）。

同一试样至少用两根毛细管平行实验两次，取平均值作为实验结果。

（3）精密度或允许差

重复性实验的允许差：

对黏稠沥青：平均值的 3%。	
对液体沥青：60℃运动黏度范围 (mm^2/s)	允许差 (以平均值的%计)
<3000	1.5
3000～6000	2.0
>6000	8.9
对黏稠沥青：平均值的 8.8%。	
对液体沥青：60℃运动黏度范围 (mm^2/s)	允许差 (以平均值的%计)
<3000	3.0
3000～6000	9.0
>6000	10.0

记录格式如表 3-2 所示。

表 3-2　沥青运动黏度实验记录

实验次数	实验温度(℃)	球 C、J 的标定常数(mm^2/s^2)		流经球 C、J 的时间(s)		流经球 C、J 的运动黏度(mm^2/s)		运动黏度(mm^2/s)	运动黏度均值(mm^2/s)
		c_c	c_j	t_c	t_j	v_c	v_j		
1									
2									

讨论：沥青的运动黏度对于其工程应用有何意义？

第三节　沥青的黏滞性（针入度实验）

一、实验目的

通过针入度的测定掌握不同沥青的黏稠度以及进行沥青标号的划分。

二、实验原理

沥青针入度是在规定温度（25℃）和规定时间（5s）内，附加一定质量的标准针（100g）垂直贯入沥青试样中的深度，单位为 0.1mm。

三、实验设备

（1）针入度仪：为提高测试精度，针入度实验宜采用能够自动计时的针入度仪进行测定，要求针和针连杆必须在无明显摩擦下垂直运动，针的贯入深度必须准确至 0.1mm。针和针连杆组合件总质量为 50g±0.05g，另附 50g±0.05g 砝码一只，实验时总质量为 100g±0.05g。仪器应有放置平底玻璃保温皿的平台，并有调节水平的装置，针连杆应与平台相垂直。应有针连杆制动按钮，使针连杆可自由下落。针连杆应易于装拆，以便检查其质量。仪器还设有可自由转动与调节距离的悬臂，其端部有一面小镜或聚光灯泡，借以观察针尖与试样表面的接触情况，并且应对装置的准确性经常校验。当采用其他实验条件时，应在实验结果中注明。

（2）标准针：由硬化回火的不锈钢制成，洛氏硬度 HRC54-60，针及针杆总质量 2.5g±0.5g，针杆上应打印有号码标志，对针应妥善保管，防止碰撞针尖，使用过程中应当经常检验，并附有计量部门的检验单。

（3）盛样皿：金属制的圆柱形平底容器。小盛样皿的内径 55mm，深 35mm（适用于针入度小于 200）；大盛样皿内径 70mm，深 45mm（适用于针入度 200～350）；对针入度大于 350 的试样需使用特殊盛样皿，其深度不小于 60mm，容积不小于 125mL。

（4）恒温水槽：容量不小于 10L，控温的准确度为 0.1℃。水槽中应设有一带孔的搁架，位于水面下不得少于 100mm，距水槽底不得少于 50mm 处。

（5）平底玻璃皿：容量不小于 1L，深度不小于 80mm。内设有一不锈钢三脚支架，能使盛样皿稳定。

（6）其他设备：温度计或温度传感器（精度为 0.1℃）。

（7）计时器：精度为 0.1s。

（8）位移计或位移传感器（精度为 0.1mm）。

（9）盛样皿盖：平板玻璃，直径不小于盛样皿开口尺寸。

（10）溶剂：三氯乙烯等。

（11）其他：电炉或砂浴、石棉网、金属锅或瓷把坩埚等。

四、试样制备

（1）将预先除去水分的试样在砂浴或密闭电炉上加热并搅拌。加热温度不得超过估计软化点 100℃，加热时间不得超过 30min。用筛过滤除去杂质。

（2）将试样倒入预先选好的试样皿中，试样深度应大于预计穿过深度 10mm。

（3）试样皿在 15～30℃空气中冷却 1～1.5h（小试样皿）或 1.5～2h（大试样皿），防止灰尘落入试样皿。然后将试样皿移入保持规定实验温度的恒温水浴中。小试样皿恒温 1～1.5h，大试样皿恒温 1.5～2h。

五、实验步骤

（1）取出达到恒温的盛样皿，并移入水温控制在实验温度±0.1℃（可用恒温水槽中的水）的平底玻璃皿中的三脚支架上，试样表面以上的水层深度不小于 10mm。

（2）将盛有试样的平底玻璃皿置于针入度仪的平台上。慢慢放下针连杆，用适当位置的反光镜或灯光反射观察，使针尖恰好与试样表面接触，将位移计或刻度盘指针复位为零。

（3）开始实验，按下释放键，这时计时与标准针落下贯入试样同时开始，至 5s 时自动停止。

（4）读取位移计或刻度盘指针的读数，准确至 0.1mm。

（5）同一试样平行实验至少 3 次，各测试点之间及与盛样皿边缘的距离不应小于

10mm。每次实验后应将盛有盛样皿的平底玻璃皿放入恒温水槽，使平底玻璃皿中水温保持实验温度。每次实验应换一根干净标准针或将标准针取下用蘸有三氯乙烯溶剂的棉花或布擦净，再用干棉花或布擦干。

（6）测定针入度大于 200 的沥青试样时，至少用 3 支标准针，每次实验后将针留在试样中，直至 3 次平行实验完成后，才能将标准针取出。

六、数据处理与记录

取 3 次测定针入度的平均值，取至整数，作为实验结果，3 次测定的针入度值相差不应大于表 3-3 中的数值，否则，实验应重做。

表 3-3　针入度测定允许最大差值

针入度	0～49	50～149	150～249	250～350
最大差值	2	4	12	20

记录格式见表 3-4。

表 3-4　沥青针入度实验记录表

实验温度（℃）	试针荷载（g）	贯入时间（s）	刻度盘初读数	刻度盘终读数	针入度（0.01mm）	
					测定值	平均值

第四节　沥青的延性

一、实验目的

通过延度实验可以了解道路石油沥青、聚合物改性沥青、液体沥青蒸馏残留物和乳化沥青蒸发残留物等材料的延度。

二、实验原理

延度实验是将沥青做成“8”字形标准试件，在 25℃温度下，以 5cm 每分钟速度拉伸至断裂时的长度（cm），即为延度。

三、实验设备

（1）延伸仪：将试件浸没于水中，能保持规定的实验温度及按照规定拉伸速度拉伸试件且实验时无明显振动的延伸仪均可使用。

（2）试模：黄铜制，由两个端模和两个侧模组成。

（3）试模底板：玻璃板或磨光的铜板、不锈钢板（表面粗糙度 $Ra0.2\mu m$）。

（4）恒温水槽：容积不小于 10L，控温的准确度为 0.1℃。水槽中应设有一带孔的搁架，搁架底距水槽底不得小于 50mm 处。试件浸入水中深度不小于 100mm。

（5）温度计：0～50℃，分度为 0.1℃和 0.5℃各一支。

（6）筛孔为 0.3～0.5mm 的金属网。

（7）甘油滑石粉隔离剂（甘油与滑石粉的质量比为 2：1）。

四、实验步骤

（1）将隔离剂拌和均匀，涂于清洁干燥的试模底板和两个侧模的内侧表面，并将试模在试模底板上装妥。

（2）将熔化沥青试样缓缓注入模中（自模的一端至另一端往返多次），并略高出试模。灌模时不得使气泡混入。试件在室温中冷却不少于 1.5h，然后用热刮刀刮除高出试模的沥青，使沥青面与试模面齐平。沥青的刮法应自试模的中间刮向两端，且表面应刮得平滑。将试模连同底板再放入规定实验温度的水槽中保温 1.5h。

（3）检查延度仪延伸速度是否符合规定要求，然后移动滑板使其指针正对标尺的零点。

（4）将保温后的试件连同底板移入延度仪的水槽中，然后将盛有试样的试模自玻璃板或不锈钢板上取下，将试模两端的孔分别套在滑板及槽端固定板的金属柱上，并取下侧模。水面距试件表面应不小于 25mm。

（5）开动延度仪，并注意观察试样的延伸情况。此时应注意，在实验过程中，水温应始终保持在实验温度规定范围内，且仪器不得有振动，水面不得有晃动，当水槽采用循环水时，应暂时中断循环，停止水流。在实验中，当发现沥青细丝浮于水面或沉入槽底时，应在水中加入酒精或食盐，调整水的密度至与试样相近后，重新实验。

（6）试件拉断时，指针所指标尺上的读数即为试件的延度，以厘米（cm）计。在正常情况下，试件延伸时应成锥尖状，拉断时实际断面接近于零。如不能得到这种结果，则应报告在此条件下无测定结果。

五、数据处理与记录

同一试样，每次平行实验不少于 3 次，如 3 个测定结果均大于 100cm，实验结果记作“>100cm”；如 3 个结果中，有一个以上的测定值小于 100cm，当最大值或最小值与平均值之差满足重复性实验精密度要求时，则取 3 个测定结果的平均值的整数作为延度实验结果，若平均值大于 100cm，记作“>100cm”；当最大值或最小值与平均值之差不符合重复性实验精密度要求时，实验应重新进行。

记录格式如表 3-5 所示。

表 3-5　沥青延度实验记录表

实验条件		延度单值	延度平均值
温度	拉伸速度		
（℃）	（cm/min）	（cm）	（cm）
25	5		

第五节　沥青的温度稳定性

一、实验目的

测定沥青的温度稳定性。

二、实验原理

沥青的软化点是将试样放在规定尺寸的金属环内，上置规定尺寸和质量的钢球，放于水（5℃）或甘油（32.5℃）中，以 5℃/min±0.5℃/min 速度加热，至钢球下沉达到规定距离（25.4mm）时的温度以℃表示，它在一定程度上表示沥青的温度稳定性。

三、实验设备

（1）软化点试验仪：由耐热玻璃烧杯、金属支架、钢球、试样环、钢球定位环、温度计等部件组成。耐热玻璃烧杯容量 800～1000mL，直径不少于 86mm，高不少于 120mm，金属支架由两个主杆和三层平行的金属板组成。上层为一圆盘，直径略大于烧杯直径，中间有一圆孔，用以插放温度计。中层板上有两个孔，各放置金属环，中间有一小孔可支持温度计的测温端部。一侧立杆距环上面 51mm 处刻有水高标记。环下面距下层底板 25.4mm，而下底板距烧杯底不小于 12.7mm，也不大于 19mm。三层金属板和两个主杆由两螺母固定在一起；钢球直径 9.53mm，质量 3.5g±0.05g；试样杯由黄铜或不锈钢制成，高 6.4mm±0.1mm，下端有一个 2mm 的凹槽；钢球定位环由黄铜或不锈钢制成。

（2）温度计：0～80℃，分度为 0.5℃。

（3）装有温度调节器的电炉或其他加热炉具（液化石油气、天然气等）：应采用带有振荡搅拌器的加热电炉，振荡子置于烧杯底部。

（4）试样底板：金属板（表面粗糙度应达 $Ra0.8\mu m$）或玻璃板。

（5）恒温水槽：控温的准确度为 0.5℃。

（6）平直刮刀。

（7）甘油滑石粉隔离剂（甘油与滑石粉的比例为质量比 2∶1）。

（8）新煮沸过的蒸馏水。

（9）其他：石棉网。

四、实验步骤

准备工作：将试样环置于涂有甘油滑石粉隔离剂的试样底板上，将准备好的沥青试样徐徐注入试样环内至略高出环面为止。如估计试样软化点高于 120℃，则试样环和试样底板（不用玻璃板）均应预热至 80～100℃。试样在室温冷却 30min 后，用环夹夹着试样杯，并用热刮刀刮除环面上的试样与环面齐平。

（1）试样软化点在 80℃以下：

① 将装有试样的试样环连同试样底板置于 5℃±0.5℃的恒温水槽中至少 15min，

同时将金属支架、钢球、钢球定位环等亦置于相同水槽中。

② 烧杯内注入新煮沸并冷却至 5℃的蒸馏水，水面略低于立杆上的深度标记。

③ 从恒温水槽中取出试样环放置在支架中层板的圆孔中，套上定位环，然后将整个环架放入烧杯中，调整水面至深度标记，并保持水温为 5℃±0.5℃。环架上任何部分不得附有气泡。将 0～80℃的温度计由上层板中心孔垂直插入，使端部测温头底部与试样环下面齐平。

④ 将盛有水和环架的烧杯移至放有石棉网的加热炉具上，然后将钢球放在定位环中间的试样中央，立即开动振荡搅拌器，使水微微振荡，并开始加热，使杯中水温在 3min 内调节至维持每分钟上升 5℃±0.5℃。在加热过程中，应记录每分钟上升的温度值，如温度上升速度超出此范围时，则实验应重做。

⑤ 试样受热软化逐渐下坠，至与下层底板表面接触时，立即读取温度，准确至 0.5℃。

（2）试样软化点在 80℃以上：

① 将装有试样的试样环连同试样底板置于装有 32℃±1℃甘油的恒温槽中至少 15min，同时将金属支架、钢球、钢球定位环等亦置于甘油中。

② 在烧杯内注入预先加热至 32℃的甘油，其液面略低于立杆上的深度标记。

③ 从恒温槽中取出试样环，按上述（1）的方法进行测定，准确至 1℃。

五、数据处理与记录

取平行测定两个结果的算术平均值作为测定结果。重复测定两个结果间的差数不得大于表 3-6 的规定。

表 3-6　软化点测定允许差数

软化点（℃）	允许差数（℃）	软化点（℃）	允许差数（℃）
＜80	1	＞100～140	3
80～100	2		

记录格式如表 3-7 所示。

表 3-7　沥青软化点实验记录表

起始温度	第 1 钟	第 2 钟	第 3 钟	第 4 钟	第 5 钟	第 6 钟	第 7 钟	第 8 钟	测定值（℃）	平均值（℃）

讨论：测定沥青针入度、延度和软化点的目的与意义是什么？

第六节　沥青的大气稳定性

一、实验目的

测定沥青的大气稳定性以评定沥青的耐老化性能。

二、实验原理

采用薄膜烘箱加热实验或旋转薄膜加热实验测定道路石油沥青、聚合物改性沥青薄膜加热后的质量变化，并根据需要，测定薄膜加热后残留物的针入度、延度、软化点、黏度等性质的变化。

三、实验设备

薄膜加热烘箱、旋转薄膜烘箱、盛样皿、盛样瓶、温度计、天平、干燥器、计时器、溶剂。

四、准备工作

（1）采用薄膜烘箱加热实验时：

将洁净、烘干、冷却后的盛样皿编号，称其质量（m_0），准确至1mg。准备沥青试样，分别注入4个已称质量的盛样皿中50g±0.5g，并形成厚度均匀的沥青薄膜，放入干燥器中冷却至室温后称取质量（m_1），准确至1mg。同时按规定方法，测定沥青试样薄膜加热实验前的针入度、黏度、软化点、脆点及延度等性质。当实验项目需要，预计沥青数量不够时，可增加盛样皿数量，但不允许将不同品种或不同标号的沥青同时放在一个烘箱中实验。将温度计垂直悬挂于转盘轴上，位于转盘中心，水银球应在转盘顶面上的6mm处，并将烘箱加热并保持至163℃±1℃。

（2）采用旋转薄膜加热实验时：

用汽油或三氯乙烯洗净盛样瓶后，置温度105℃±5℃烘箱中烘干，并在干燥器中冷却后编号称其质量（m_0），准确至0.1mg，盛样瓶的数量应能满足实验的试样需要，通常不少于8个。将旋转加热烘箱调节水平，并在163℃±0.5℃下预热不少于16h，使箱内空气充分加热均匀。调节好温度控制器，在全部盛样瓶装入环形金属架后，烘箱的温度应在10min以内达到163℃±0.5℃。调整喷气嘴与盛样瓶开口处的距离为6.35mm并调节流量计，使空气流量为4000mL/min±200mL/min。将准备的沥青试样，分别注入每个盛瓶中，其质量为35g±0.5g，放入干燥器中冷却至室温后称取质量（m_1），准确至1mg需测定加热前后沥青性质变化时，应同时灌样测定加热前沥青的性质。

五、实验步骤

（1）采用薄膜烘箱加热实验时：

① 把烘箱调整水平，使转盘在水平面上以5.5r/min±1r/min的速度旋转，转盘与水平面倾斜角不大于3°，温度计位置距转盘中心和边缘距离相等。

② 在烘箱达到恒温163℃后，将盛样皿迅速放入烘箱内的转盘上，并关闭烘箱门和开动转盘架；使烘箱内温度回升至162℃时开始计时，并保持温度163℃±1℃、5h。但从放置盛样皿开始至实验结束的总时间不得超过5.25h。

③ 加热后取出盛样皿，放入干燥器中冷却至室温后，随机取其中两个盛样皿分别称其质量（m_2），准确至1mg。注意，即使不进行质量损失测定的，亦应放入干燥器中冷却，但不称量，然后进行以下步骤。

④ 将盛样皿置一石棉网上，并连同石棉网放回 163℃±1℃的烘箱中转动 15min；然后取出石棉网和盛样皿，立即将沥青残留物样品刮入一适当的容器内，置于加热炉上加热并适当搅拌使之充分融化达流动状态。

⑤ 将热试样倾入针入度盛样皿或延度、软化点等试模内，并按规定方法进行针入度等各项薄膜加热实验后残留物的相应实验。如在当日不能进行实验时；试样应在容器内冷却后放置过夜，但全部实验必须在加热后 72h 内完成。

（2）采用旋转薄膜加热实验时：

① 将称量完后的全部试样瓶放入烘箱环形架的各个瓶位中，关上烘箱门后开启环形架转动开关，以 15r/min±0.2r/min 速度转动。同时开始以流速 4000mL/min±200mL/min 的热空气喷入转动着的盛样瓶的试样中，烘箱的温度应在 10min 回升到 163℃±0.5℃，使试样在 163℃±0.5℃温度下受热时间不少于 75min，总的持续时间为 85min。若 10min 内达不到实验温度，则实验不必继续进行。

② 到达时间后，停止环形架转动及喷射热空气，立即逐个取出盛样瓶，并迅速将试样倒入一洁净容器内混匀（进行加热质量损失的试样除外），以备进行旋转薄膜加热实验后的沥青性质的实验，但不允许将已倒过的沥青试样瓶重复加热以取得更多试样。所有实验项目应在 72h 内全部完成。

③ 将进行质量损失实验的试样瓶放入真空干燥器中，冷却至室温，称取质量（m_2）准确至 1mg，此瓶内的试样即予废弃（不得重复加热用来进行其他性质的实验）。

六、数据处理与记录

沥青薄膜烘箱加热实验或旋转薄膜加热实验后质量变化按式（3-5）计算，准确至 3 位小数（质量减少为负值，质量增加为正值）。

$$L_T=\frac{m_2-m_1}{m_1-m_0}\times100\% \tag{3-5}$$

式中 L_T——试样薄膜烘箱加热质量变化或旋转薄膜加热质量变化（%）；

m_0——盛样皿或试样瓶质量（g）；

m_1——薄膜烘箱加热前盛样皿与试样合计质量或旋转薄膜加热前试样瓶与试样合计质量（g）；

m_2——薄膜烘箱加热后盛样皿与试样合计质量或旋转薄膜加热后试样瓶与试样合计质量（g）。

沥青薄膜烘箱实验或旋转薄膜加热实验后，残留物针入度比以残留物针入度占原试样针入度的比值按式（3-6）计算。

$$K_p=(p_2/p_1)\times100\% \tag{3-6}$$

式中 K_p——实验后残留物针入度比（%）；

p_1——实验前原试样的针入度（0.1mm）；

p_2——实验后残留物的针入度（0.1mm）。

沥青薄膜烘箱加热实验或旋转薄膜加热实验的残留物软化点增值按式（3-7）计算。

$$\Delta T=T_2-T_1 \tag{3-7}$$

式中 ΔT——实验后软化点增值（℃）；

T_1——实验前软化点（℃）；

T_2——实验后软化点（℃）。

沥青薄膜烘箱加热实验或旋转薄膜加热实验黏度比按式（3-8）计算。

$$K_\eta = \eta_2 / \eta_1 \tag{3-8}$$

式中 K_η——实验前后60℃黏度比；

η_2——实验后60℃黏度（Pa·s）；

η_1——实验前60℃黏度（Pa·s）。

沥青的老化指数按式（3-9）计算。

$$C = \lg\lg(\eta_2 \times 10^3) - \lg\lg(\eta_1 \times 10^3) \tag{3-9}$$

式中 C——沥青薄膜烘箱加热实验或旋转薄膜加热实验的老化指数。

表3-8 沥青薄膜烘箱加热实验或旋转薄膜加热实验数据记录表

实验后质量损失	试样皿或试样瓶质量（g）	
	加热前盛样皿与试样合计质量（g）或加热前试样瓶与试样合计质量（g）	
	加热后盛样皿与试样合计质量（g）或加热后试样瓶与试样合计质量（g）	
	加热质量损失（%）	
残留物针入度与原试样针入度比值	薄膜烘箱加热实验前或旋转薄膜加热实验前原实验针入度（0.1mm）	
	薄膜烘箱加热实验后或旋转薄膜加热实验后残留物针入度（0.1mm）	
	残留物针入度比（%）	
残留物软化点增值	薄膜烘箱加热实验前或旋转薄膜加热实验前软化点（℃）	
	薄膜烘箱加热实验后或旋转薄膜加热实验后软化点（℃）	
	薄膜烘箱加热实验后或旋转薄膜加热实验后软化点增值（℃）	
加热实验黏度比	薄膜烘箱加热实验前或旋转薄膜加热实验前60℃黏度（Pa·s）	
	薄膜烘箱加热实验后或旋转薄膜加热实验后60℃黏度（Pa·s）	
	薄膜烘箱加热实验前后或旋转薄膜加热实验前后60℃黏度比	
沥青老化指数		

七、精密度和允许差

当薄膜烘箱加热或旋转薄膜加热后质量损失小于或等于0.4%时，重复性实验精度的允许差为0.04%，再现性实验精度的允许差为0.16%。

当薄膜烘箱加热或旋转薄膜加热后质量损失大于0.4%时，重复性实验精度的允许差为平均值的8%，再现性实验精度的允许差为平均值的40%。

残留物针入度、软化点、延度、黏度等性质实验的精密度应符合相应实验方法的规定。

讨论：如何提高沥青的抗老化性能?

第七节　沥青与粗集料的黏附性

一、实验目的

检验沥青与粗集料表面的黏附性及评定粗集料的抗水剥离能力。

二、实验原理

对于最大粒径大于13.2mm的集料应用水煮法，对最大粒径小于或等于13.2mm的集料应用水浸法进行实验。当同一种料源集料最大粒径既有大于又有小于13.2mm的集料时，取大于13.2mm水煮法实验为标准，对细粒式沥青混合料应以水浸法实验为标准。

三、实验设备与材料

（1）天平：称量500g，感量不大于0.01g。

（2）恒温水槽：能保持温度80℃±1℃。

（3）拌和用小型容器：500mL。

（4）烧杯：1000mL。

（5）实验架。

（6）细线：尼龙线或棉线、铜丝线。

（7）铁丝网。

（8）标准筛：方孔筛，9.5mm、13.2mm、19mm各1个。

（9）烘箱：装有自动温度调节器。

（10）电炉、燃气炉。

（11）玻璃板：200mm×200mm左右。

（12）搪瓷盘：300mm×400mm左右。

（13）其他：拌和铲、石棉网、纱布、手套等。

四、实验步骤

水煮法的实验步骤如下：

（1）准备工作

① 将集料过13.2mm、19mm筛，取粒径13.2～19mm形状接近立方体的规则集料5个，用洁净水洗净，置温度为105℃±5℃的烘箱中烘干，然后放在干燥器中备用。

② 大烧杯中盛水，并置于加热炉的石棉网上煮沸。

（2）实验步骤

① 将集料逐个用细线在中部系牢，再置 105℃±5℃烘箱内 1h。

② 逐个用线提起加热的矿料颗粒，浸入预先加热的沥青（石油沥青 130～150℃）中 45s 后，轻轻拿出，使集料颗粒完全为沥青膜所裹覆。

③ 将裹覆沥青的集料颗粒悬挂于试验架上，下面垫一张纸，使多余的沥青流掉，并在室温下冷却 15min。

④ 待集料颗粒冷却后，逐个用线提起，浸入盛有煮沸水的大烧杯中央，调整加热炉，使烧杯中的水保持微沸状态，但不允许有沸开的泡沫。

⑤ 浸煮 3min 后，将集料从水中取出，适当冷却。观察矿料颗粒上沥青膜的剥落程度，按表 3-9 评定其黏附性等级。

⑥ 同试样应平行实验 5 个集料颗粒，并由两名以上经验丰富的实验人员分别评定后，取平均等级作为实验结果。

表 3-9　沥青与集料的黏附性等级评定表

实验后集料表面上沥青膜剥落情况	黏附性等级
沥青膜完全保存，剥离面积百分率接近于 0	5
沥青膜少部为水所移动，厚度不均匀，剥离面积百分率小于 10%	4
沥青膜局部明显地为水所移动，基本保留在集料表面上，剥离面积百分率小于 30%	3
沥青膜大部为水所移动，局部保留在集料表面上，剥离面积百分率大于 30%	2
沥青膜完全为水所移动，集料基本裸露，沥青全浮于水面上	1

水浸法的实验步骤如下：

（1）准备工作

① 将集料过 9.5mm、13.2mm 筛，取粒径 9.5～13.2mm 形状规则的集料 200g 用洁净水洗净，并置温度为 105℃±5℃的烘箱中烘干，然后放在干燥器中备用。

② 按规定准备沥青试样，加热至按要求的拌和温度。

③ 将煮沸过的热水注入恒温水槽中，并维持温度 80℃±1℃。

（2）实验步骤

① 按四分法称取集料颗粒（9.5～13.2mm）100g 置搪瓷盘中，连同搪瓷盘一起放入已升温至沥青拌和温度以上 5℃的烘箱中持续加热 1h。

② 按每 100g 集料加入沥青 5.5g±0.2g 的比例称取沥青，准确至 0.lg，放入小型拌和容器中，一起置入同一烘箱中加热 15min。

③ 将搪瓷盘中的集料倒入拌和容器的沥青中后，从烘箱中取出拌和容器，立即用金属铲均匀拌和 1～1.5min，使集料完全被沥青薄膜裹覆。然后，立即将裹有沥青的集料取 20 个，用小铲移至玻璃板上摊开，并置室温下冷却 1h。

④ 将放有集料的玻璃板浸入温度为 80℃±1℃的恒温水槽中，保持 30min，并将剥离及浮于水面的沥青用纸片捞出。

⑤ 由水中小心取出玻璃板，浸入水槽内的冷水中，仔细观察裹覆集料的沥青薄膜的剥落情况。由两名以上经验丰富的实验人员分别目测，评定剥离面积的百分率，评定

后取平均值。

注：为使估计的剥离面积百分率较为正确，宜先制取若干个不同剥离率的样本，用比照法目测评定。不同剥离率的样本，可用加不同比例抗剥离剂的改性沥青与酸性集料拌和后浸水得到，也可由同种沥青与不同集料品种拌和后浸水得到，逐个仔细计算得出样本的剥离面积百分率。

⑥ 由剥离面积百分率按表 3-9 评定沥青与集料黏附性的等级。

五、数据处理与记录

水煮法和水浸法的实验数据均采用表 3-10 格式进行记录。

表 3-10　沥青与粗集料黏附性实验数据记录表

<table>
<tr><td>集料粒径</td><td></td><td>沥青标号</td><td></td><td>加热沥青温度</td><td></td><td>集料浸入沥青时间</td><td></td></tr>
<tr><td colspan="6" rowspan="2">在水中煮沸后石料表面上沥青膜剥落情况</td><td colspan="2">实测黏附性等级</td></tr>
<tr><td>单值</td><td>综合评定</td></tr>
<tr><td rowspan="5">试样编号</td><td>1</td><td colspan="4"></td><td></td><td rowspan="5"></td></tr>
<tr><td>2</td><td colspan="4"></td><td></td></tr>
<tr><td>3</td><td colspan="4"></td><td></td></tr>
<tr><td>4</td><td colspan="4"></td><td></td></tr>
<tr><td>5</td><td colspan="4"></td><td></td></tr>
</table>

讨论：沥青与粗集料的黏附性对于沥青混合料的工程应用性能有何影响？

第八节　沥青的闪点与燃点

一、实验目的

测定黏稠石油沥青、煤沥青及闪点在 79℃以上的液体石油沥青材料的闪点和燃点，以评定其施工安全性。

二、实验设备

（1）克利夫兰开口杯式闪点仪：形状和尺寸如图 3-4 所示。它由下列部分组成：

① 克利夫兰开口杯：用黄铜或铜合金制成，内口直径 63.5mm±0.5mm，深 33.6mm±0.5mm，在内壁与杯上口的距离为 9.4mm±0.4mm 处刻有一道环状标线，带一个弯柄把手，形状及尺寸如图 3-5 所示。

② 加热板：黄铜或铸铁制，直径 145～160mm，厚约 6.5mm，上有石棉垫板，中心有圆孔，以支承金属试样杯。在距中心 58mm 处有一个与标准试样大小相当的 ϕ4.0mm±0.2mm 电镀金属小球，供火焰调节时对照使用。加热板如图 3-6 所示。

③ 温度计：量程 0～360℃，分度值 2℃。

④ 点火器：金属管制，端部为产生火焰的尖嘴，端部外径约 1.6mm，内径为0.7～0.8mm，与可燃气体压力容器（如液化丙烷气或天然气）连接，火焰大小可以调节。点火器可以 150mm 半径水平旋转，且端部恰好通过坩埚中心上方 2～2.5mm，也可采用

电动旋转点火用具，但火焰通过金属实验杯的时间应为 1.0s 左右。

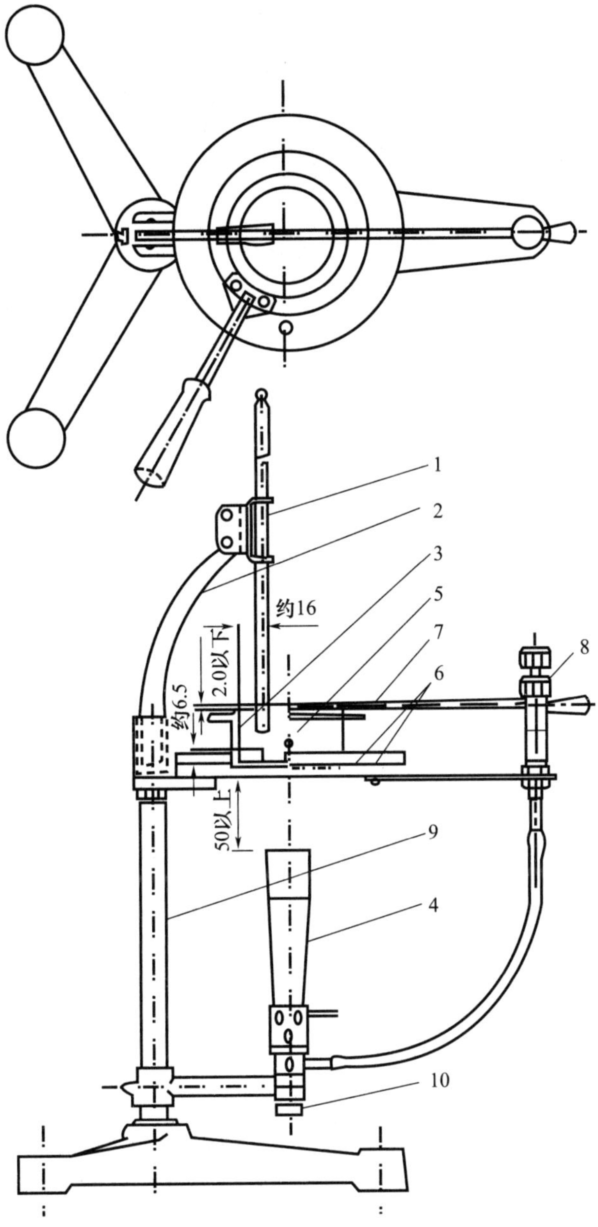

图 3-4　克利夫兰开口杯式闪点仪（尺寸单位：mm）

1—温度计；2—温度计支架；3—金属试样杯；4—加热器具；5—实验标准球；6—加热板；7—实验火焰喷嘴；8—实验火焰调节开关；9—加热板支架；10—加热器调节钮

⑤ 铁支架：高约 500mm，附有温度计夹及试样杯支架，支脚为高度调节器，使加热顶保持水平。

（2）防风屏：金属薄板制，三面将仪器围住挡风，内壁涂成黑色，高约 600mm。

（3）加热源附有调节器的 1kW 电炉或燃气炉：根据需要，可以控制加热试样的升温速度为 14～17℃/min、5.5℃/min±0.5℃/min。

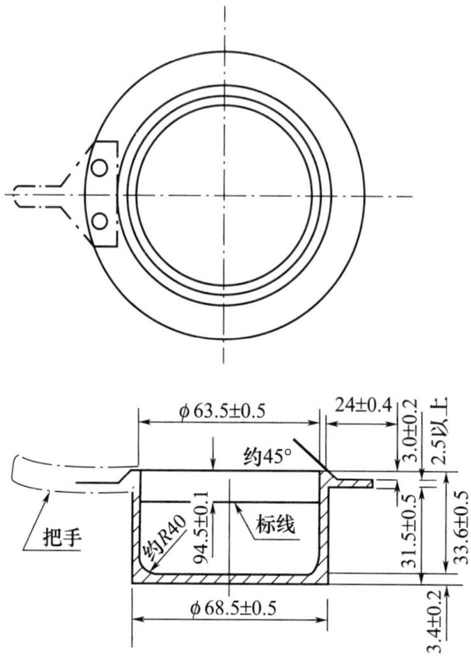

图 3-5　克利夫兰开口杯（尺寸单位：mm）

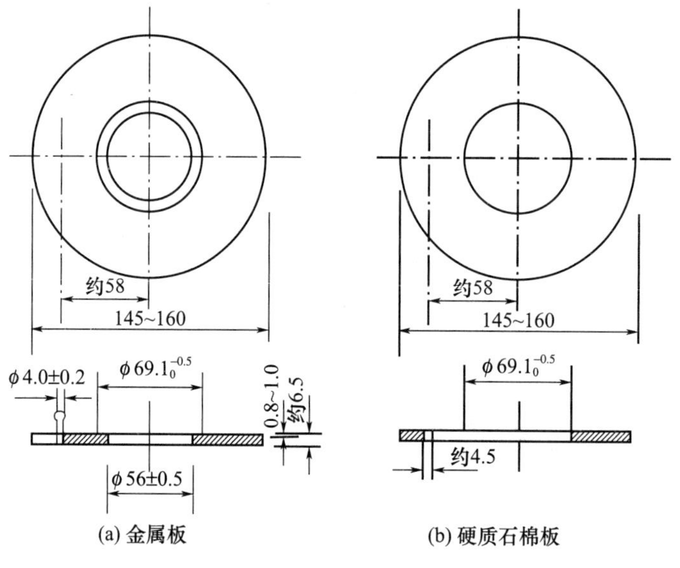

图 3-6　加热板（尺寸单位：mm）

三、实验步骤

（1）准备工作

① 将试样杯用溶剂洗净烘干，装置于支架上。加热板放在可调电炉上，如用燃气炉时，加热板距炉口约 50mm，接好可燃气管道或电源。

② 安装温度计，垂直插入试样杯中，温度计的水银球距杯底约 6.5mm，位置在与

点火器相对一侧距杯边缘约 16mm 处。

③ 将准备好的沥青试样（按规程 T 0602—2011 进行）注入试样杯中至标线处，并使试样杯外部不沾有沥青。

注：试样加热温度不能超过闪点以下 55℃。

④ 全部装置应置于室内光线较暗且无显著空气流通的地方，并用防风屏三面围护。

⑤ 将点火器转向一侧，实验点火，调节火苗成标准球的形状或成直径为 4mm±0.8mm 的小球形试焰。

（2）实验步骤

① 开始加热试样，升温速度迅速地达到 14～17℃/min。待试样温度达到预期闪点前 56℃时，调节加热器降低升温速度，以便在预期闪点前 28℃时能使升温速度控制在 5.5℃/min±0.5℃/min。

② 试样温度达到预期闪点前 28℃时开始，每隔 2℃将点火器的试焰沿试样杯口中心以 150mm 半径作弧水平扫过一次；从试样杯口的一边至另一边所经过的时间约 1s。此时应确认点火器的试焰为直径 4mm±0.8mm 的火球并位于坩埚口上方 2～2.5mm 处。

③ 当试样液面上最初出现一瞬间即灭的蓝色火焰时，立即从温度计上读记温度，作为试样的闪点。

④ 继续加热，保持试样升温速度 5.5℃/min±0.5℃/min，并按上述操作要求用点火器点火实验。

⑤ 当试样接触火焰立即着火，并能继续燃烧不少于 5s 时，停止加热，并读记温度计上的温度，作为试样的燃点。

四、数据处理与记录

同一试样至少平行实验两次，两次测定结果的差值不超过重复性实验允许差 8℃时，取其平均值的整数作为实验结果。数据记录于表 3-11。

表 3-11 沥青闪点、燃点实验记录表

实验次数	闪点温度（℃）	闪点平均值（℃）	燃点温度（℃）	燃点平均值（℃）	温度上升情况
第一次					
第二次					

五、允许误差

重复性实验的允许差为：闪点 8℃，燃点 8℃；

复现性实验的允许差为：闪点 16℃，燃点 16℃。

讨论：根据沥青的闪点与燃点，如何评价其施工安全性？

第九节 沥青的蜡含量

一、实验目的

采用裂解蒸馏法测定道路石油沥青中的蜡含量。

二、实验设备

（1）蒸馏烧瓶：形状及尺寸如图 3-7 所示，耐热玻璃制成。

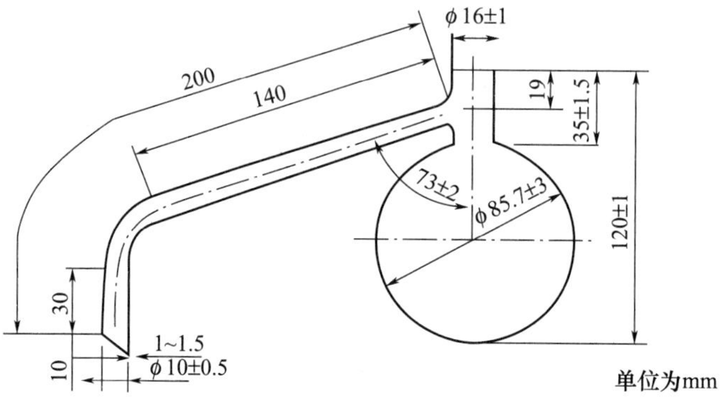

图 3-7　蒸馏烧瓶

（2）冷却过滤装置：如图 3-8 所示，由吸滤瓶、玻璃过滤漏斗、试样冷却筒等组成，过滤漏斗（P16）的孔径系数为 10pm～16fim。

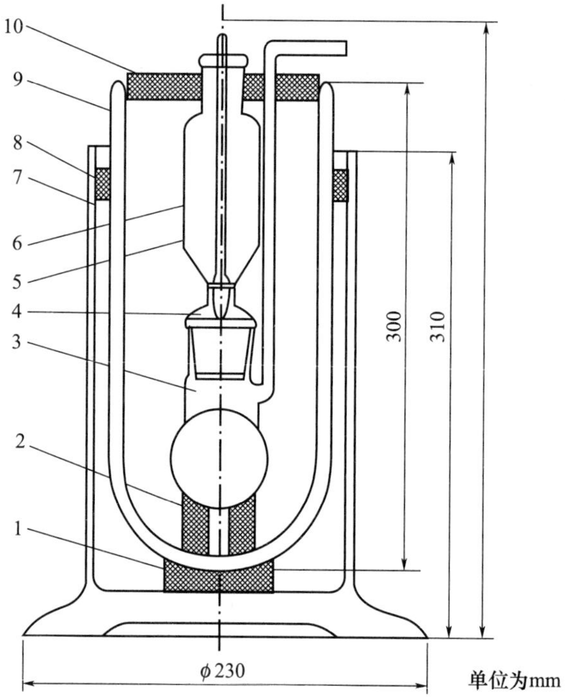

图 3-8　冷却过滤装置

1—橡胶托垫；2—托垫；3—吸滤瓶；4—玻璃过滤漏斗；5—试样冷却筒；6—柱杆塞；7—玻璃罩；8—固定圈；9—冷浴槽；10—塞子

（3）天平：量程不小于 100g，最小分度值 0.0001g；量程不小于 500g，最小分度值 0.1g 各一个。

（4）恒温水槽：−30～60℃，控温准确度 0.5℃，可采用甲醇或乙二醇的水溶液作冷却液。

（5）锥形瓶：150mL 或 250mL。

（6）水流泵或真空泵。

（7）高温炉：立式，95℃。

（8）温度计：测量范围−50～60℃，分度值为 0.5℃。

（9）冷却剂：工业酒精、干冰。

（10）石油醚：沸程 60～90℃，分析纯。

（11）乙醇-乙醚混合液：乙醇（分析纯）、乙醚（分析纯）按体积比 1：1 配制。

（12）其他：电热套、电炉、燃气炉、烘箱、恒温水槽、量筒、烧杯、干燥器、铁架、U 形水银柱压力计（或真空表）、甲醇（或乙二醇）、洗液、蒸馏水、冰块等。

三、实验步骤

（1）向裂解蒸馏烧瓶中装入试样 50g，精确至 0.1g。用软木塞盖严蒸馏瓶。用已知质量的 150mL 锥形瓶作接受器，浸在装有碎冰的烧杯中。在接受器的软化塞侧开一小槽以使不凝气体逸出。用燃气灯火焰或具有同样加热效果的花盆电炉加热蒸馏瓶中的试样，但仲裁实验时用火焰加热。加热时必须让火焰或电炉加热面将烧瓶周围包住。

（2）调节火焰强度或电路的加热强度，使从加热开始起在 5～8min 内达到初馏（支管头上留下第 1 滴）。以每秒 2 滴（4～5mL/min）的速度连续蒸馏至馏出终止，然后在 1min 内将烧瓶底烧红，必须使蒸馏从加热开始至终止在 25min 内完成。蒸馏终止后，在支管中残留的馏出油不应流入接受器内，馏出油称准至 0.05g。

（3）为避免蒸发损失，加热馏出油至微温并小心摇动接受瓶，可使馏出液充分混合。从这个混合油中称取适量的试样，加入已知质量的锥形瓶中，准确至 1mg，使其经冷却过滤后所得的蜡量在 50～100mg 之间。但馏出油的采样量不得超过 10g。

（4）在图 3-8 所示的冷却过滤装置中加入乙醇，用干冰降温，温度保持在−20～−21℃，把温度计浸没在 150mm 深处。冷浴中液态冷媒的量应能使冷冻过滤组件浸在冷浴中时，其液面高度比试样冷却筒中的无水乙醚-无水乙醇液面高出约 100mm 以上。

（5）将吸滤瓶、玻璃过滤漏斗、试样冷却筒和柱杆塞组成冷冻过滤组件（图 3-8）。

（6）在盛有馏出油的锥形瓶中，加 10mL 无水乙醚充分溶解后移入试样冷却筒。用 15mL 无水乙醚分两次冲洗锥形瓶后倒入试样冷却筒。再向试样冷却筒加入 25mL 无水乙醇进行混合。

（7）将冷却过滤组件放入已经预冷的冷浴中，冷却 1h，使蜡充分结晶。在带有磨口塞的试管中装入 30mL1：1 无水乙醚和无水乙醇混合液（作洗液用），并放入冷浴中冷却至−20～− 21℃。

（8）拔下柱杆塞，过滤被析出的蜡。用适当方法将柱杆塞在试样冷却筒中吊置起来，保持自然过滤 30min。

（9）启动抽滤装置，保持滤液的过滤速度为每秒 1 滴左右。当蜡层上的滤液将滤尽时，一次加入 30mL 预冷至−20℃的无水乙醚-无水乙醇（1：1）混合溶剂，洗涤蜡层、柱杆塞和试样冷却筒内壁，继续过滤，然后用真空泵抽滤，当冷洗剂在蜡层上看不见时，继续抽滤 5min，将蜡中的溶剂抽干。

（10）从冷浴槽中取出冷冻过滤组件，取下吸滤瓶，换装在已知质量的蜡回收瓶上，待达到室温后，用 100mL 热至 30～40℃的石油醚将玻璃过滤漏斗、试样冷却筒和柱杆塞上的蜡溶解。

（11）将蜡回收瓶放在适宜的热源上蒸馏，除去石油醚后放入真空干燥箱中干燥 1h，真空干燥箱中的温度为 105℃±5℃，残压为 21～35kPa，然后将蜡回收瓶放入干燥器中冷却 1h，称准至 0.1mg。

四、数据处理与记录

按上述步骤（1）～步骤（2）的裂解蒸馏操作 1 次，按步骤（3）～步骤（11）的脱蜡操作进行 3 次，沥青中的蜡含量 X（%）按式（3-10）计算。实验数据记录于表 3-12。

$$X=100\%\times(D\times P)/(S\times d) \tag{3-10}$$

式中 S——试样采样量（g）；

D——馏出油总质量（g）；

d——馏出油中试样采样量（g）；

P——析出蜡质量（g）。

表 3-12　沥青蜡含量实验记录表

沥青名称						
次数	沥青试样质量（g）	馏出油总质量（g）	馏出油中试样采样量（g）	析出蜡的质量（g）	蜡含量（%）	平均值（%）
1						
2						
3						

蜡含量测定时重复性或再现性实验的允许误差应符合表 3-13 的规定。

表 3-13　蜡含量测定时的允许误差

蜡含量（%）	重复性	再现性
0.0～1.0	0.1	0.3
1.0～3.0	0.3	0.5
>3.0	0.5	1.0

讨论：沥青蜡含量对于沥青的性能有何影响？

第十节　沥青混合料马歇尔稳定度实验

一、实验目的

本实验适用于标准马歇尔稳定度实验和浸水马歇尔稳定度实验，以进行沥青混合料的配合比设计或沥青路面施工质量检验。

二、实验原理

浸水马歇尔稳定度实验（根据需要，也可进行真空饱水马歇尔实验）供检验沥青混合料受水损害时抵抗剥落的能力时使用，通过测试其水稳定性检验配合比设计的可行性。

三、实验设备

（1）沥青混合料马歇尔稳定度试验仪，分为自动式和手动式。自动马歇尔试验仪应具备控制装置、记录荷载-位移曲线、自动测定荷载与试件的垂直变形，能自动显示和存储或打印实验结果等功能；手动式由人工操作，实验数据通过操作者目测后读取数据。对用于高速公路和一级公路的沥青混合料宜采用自动马歇尔试验仪。

（2）恒温水槽：控温准确至1℃，深度不小于150mm。

（3）真空饱水容器：包括真空泵及真空干燥器。

（4）烘箱。

（5）天平：感量不大于0.1g。

（6）温度计：分度值1℃。

（7）卡尺。

（8）其他：棉纱、黄油。

四、实验步骤

（一）标准马歇尔实验

（1）准备工作。将石料及砂和石粉分别过筛洗干净并分别装入浅盘中，置于105～110℃烘箱中烘至绝干，并测定各种矿质集料和沥青材料的相对密度以及矿料的组成。将沥青材料脱水加热至120～150℃（根据沥青的品种和牌号确定），各种矿料置于烘箱中加热备用，需要时可将集料筛分成不同粒径，按级配要求配料。将全套试模、击实座等置于烘箱中加热至130～150℃后备用。将恒温水槽调节至要求的实验温度，对黏稠石油沥青或烘箱养生的乳化沥青混合料为60℃±1℃，对煤沥青混合料为37.8℃±1℃，对空气养生的乳化沥青或液态沥青混合料为25℃±1℃。

（2）试件制备。按照各种矿料在混合料中所占的配合比例，称出1组（一般制备3～6个试件）或一个试件所需要的材料置于拌盘（锅）或拌和机中，将拌盘（锅）中的各种矿料加热并拌匀、摊开，然后加入需要数量的热沥青，并迅速地拌匀，并使混合料保持在温度130～140℃（石油沥青）或90～110℃（煤沥青）的范围内。称取拌好的混合料以四分法取一份，约100g，通过铁漏斗装入垫有1张滤纸的热试模中，并用烘热的铁凿沿周边插捣15次，中间插捣10次。将装好混合料的试模放在击实台上，再垫上1张滤纸，加盖预热击实座，再把装有击实锤的导向杆插入实座内，然后将击实锤从475mm的高度自由落下，如此击实到规定的次数（50次或75次），混合料的温度不得低于110℃（石油沥青）或70℃（煤沥青）。在击实过程中必须使导向杆垂直于模型的底板，达到次数后将模型倒置，再以同样的次数击实另一面。卸去套模和底板，将装有试件的试模放到冷水中3～5min后，置脱模器上脱出试件。用卡尺测量试件中部的直径，用长尺及马歇尔试件高度测定器在十字对称器的四个方向测量试件边缘10mm处高度，准确到0.1mm，压实后试件的高度应为63.5mm±1.3mm，如不符合要求或量测高差大于2mm时，试件应作废。可按式（3-11）调整沥青混合料的用量。将试件仔细地放在平滑的台面上，在室温下静置过夜，测量其高度和密度。

$$q=6.35\frac{q_0}{h_0} \tag{3-11}$$

式中 q——调整后沥青混合料用量（g）；

q_0——制备试件的沥青混合料实际用量（g）；

h_0——制备试件的实际高度（cm）。

（3）测定试件的物理指标

① 测量试件的高度值准确至0.01cm。

② 测定试件的视密度。先在天平上称量试件在空气中的质量为m_0，然后称其在水中的质量为m_1（如试件空隙率较大时应用蜡封法），准确至0.1g。试件密度按式(3-12)或式（3-13）计算：

$$\rho_0=\frac{m_0}{m_0-m_1}\rho_{水} \tag{3-12}$$

$$\rho_0=\frac{m_0}{m_0-m_3-\dfrac{m_2-m_0}{\gamma_P}}\rho_{水} \tag{3-13}$$

式中 ρ_0——试件密度（g）；

m_0——试件在空气中的质量（g）；

m_1——试件在水中的质量（g）；

m_2——蜡封后的试件在空气中的质量（g）；

m_3——蜡封后的试件在水中的质量（g）；

γ_P——蜡的相对密度；

$\rho_{水}$——水的密度，取$1g/cm^3$。

③ 计算试件理论密度，按式（3-14）进行。

$$\rho_t=\frac{100+q_a}{\dfrac{q_1}{\gamma_1}+\dfrac{q_2}{\gamma_2}\cdots+\dfrac{q_n}{\gamma_n}+\dfrac{q_a}{\gamma_a}}\rho_{水} \tag{3-14}$$

式中 ρ_t——试件密度（g）；

q_1，…，q_n——各种矿质集料的用量（%）；

γ_1，…，γ_n——各种矿质集料的相对密度；

q_a——沥青的用量（%）；

γ_a——沥青的相对密度。

④ 计算试件中沥青的体积，按式（3-15）进行。

$$V_a=\frac{q_a\rho_0}{\gamma_a\rho_{水}}\times100\% \tag{3-15}$$

式中 V_a——试件中沥青的体积。

⑤ 计算试件的空隙率，按式（3-16）进行。

$$V_v=\left(1-\frac{\rho_0}{\rho_t}\right)\times100\% \tag{3-16}$$

式中　V_v——试件空隙率。

（4）测定试件的稳定度和流值

① 将试件置于已达规定温度的恒温水槽中保温30～40min。试件应垫起，距容器底部不小于5cm。

② 将马歇尔试验仪的上下压头放入水槽或烘箱中，达到同样温度。将上下压头从水槽或烘箱中取出擦拭干净内面，为使上下压头滑动自如，可在下压头的导棒上涂少量黄油。再将试件取出置于下压头上，盖上上压头，然后装在加载设备上。

③ 将流值测定装置安装在导棒上，使导向套管轻轻地压住上压头，同时将流值计读数调零。

④ 在上下压头的球座上放好钢球，并对准荷载测定装置（应力环或传感器）的压头，然后调整应力环中百分表对准零，或将荷载传感器的读数复位为零。

⑤ 启动加载设备使试件承受荷载加载速度为50mm/min±5mm/min，当实验荷载达到最大值的瞬间，取下流值计，同时读取应力环中百分表或荷载传感器的读数及流值计的读数。

⑥ 从恒温水槽中取出试件至测出最大荷载值的时间不应超过30s。

（二）浸水马歇尔实验

浸水马歇尔实验方法与标准马歇尔实验方法的不同之处在于，试件在已达规定温度恒温水槽中的保温时间为48h，其余均与标准马歇尔实验方法相同。

五、数据处理与记录

（一）试件的稳定度与流值

实验测的最大荷载（kN）即为试件稳定度，应力环与百分表测定时，应用应力环标定曲线将百分表读数换算成荷载值即为稳定度（*MS*），以kN为单位。电流值计或位移传感器测定装置读取的试件垂直变形，即为试件流值（*FL*），计算精确至0.1mm。

（二）试件马歇尔模数

试件的马歇尔模数按式（3-17）计算。

$$T=\frac{MS}{FL} \tag{3-17}$$

式中　T——试件的马歇尔模数（kN/mm）；

MS——稳定度（kN）；

FL——流值（mm）。

（三）试件的浸水残留稳定度 MS_0 模数

试件的浸水残留稳定度按式（3-18）计算。

$$MS_0=\frac{MS_1}{MS}\times100\% \tag{3-18}$$

式中　MS_0——试件浸水残留稳定度（%）；

　　MS_1——试件浸水 48h 后的稳定度（kN）。

（四）数据记录

实验数据记录于表 3-14。

表 3-14　沥青混合料马歇尔稳定度实验数据记录表

试件编号	试件厚度（mm）					空中重（g）	表干重（g）	水中重（g）	视密度（g/cm^3）	理论密度（g/cm^3）	沥青体积百分率（%）	空隙率	稳定度	流值	马歇尔模数	残留稳定度
					平均											
平均																

（五）精度与误差

当一组测定值某个数据与平均值之差大于标准差的 k 倍时，该测定值应舍弃，以其余测定值的平均值作为实验结果。当实验数目 n 为 3、4、5 及 6 个时，k 值分别为 1.15、1.46、1.67 及 1.82。

采用自动马歇尔实验时，实验结果应附上荷载-变形曲线原件或自动打印结果，并报告马歇尔稳定度、流值、马歇尔模数，以及试件尺寸、试件的密度、空隙率、沥青用量、沥青体积百分率、沥青饱和度、矿料间隙率等各项物理指标。

讨论：在进行沥青混合料马歇尔实验时，为保证测试结果的准确性应注意哪些事项？

第十一节　沥青混合料车辙实验

一、实验目的

（1）测定沥青混合料的高温抗车辙能力，供混合料配合比设计时进行高温稳定性检验使用。

（2）辅助性检验沥青混合料的配合比设计。

二、实验原理

沥青混合料车辙实验是用标准的成型方法，制成标准的混合料试件（通常尺寸为 300mm×300mm×50mm），在 60℃的规定温度下，以一个轮压为 0.7MPa 的实心橡胶轮胎在其上行走，测量试件在变形稳定时期，每增加 1mm 变形需要行走的次数，即动稳定度，以次/mm 表示。

三、实验设备

（1）车辙试样成型仪。

主要用于车辙实验时，对沥青混合料式样做碾压成型。

（2）车辙试验机。

由试件台、实验轮、加载装置、试模、变形测量装置、温度检测装置等构成。

四、实验步骤

（1）试样制备。按照马歇尔稳定度实验所描述的方法制备沥青混合料。按照标准方法采用车辙试样成型仪将混合料成型为 300mm×300mm×50mm 尺寸的试件。试件成型后，连同试模一起在常温条件下放置的时间不得少于 12h。对聚合物改性沥青混合料，放置的时间以 48h 为宜，使聚合物改性沥青充分固化后方可进行车辙实验，但室温放置时间也不得长于一周。

（2）将试件连同试模一起，置于达到实验温度 60℃±1℃的恒温室中，保温不少于 5h，也不得多于 24h。在试件的实验轮不行走的部位上，粘贴一个热电偶温度计（也可在试件制作时预先将热电偶导线埋入试件一角），控制试件温度稳定在 60℃±0.5℃。

（3）将试件连同试模移置于轮辙试验机的实验台上，实验轮在试件的中央部位，其行走方向须与试件碾压或行车方向一致。开动车辙变形自动记录仪，然后启动试验机，使实验轮往返行走，时间约 1h，或最大变形达到 25mm 时为止。实验时，记录仪自动记录变形曲线及试件温度。

五、数据处理与记录

从变形曲线上读取 45min（t_1）及 60min（t_2）时的车辙变形 d_1 及 d_2，准确至 0.01mm。当变形过大，在未到 60min 变形已达 25mm 时，则以达到 25mm（d_2）时的时间为 t_2，将其前 15min 为 t_1，此时的变形量为 d_1。

沥青混合料试件的动稳定度按式（3-19）计算，相关实验数据记录于表 3-15。

$$DS=\frac{(t_2-t_1)\times N}{d_2-d_1}\times C_1\times C_2 \tag{3-19}$$

式中 DS——沥青混合料的动稳定度（次/mm）；

d_1、d_2——分别对应于时间 t_1、t_2 的变形量（mm）；

C_1——试验机修正系数；

C_2——试件系数；

N——实验轮往返碾压速度，通常为 42 次/min。

同一沥青混合料至少平行实验 3 个试件，当 3 个试件动稳定度变异系数小于 20%时，取其平均值作为实验结果。变异系数大于 20%时应分析原因，并追加实验。如计算动稳定度值大于 6000 次/mm 时，记作>6000 次/mm。

表 3-15　沥青混合料车辙实验数据记录表

实验次数	45min 时的变形量（mm）	60min 时的变形量（mm）	试件系数	实验轮往返碾压速度（次/min）	动稳定度（次/mm）	均值（次/mm）

第十二节　高性能沥青混合料的设计与检测案例

Superpave 技术是美国公路战略研究计划（SHRP）的重要研究成果，1993 年完成后，美国联邦公路局（FHWA）、美国各州公路与运输官员协会（AASHTO）和美国运输研究委员会（TRB）进行了大量的工作以推广 Superpave 技术。到 2001 年，82%的热拌沥青混合料采用 Superpave 混合料设计和施工。我国江苏省交通科学研究院自 1995 年开始引进这项技术，在省外车专家局大力支持下，引进美国专家介绍和传播 Superpave 技术，对沪宁路进行评估、参加国际比对实验、组织国内比对实验和修筑实验路段，到 2001 年，全国已修筑数百公里的 Superpave 路面，路面质量明显比传统的马歇尔设计的路面好，受到了大家的普遍欢迎。

课程思政——“小沥青”有“大作为”

20 世纪 80 年代时，如何再生利用高速公路维修时产生的大量废旧沥青是世界级难题，当时废旧沥青再生利用的技术只有美国一家公司掌握。在多方论证基础上，兰亭高科公司决定研究具有完全自主知识产权的废旧沥青再循环利用的成套关键技术。这项技术探索了沥青的老化机理及其再生机理，发明新工艺、新装备、新材料和新的测试方法、评价方法，形成集废旧沥青路面维修用新工艺、新材料及新装备于一体的废旧沥青再生成套技术集成，打破了美国公司的垄断。废旧沥青的再生利用，对于建设资源、能源节约型社会，保护生态环境都具有重要意义。公司也因此在 2008 年初举行的国家科学技术奖励大会上获得国家技术发明二等奖。

参考文献

[1] 中华人民共和国行业标准．公路工程沥青及沥青混合料试验规程：JTJ E20—2011 [S]．北京：人民交通出版社，2011.

[2] 中华人民共和国行业标准．公路沥青路面施工技术规范：JTG F40—2004 [S]．北京：人民交通出版社，2004.

第四章 建筑用集料

第一节　砂的筛分析

一、实验目的

本实验的目的是测定砂在不同孔径筛上的筛余量，用于评定砂的颗粒级配，以及计算砂的细度模数，评定砂的粗细程度。

二、实验设备

（1）烘箱：温度控制在 105℃±5℃；

（2）天平：量程不小于 1000g，分度值不大于 1g；

（3）实验筛：规格为 0.15mm、0.30mm、0.60mm、1.18mm、2.36mm、4.75mm 及 9.50mm 的筛，并附有筛底和筛盖，并应符合《试验筛 技术要求和检验 第 1 部分：金属丝编织网试验筛》（GB/T 6003.1）和《试验筛 技术要求和检验 第 2 部分：金属穿孔板试验筛》（GB/T 6003.2）中方孔实验筛的规定；

（4）摇筛机；

（5）浅盘、软硬毛刷等。

三、试样制备

用于筛分析的试样，其颗粒的公称粒径不应大于 9.50mm。实验前应先将来样通过公称直径 9.50mm 的方孔筛，并计算筛余百分率。称取经缩分后的样品不少于 550g 两份，分别装入两个浅盘，在（105±5)℃的温度下烘干到恒重。冷却至室温备用。

四、实验步骤

（1）准确称取烘干试样 500g，精确至 1g。将试样倒入按孔径大小从上到下组合的套筛（附筛底）上，然后进行筛分。

（2）将套筛装入摇筛机内固紧，筛分 10min；然后取出套筛，再按筛孔由大到小的顺序，在清洁的浅盘上逐一进行手筛，直至每分钟筛出量不超过试样总量的 0.1%时为止。通过的试样并入下一号筛中，并和下一号筛中的试样一起进行手筛。按这样顺序依次进行，直至所有的筛子全部筛完为止。称出各号筛的筛余量，精确值 1g。

（3）试样在各号筛上的筛余量 m_a 均不得超过按式（4-1）计算出的值。

$$m_a = \frac{A \times \sqrt{d}}{200} \tag{4-1}$$

式中 m_a——某一筛的筛余量（g）；

d——筛孔尺寸（mm）；

A——筛面面积（mm^2）。

200——换算系数。

当超过按式（4-1）计算出的值时，应按下列方法之一处理：

① 将该粒级试样分成少于按式（4-1）计算出的量，分别筛分，应以筛余量之和作为该号筛的筛余量；

② 将该粒级及以下各粒级的筛余混合均匀，称出其质量，精确至 1g。再用四分法缩分为 2 份，取其中 1 份，称出其质量，精确至 1g，继续筛分。计算该粒级及以下各粒级的分计筛余量时应根据缩分比例进行修正。

五、结果计算与评定

（1）计算分计筛余百分率：各筛上的筛余量与试样总量之比，计算精确至 0.1%。

（2）计算累计筛余百分率：该号筛的分计筛余百分率与筛孔大于该筛的各筛的分计筛余百分率之和，精确至 0.1%。筛分后，当每号筛的筛余量与筛底的剩余量之和同原试样质量之差超过 1%时，应重新实验。

（3）砂的细度模数应按公式（4-2）计算，精确至 0.01：

$$M_x = \frac{(A_2 + A_3 + A_4 + A_5 + A_6) - 5A_1}{100 - A_1} \tag{4-2}$$

式中 M_x——砂的细度模数；

A_1、A_2、A_3、A_4、A_5、A_6——分别为公称直径 4.75mm、2.36mm、1.18mm、0.60mm、0.30mm、0.15mm 方孔筛上的累计筛余百分率，%。

（4）以两次实验结果的算术平均值作为测定值，精确至 0.1。当两次实验所得的细度模数之差大于 0.20 时应重新取样进行实验。

（5）根据各筛两次实验累计筛余的平均值，评定该试样的颗粒级配分布情况，精确至 1%；以累积筛余百分率为纵坐标，以筛孔尺寸为横坐标，画出砂的级配曲线。

第二节 砂的表观密度

一、实验目的

测定砂的表观密度，作为混凝土配合比设计和评定砂的质量的依据。

二、实验设备

（1）烘箱：温度控制在 105℃±5℃；

（2）天平：量程不小于 1000g，分度值不大于 0.1g；

（3）容量瓶：500mL；

（4）浅盘、滴管、干燥器、毛刷、温度计等。

三、试样制备

经缩分后不少于650g的试样装入浅盘，在温度为105℃±5℃的烘箱中烘至恒重，并在干燥器内冷却至室温。

四、实验步骤

（1）称取烘干试样300g，精确至0.1g，记为m_0。装入盛有半瓶冷开水的容量瓶中，注水至接近500mL的刻度处。

（2）用手旋转摇动容量瓶，使试样在水中充分搅动以排除气泡，塞紧瓶塞，静置24h。然后用滴管加水至容量瓶500mL刻度处，再塞紧瓶塞，擦干容量瓶外壁的水分，称其质量（m_1），精确至0.1g。

（3）倒出容量瓶中的水和试样，将瓶的内外壁洗净，再向瓶内加入冷开水至瓶颈刻度线。塞紧瓶塞，擦干容量瓶外壁水分，称出其质量（m_2），精确至0.1g。

（4）在砂的表观密度实验过程中应测量并控制水的温度在15～25℃范围内，实验的各项称量可在15～25℃的温度范围内进行。从试样加水静置的最后2h起直至实验结束，其温度相差不应超过2℃。

五、结果计算

表观密度ρ_0应按式（4-3）计算，并精确至10kg/m³：

$$\rho_0=\left(\frac{m_0}{m_0+m_2-m_1}-a_i\right)\times\rho_w \tag{4-3}$$

式中 ρ_0——表观密度（kg/m³）；

m_0——烘干试样的质量（g）；

m_1——试样、水及容量瓶的总质量（g）；

m_2——水及容量瓶的总质量（g）；

a_i——水温对砂的表观密度影响的修正系数，在表4-1中查取；

ρ_w——水的密度，取1000（kg/m³）。

表4-1 不同水温下对砂的表观密度的修正系数

水温（℃）	15	16	17	18	19	20	21	22	23	24	25
a_i	0.002	0.003	0.003	0.004	0.004	0.005	0.005	0.006	0.006	0.007	0.008

以两次实验结果的算术平均值作为测定值，精确至10kg/m³；当两次实验结果之差大于20kg/m³时，应重新取样进行实验。

第三节 砂的堆积密度

一、实验目的

测定砂的堆积密度，作为混凝土配合比设计的依据。

二、实验设备

（1）烘箱：温度控制在105℃±5℃；

（2）天平：量程不小于10kg，分度值不大于1g；

（3）容量筒：圆柱形金属筒，内径108mm，净高109mm，壁厚2mm，筒底厚约5mm，容积为1L；

（4）实验筛：孔径为4.75mm的筛；

（5）垫棒：直径10mm，长500mm的圆钢；

（6）直尺、漏斗（图4-1）、料勺、浅盘、毛刷等。

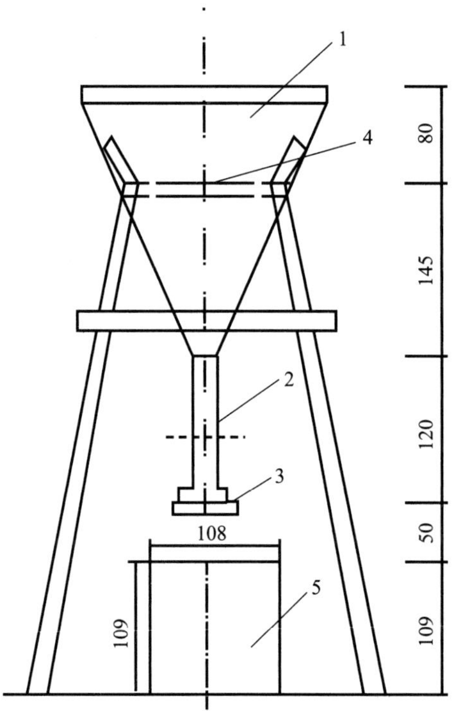

图4-1　标准漏斗（单位：mm）

1—漏斗；2—ϕ20mm管子；3—活动门；4—筛；5—金属量筒

三、试样制备

先用公称直径4.75mm的筛子过筛，然后取经缩分后的样品不少于3L，装入浅盘，在温度在105℃±5℃烘箱中烘干至恒重，取出并冷却至室温，分成大致相等的两份备用。试样烘干后若有结块，应在实验前先予捏碎。

四、实验步骤

（1）测定松散堆积密度。取试样一份，用漏斗或料勺将试样从容量筒中心上方50mm处缓慢倒入，让试样以自由落体落下，当容量筒上部试样呈堆体，且容量筒四周溢满时，即停止加料，实验过程应防止触动容量筒。然后用直尺将多余的试样沿筒口中心线向相反方向刮平，称出试样和容量筒总质量（m_1），精确至1g。

（2）测定紧密堆积密度。取试样一份，分两层装入容量筒。装完第一层后（约计稍高于1/2），在筒底垫一根直径为10mm的圆钢，将筒按住，左右交替颠击地面各25下。然后再装入第二层，第二层装满后用同样方法颠实（但筒底所垫钢筋的方向应与第一层放置方向垂直），二层装完并颠实后加料至试样超出容量筒口，然后用直尺将多余的试样沿筒口中心线向两个相反方向刮平，称其质量（m_2），精确至1g。

五、结果计算

（1）松散堆积密度（ρ_l）和紧密堆积密度（ρ_c）按式（4-4）和式（4-5）计算，精确至10kg/m^3：

$$\rho_l=\frac{m_1-m_0}{V} \tag{4-4}$$

$$\rho_c=\frac{m_2-m_0}{V} \tag{4-5}$$

式中　ρ_l——松散堆积密度（kg/m^3）；

ρ_c——紧密堆积密度（kg/m^3）；

m_1——松散堆积时容量筒和试样总质量（kg）；

m_2——紧密堆积时容量筒和试样总质量（kg）；

m_0——容量筒质量（kg）；

V——容量筒容积（m^3）。

（2）松散堆积空隙率和紧密堆积空隙率应分别按公式（4-6）和公式（4-7）计算，并精确至1%：

$$P_l=\left(1-\frac{\rho_l}{\rho_0}\right)\times 100\% \tag{4-6}$$

$$P_c=\left(1-\frac{\rho_c}{\rho_0}\right)\times 100\% \tag{4-7}$$

式中　P_l——松散堆积空隙率（%）；

ρ_0——按公式（4-3）计算的试样表观密度，单位为千克每立方米（kg/m^3）（%）；

P_c——紧密堆积空隙率（%）。

（3）堆积密度取2次实验结果的算术平均值，精确至10kg/m^3。空隙率取2次实验结果的算术平均值，精确至1%。

第四节　砂的含水率

一、实验目的

测定砂的含水率。

二、仪器设备

（1）烘箱：温度控制在105℃±5℃；

（2）天平：量程不小于1000g，分度值不大于0.1g；

（3）吸管、浅盘、小勺、毛刷等。

三、实验步骤

（1）将自然潮湿状态下的试样用四分法缩分至约1100g，拌匀后分为大致相等的两份备用。

（2）称取一份试样的质量（G_2），精确至0.1g。将试样倒入已知质量的烧杯中，放在干燥箱中于105℃±5℃下烘干至恒量。待冷却至室温后，再称出其质量（G_1），精确至0.1g。

四、结果计算

含水率按式（4-8）计算，精确至0.1%：

$$Z=\frac{G_2-G_1}{G_1}\times 100\% \tag{4-8}$$

式中　Z——含水率，%；

G_2——烘干前的试样质量（g）；

G_1——烘干后的试样质量（g）。

含水率取两次实验结果的算术平均值，精确至0.1%，当两次实验结果之差大于0.2%时，应重新实验。

第五节　碎石或卵石的筛分析

一、实验目的

测定碎石或卵石在不同孔径筛上的筛余量，用于评定碎石或卵石的颗粒级配。

二、仪器设备

（1）烘箱：温度控制在105℃±5℃；

（2）天平：分度值不大于最少试样质量的0.1%；

（3）试验筛：孔径为2.36mm、4.75mm、9.50mm、16.0mm、19.0mm、26.5mm、31.5mm、37.5mm、53.0mm、63.0mm、75.0mm及90mm的方孔筛，并附有筛底和筛盖，筛框内径为300mm；

（4）摇筛机、浅盘等。

三、试样制备

将试样缩分至表4-2所规定的试样最少质量，并烘干或风干后备用。

表4-2　筛分析所需试样的最小质量

公称粒径（mm）	9.5	16.0	19.0	26.5	31.5	37.5	63.0	≥75.0
试样最小质量（kg）	1.9	3.2	3.8	5.0	6.3	7.5	12.6	16.0

四、实验步骤

（1）按筛分析所需试样的最少质量的规定称取试样。

（2）将试样倒入按孔径大小从上到下组合的套筛（附筛底）上，然后进行筛分。

（3）将套筛置于摇筛机上，摇筛10min，取下套筛，按筛孔大小顺序再逐个用手筛，筛至每分钟通过量小于试样总量的0.1%为止。通过的颗粒并入下一号筛中，并和下一号筛中的试样一起过筛，这样顺序进行，直至各号筛全部筛完为止。当筛余颗粒的粒径大于19.0mm时，在筛分过程中，允许用手指拨动颗粒。

（4）称出各号筛的筛余量。

五、结果计算与评定

（1）计算分计筛余百分率：试样中各号筛上的筛余量与试样总质量之比，应精确至0.1%。

（2）计算累计筛余百分率：该号筛及以上各筛的分计筛余百分率之和，应精确至1%。筛分后，如每号筛的筛余量及筛底的筛余量之和与筛分前试样质量之差超过1%时，应重新实验。

（3）根据各号筛的累计筛余百分率评定该试样的颗粒级配。

第六节 石子的表观密度

一、实验目的

测定碎石或卵石的表观密度。

二、实验方法

（一）液体比重天平法

1. 实验环境及仪器设备

（1）实验时各项称量可在15～25℃范围内进行，但从试样加水静止的2h起至实验结束，其温度变化不应超过2℃；

（2）烘箱：温度控制在105℃±5℃；

（3）天平：量程不小于10kg，分度值不大于5g，其型号及尺寸应能允许在臂上悬挂盛试样的吊篮，并能将吊篮放在水中称量，如图4-2所示；

（4）吊篮：直径和高度均为150mm，由孔径为1～2mm的筛网或钻有孔径为2～3mm孔洞的耐锈蚀金属板制成；

（5）实验筛：孔径为4.75mm的方孔筛；

（6）盛水容器：有溢流孔；

（7）温度计、浅盘、刷子和毛巾等。

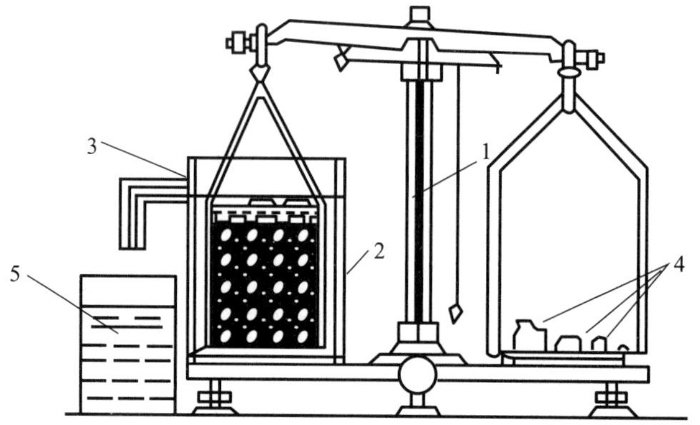

图 4-2 天平

1—液体天平；2—吊篮；3—带有溢流孔的金属容器；4—砝码；5—容器

2. 试样制备

将样品风干后筛除公称粒径 4.75mm 以下的颗粒，并缩分至不小于表 4-3 所规定的最少质量，冲洗干净后分成两份备用。

表 4-3 表观密度实验所需的试样最小用量

最大公称粒径（mm）	<26.5	31.5	37.5	63.0	75.0
试样最小质量（kg）	2.0	3.0	4.0	6.0	6.0

3. 实验步骤

（1）按表 4-3 的规定称取试样。

（2）取试样一份装入吊篮，并浸入盛水的容器中，水面至少高出试样 50mm。

（3）浸水（24±1）h 后，移放到称量用的盛水容器中，并用上下升降吊篮的方法排除气泡，试样不得露出水面。吊篮每升降一次约为 1s，升降高度为 30～50mm。

（4）测定水温后，此时吊篮应全浸在水中，用天平称取吊篮及试样在水中的质量（m_2）。称量时盛水容器中水面的高度由容器的溢流孔控制。

（5）提起吊篮，将试样置于浅盘中，放入（105±5）℃的烘箱中烘干至恒重，然后取出来放在带盖的容器中冷却至室温后，称重（m_1）。

（6）称取吊篮在同样温度的水中质量（m_3），称量时盛水容器的水面高度仍应由溢流口控制。

4. 结果计算

表观密度 ρ_0 应按式（4-9）计算，精确至 10kg/m³：

$$\rho_0=\left(\frac{m_1}{m_1+m_3-m_2}\alpha_t\right)\times\rho_{水} \qquad (4\text{-}9)$$

式中 ρ_0——表观密度（kg/m³）；

m_1——烘干后试样的质量（g）；

m_2——吊篮及试样在水中的质量（g）；

m_3——吊篮在水中的质量（g）；

α_t——水温对表观密度影响的修正系数，见表 4-4；

$\rho_水$——1000（kg/m^3）。

表 4-4 不同水温下碎石或卵石的表观密度影响的修正系数

水温（℃）	15	16	17	18	19	20	21	22	23	24	25
α_t	0.002	0.003	0.003	0.004	0.004	0.005	0.005	0.006	0.006	0.007	0.008

表观密度应以两次实验结果的算术平均值作为测定值。当两次结果之差大于20kg/m^{3}时，应重新取样进行实验。对颗粒材质不均匀的试样，两次实验结果之差大于20kg/m^3 时，可取 4 次测定结果的算术平均值作为测定值。

（二）广口瓶法

本方法用于测定最大粒径不大于 37.5mm 的卵石或碎石的表观密度。

1. 实验环境及仪器设备

（1）实验时各项称量可在 15～25℃范围内进行，但从试样加水静止的 2h 起至实验结束，其温度变化不应超过 2℃；

（2）烘箱：温度控制在 105℃±5℃；

（3）天平：量程不小于 10kg，分度值不大于 5g；

（4）广口瓶：1000mL，磨口；

（5）实验筛：孔径为 4.75mm 的方孔筛；

（6）玻璃片（尺寸约 100mm×100mm）、浅盘、毛巾、刷子等。

2. 试样制备

将样品风干后筛除公称粒径 4.75mm 以下的颗粒，并缩分至不小于表 4-3 所规定的最小质量，冲洗干净后分成两份备用。

3. 实验步骤

（1）将试样浸水饱和，然后装入广口瓶中。装试样时，广口瓶应倾斜放置，注入饮用水，用玻璃片覆盖瓶口。以上下左右摇晃的方法排除气泡。

（2）气泡排尽后，向瓶中添加饮用水，直至水面凸出瓶口边缘。然后用玻璃片沿瓶口迅速滑行，使其紧贴瓶口水面。擦干瓶外水分后，称出试样、水、瓶和玻璃片总质量（m_5）；

（3）将瓶中试样倒入浅盘，放在烘箱中于 105℃±5℃下烘干至恒重，待冷却至室温后，称出其质量（m_4）；

（4）将瓶洗净并重新注入饮用水，用玻璃片紧贴瓶口水面，擦干瓶外水分后，称出水、瓶和玻璃片总质量（m_6）。

4. 结果计算

表观密度应按式（4-10）计算，并精确至 10kg/m^3：

$$\rho_0=\left(\frac{m_4}{m_4+m_6-m_5}\alpha_t\right)\times\rho_水 \tag{4-10}$$

式中 ρ_0——表观密度（kg/m^3）；

m_4——烘干后试样的质量（g）；

m_5——试样、水、瓶和玻璃片的总质量（g）；

m_6——水、瓶和玻璃片的总质量（g）；

α_t——水温对表观密度影响的修正系数，见表 4-4；

$\rho_水$——1000（kg/m^3）。

表观密度应取两次实验结果的算术平均值，两次实验结果之差大于 20kg/m^3，应重新实验。对颗粒材质不均匀的试样，如两次实验结果之差超过 20kg/m^3，可取 4 次实验结果的算术平均值。

讨论：液体比重天平法和广口瓶法的使用上有什么区别？

第七节　石子的堆积密度与空隙率

一、实验目的

测定碎石或卵石的堆积密度、紧密密度及空隙率。

二、仪器设备

（1）天平：分度值不大于试样质量的 0.1%；

（2）容量筒：金属质，规格见表 4-5；

（3）垫棒：ϕ16mm，长 600mm 的圆钢；

（4）直尺、小铲、烘箱等。

表 4-5　容量筒的规格要求及取样数量

最大粒径（mm）	容量筒容积（L）	容量筒规格		
		内径（mm）	净高（mm）	壁厚（mm）
9.5、16.0、19.0、26.5	10	208	294	2
31.5、37.5	20	294	294	3
53.0、63.0、75.0	30	360	294	4

三、试样制备

称取试样，放入浅盘，在 105℃±5℃的烘箱中烘干，也可以摊在清洁的地面上风干，拌匀后分成两份备用，最少取样质量如表 4-6 所示。

表 4-6　取样质量

最大粒径（mm）	9.5	16.0	19.0	26.5	31.5	37.5	63.0	≥75.0
最少取样质量（kg）	40.0	40.0	40.0	40.0	80.0	80.0	120.0	120.0

四、实验步骤

（1）测定松散堆积密度。取试样一份，置于平整干净的地板（或铁板）上，用平头铁铲铲起试样，使石子自由落入容量筒内。此时，从铁锹的齐口至容量筒上口的距离应保持为 50mm 左右，装满容量筒并除去凸出筒口表面的颗粒，并以合适的颗粒填入凹陷部分，使表面稍凸起部分和凹陷部分的体积大致相等，实验过程应防止触动容量筒，称取试样和容量筒总质量（m_1）。

（2）测定紧密堆积密度。取试样一份分三层装入容量筒。装完第一层后，在筒底垫放一根直径为16mm的圆钢。将筒按住并左右交替颠击地面各25次，然后装入第二层。第二层装满后，用同样方法颠实（但筒底所垫钢筋的方向应与第一层时放置方向垂直），然后再装入第三层，第三层装满后用同样方法颠实，操作时筒底所垫钢筋的方向与第一层时的方向平行。待三层试样装填完毕后，加料直到试样超出容量筒筒口，用钢尺沿筒口边缘滚转刮下高出筒口的颗粒，用合适的颗粒填平凹处，使表面稍凸起部分和凹陷部分的体积大致相等。称取试样和容量筒总质量（m_2）。

五、结果计算

（1）松散堆积密度、紧密堆积密度应分别按式（4-11）和式（4-12）计算，并精确至10kg/m³：

$$\rho_L=\frac{m_1-m_0}{V_1} \tag{4-11}$$

$$\rho_C=\frac{m_2-m_0}{V_1} \tag{4-12}$$

式中 ρ_L——松散堆积密度（kg/m³）；

ρ_C——紧密堆积密度（kg/m³）；

m_0——容量筒的质量（g）；

m_1——松散堆积时容量筒和试样的总质量（g）；

m_2——紧密堆积时容量筒和试样的总质量（g）；

V_1——容量筒的体积（L）。

（2）松散堆积空隙率、紧密堆积空隙率分别按式（4-13）和式（4-14）计算，并精确至1%：

$$P_L=\left(1-\frac{\rho_L}{\rho_0}\right)\times 100\% \tag{4-13}$$

$$P_C=\left(1-\frac{\rho_C}{\rho_0}\right)\times 100\% \tag{4-14}$$

式中 P_L——松散堆积空隙率（%）；

P_C——紧密堆积空隙率（%）；

ρ_L——松散堆积密度（kg/m³）；

ρ_C——紧密堆积密度（kg/m³）；

ρ_0——表观密度（kg/m³）。

堆积密度应取2次实验结果的算术平均值作为测定值，并精确至10kg/m³。空隙率应取2次实验结果的算术平均值，精确至1%。

讨论：砂子的松散堆积密度和紧密堆积密度有什么区别？各用在哪些方面？

第八节　石子的强度与坚固性

一、实验目的

测定石子的强度与坚固性。

二、岩石抗压强度实验

1. 仪器设备

（1）压力试验机：量程不小于1000kN，示值相对误差2%；

（2）钻石机或石材切割机；

（3）岩石磨光机；

（4）游标卡尺、角度尺等。

2. 试件

（1）50mm×50mm×50mm立方体试件或ϕ50mm×50mm圆柱体试件，仲裁实验采用圆柱体试件；

（2）试件与压力机压头接触的两个面要磨光并保持平行，6个试件为一组，试件形状用角度尺检查。对有明显层理的岩石，应制作2组，一组保持层理与受力方向平行，另一组保持层理与受力方向垂直，分别测试。

3. 实验步骤

（1）用游标卡尺测定试件尺寸，精确至0.1mm，并计算顶面和底面的面积。取顶面和底面的算术平均值作为计算抗压强度所用的截面积。将试件浸没于水中浸泡48h±2h。

（2）从水中取出试件，擦干表面，放在压力机上进行强度实验，加荷速度为0.5～1.0MPa/s。

4. 结果计算与评定

（1）试件抗压强度应按式（4-15）计算，并精确至0.1MPa。

$$R=\frac{F}{A} \tag{4-15}$$

式中　R——抗压强度（MPa）；

F——破坏荷载（N）；

A——试件的承载面积（mm^2）。

（2）岩石抗压强度应取6个试件实验结果的算术平均值，并给出最小值，应精确至1MPa。

（3）对存在明显层理的岩石，应以平行层理与垂直层理的岩石抗压强度的算术平均值作为其抗压强度，应精确至1MPa，并给出最小值。

三、压碎指标法测试石子的强度

1. 仪器设备

（1）压力试验机：量程不小于300kN，精度不大于1%；

（2）天平：量程不小于 5kg，分度值不大于 5g；量程不小于 1kg，分度值不大于 1g；

（3）压碎指标测定仪，如图 4-3 所示；

（4）实验筛：孔径为 2.36mm、9.50mm 及 19.00mm 的方孔筛；

（5）垫棒：φ10mm，长 500mm 圆钢。

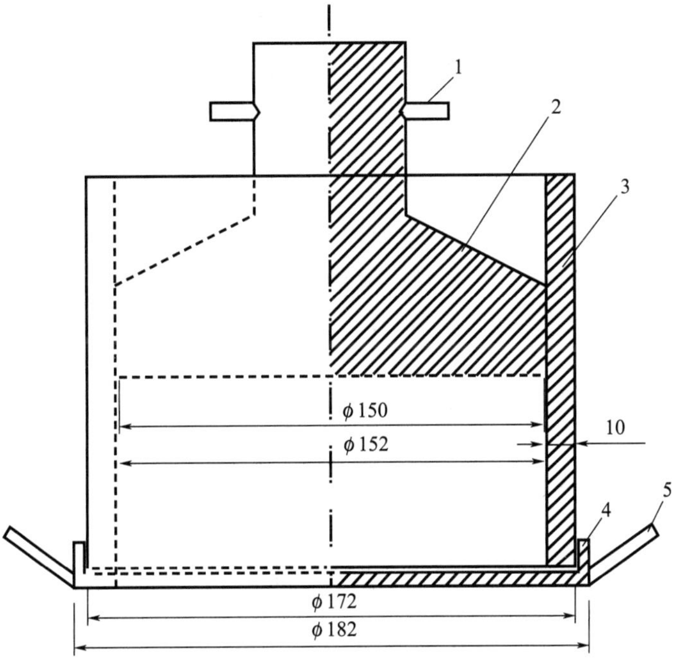

图 4-3　压碎指标测定仪示意图

1—把手；2—加压头；3—圆模；4—底盘；5—手把

2. 实验步骤

（1）将试样风干或烘干后筛除大于 19.00mm 及小于 9.50mm 的颗粒，平均分为 3 份备用，每份约 3000g。

（2）取一份试样，将试样分两层装入圆模（置于底盘上）内。每装完一层试样后，在底盘下面放置垫棒。将筒按住，左右交替颠击地面各 25 下，两层颠实后，整平模内试样表面，盖上压头。当圆模装不下 3000g 试样时，以装至距圆模上口 10mm 为准。

（3）把装有试样的圆模置于压力试验机上，开动压力试验机，按 1kN/s 速度均匀加荷至 200kN 并稳荷 5s，然后卸荷。取下加压头，倒出试样，并称其质量（m_1）；用孔径 2.36mm 的筛筛除被压碎的细粒，称出留在筛上的试样质量（m_2）。

3. 结果计算与评定

压碎指标应按公式（4-16）计算，并精确至 0.1%。

$$Q=\frac{m_1-m_2}{m_1}\times 100\% \tag{4-16}$$

式中　Q——压碎指标；

m_1——试样的质量（g）；

m_2——压碎实验后筛余的试样质量（g）。

压碎指标应取 3 次实验结果的算术平均值，并精确至 1%。

四、硫酸钠饱和溶液法测试石子的坚固性

1. 实验材料

（1）氯化钡溶液：将5g氯化钡溶于50mL蒸馏水中；

（2）硫酸钠溶液：在一定质量的蒸馏水中（水量取决于试样量及容器的大小），加热至30～50℃，每1000mL水中加入350g无水硫酸钠（Na_2SO_4），边加入边用玻璃棒搅拌，使其溶解并饱和。然后冷却至20～25℃，在此温度下静置48h，即为实验溶液。

2. 仪器设备

（1）烘箱：温度控制在105℃±5℃；

（2）天平：量程不小于5kg，分度值不大于1g；

（3）三脚网篮：用高强、耐高温、耐腐蚀的材料制成，网篮外径为100mm，高为150mm，网的孔径为2～3mm。检验37.5～90mm颗粒时，应采用外径和高度均为150mm的网篮；

（4）容器：非铁质，容积不小于50L；

（5）玻璃棒等。

3. 实验步骤

（1）取样并将试样缩分至如表4-7规定的质量，用水洗干净，放在烘箱中于105℃±5℃下烘干至恒重，待冷却至室温后，筛除小于4.75mm的颗粒，然后按《碎石或卵石的筛分析实验》要求筛分成4.75～9.50mm、9.50～19.00mm、19.00～37.50mm、37.50～63.00mm、63.00～90.00mm五个粒级，依次称量各粒级试样的质量（m_{f0i}）。

表4-7　坚固性实验所需的试样质量

石子粒级（mm）	4.75～9.50	9.50～19.00	19.00～37.50	37.50～63.00	63.00～90.00
试样量（g）	500	1000	1500	3000	3000

（2）按表4-7的规定称取各粒级试样实验前的质量（m_{fi}），将不同粒级的试样分别装入网篮，并浸入盛有硫酸钠溶液的容器中。溶液的体积不应小于试样总体积的5倍。网篮浸入溶液时，应上升下降25次，以排除试样的气泡，然后静置于该容器中。网篮底面应距离容器底面约30mm，网篮之间距离不应小于30mm，液面至少高于试样表面30mm，溶液温度应保持在20～25℃。

（3）浸泡20h后，把装试样的网篮从溶液中取出，放在烘箱中于105℃±5℃烘4h。至此，完成了第一次实验循环。待试样冷却至20～25℃后，再按上述方法进行第二次循环。从第二次循环开始，浸泡与烘干时间均为4h，共循环5次。

（4）最后一次循环后，用清洁的温水清洗试样，直至清洗试样后的水加入少量氯化钡溶液不出现白色浑浊为止，洗过的试样放在烘箱中于105℃±5℃下烘干至恒重。待冷却至室温后，用孔径为试样粒级下限的筛过筛，称出各粒级试样实验后的筛余量（m'_{fi}）。

4. 结果计算与评定

（1）各粒级试样质量占试样总质量的百分比应按式（4-17）计算。

$$\partial_i = \frac{m_{f0i}}{\sum_{i=1}^{5} m_{f0i}} \times 100\% \tag{4-17}$$

式中 ∂_i——各粒级试样质量占试样（原试样中筛除了小于4.75mm颗粒）总质量的百分比（%）；

M_{f0i}——各粒级试样的质量（g）。

（2）各粒级试样质量损失率应按式（4-18）计算，并精确至0.1%。

$$P_i = \frac{m_{fi} - m'_{fi}}{m_{fi}} \times 100\% \tag{4-18}$$

式中 P_i——各粒级试样的质量损失率（%）；

m_{fi}——各粒级试样实验前的质量（g）；

m'_{fi}——各粒级试样实验后的筛余量（g）。

（3）试样的总质量损失率应按公式（4-19）计算，并精确至1%。

$$P = \frac{\sum_{i=1}^{5} \partial_i P_i}{\sum_{i=1}^{5} \partial_i} \tag{4-19}$$

式中 P——试样的总质量损失率，（%）；

∂_i——各粒级试样质量占试样（原试样中筛除了小于4.75mm颗粒）总质量的百分比，（%）；

P_i——各粒级试样的质量损失率，（%）。

讨论：1. 砂子的筛分析实验测试砂子的什么性能？有哪些注意事项？

2. 岩石抗压强度和压碎指标法的使用上有什么区别？

第九节 再生集料的基本性能

一、实验目的

测试再生集料的基本性能，保证再生集料在建筑工程中的合理应用，做到安全适用、技术先进、经济合理、确保质量，以保证贯彻执行国家有关节约资源、保护环境的技术经济政策。

二、实验方法

再生粗集料的取样方法、试样处理方法、颗粒级配、微粉含量、泥块含量、针片状颗粒含量、有机物含量、硫化物与硫酸盐含量、坚固性、压碎指标、表观密度、空隙率、碱集料反应测试方法均与现行国家标准《建设用卵石、碎石》（GB/T 14685）相同，氯化物含量测试方法与现行国家标准《建设用砂》（GB/T 14684）相同，不同的是杂物含量测试和吸水率测试方法。

再生细集料的取样方法、试样处理方法、颗粒机配和细度模数、微粉含量、泥块含量、云母含量、轻物质含量、有机物含量、硫化物与硫酸盐含量、氯化物含量、坚固性、压碎指标、表观密度、堆积密度和空隙率、碱集料反应测试方法均与现行国家标准《建设用砂》（GB/T 14684）相同，不同的是再生胶砂需水量比和再生胶砂强度比测试方法。

（一）再生粗集料杂物含量测试

1. 本检测方法适用于检测再生粗集料中杂物（包括金属、塑料、沥青、木头、玻璃、草根、树叶、树枝、纸张、石灰、石膏、毛皮、煤块和炉渣等所有不属于混凝土、砂浆、砖瓦或石的物质）的含量。

2. 按照规定方法取样，并将试样缩分至不小于表 4-8 规定的数量，称重后用人工分选的方法选出金属、塑料、沥青、木头、玻璃、草根、树叶、树枝、纸张、石灰、石膏、毛皮、煤块和炉渣等杂物，然后称量各种杂物总质量，并计算其占再生粗集料试样总质量的百分比。

表 4-8　杂物含量实验所需试样数量

再生粗集料最大粒径（mm）	9.5	16.0	19.0	26.5	31.5
最少试样量（g）	4.0	4.0	8.0	8.0	15.0

3. 杂物含量取三次实验结果的最大值，精确至 0.1%。

（二）再生粗集料吸水率测试

1. 实验设备

（1）托盘天平：最大称量 1kg（感量为 1g）；

（2）干燥箱；

（3）筛子：筛孔为 2.36mm；

（4）容器、搪瓷盘及毛巾等。

2. 实验步骤

（1）取试样 4L，用筛孔为 2.36mm 的筛子过筛。取筛余物干燥至恒量，备用。

（2）把试样拌和均匀，分成三等份，分别称重，然后放入盛水的容器中。如有颗粒漂浮于水上，应将其压入水中。试样浸水 1h 或 24h 后，制成饱和面干试样，然后称量。

3. 结果计算与评定

吸水率按式（4-20）计算，精确至 0.1%。

$$\omega_a = \frac{m_0 - m_1}{m_1} \times 100\% \tag{4-20}$$

式中　ω_a——再生粗集料 1h 或 24h 吸水率（%）；

m_0——浸水试样质量（g）；

m_1——烘干试样质量（g）。

以 3 次测定值的算术平均值作为实验结果。

（三）再生胶砂需水量比

1. 实验设备

（1）烘箱：能使温度控制在 105℃±5℃的鼓风烘箱；

（2）水泥胶砂流动度测定仪（跳桌）。

2. 实验材料

（1）水泥应采用符合 GB 8076 规定的基准水泥或符合 GB 175 的 52.5 级硅酸盐水泥；

（2）标准砂应符合 GB 178 的规定；

（3）水应符合 JGJ 63 的规定。

3. 实验步骤

（1）将不少于 5kg 的再生细集料试样在 105℃±5℃下烘干至恒重，测出再生细集料的颗粒级配，并筛除大于 4.75mm 以上的颗粒。

（2）称取标准砂 1350g 和基准水泥（或 52.5 级硅酸盐水泥）540g，加入适量的水制成基准胶砂，测试胶砂的流动度。调整好用水量，使其流动度为 130mm±5mm，此时所对应的用水量即为基准胶砂需水量（W_0）。

（3）称取再生细集料 1350g 和基准水泥（或 52.5 级硅酸盐水泥）540g，加入适量的水制备再生胶砂，测试再生胶砂的流动度。调整用水量，使其流动度为 130mm±5mm，此时所对应的用水量即为再生胶砂需水量（W_R）。

基准胶砂所用水泥应和再生胶砂所用水泥相同。

4. 计算与评定

再生胶砂需水量比按式（4-21）计算：

$$\beta_W=\frac{W_R}{W_0} \tag{4-21}$$

式中　β_W——再生胶砂需水量比；

W_R——再生胶砂需水量（mL）；

W_0——基准胶砂需水量（mL）。

β_W 以同批 3 组实验的算术平均值计，精确至 0.01。若 3 组实验的最大值或最小值中有一个与中间值之差超过中间值的 15%，则把最大值与最小值一并舍去，取中间值；若两个测试值与中间值之差均超过 15%，则该批实验结果无效，应重新实验。

（四）再生胶砂强度比

1. 实验设备

（1）行星式胶砂搅拌机；

（2）40mm×40mm×160mm 的胶砂棱形试模；

（3）振实台；

（4）胶砂抗折强度试验机和胶砂抗压强度试验机；

（5）天平、量筒、托盘等。

2. 实验材料

（1）水泥应采用符合《混凝土外加剂》(GB 8076）规定的基准水泥或符合《通用硅酸盐水泥》(GB 175）的 52.5 级硅酸盐水泥；

（2）标准砂应符合《水泥强度试验用标准砂》(GB 178）的规定；

（3）水应符合 JGJ 63 的规定。

3. 实验步骤

（1）按照再生胶砂需水量比实验方法，分别在基准胶砂需水量和再生胶砂需水量条件下，制备基准胶砂和再生胶砂（基准胶砂所用水泥应和再生胶砂所用水泥相同）。

（2）胶砂制备后立即进行成型并振实，按照现行国家标准《水泥胶砂强度检验方法（ISO 法）》（GB/T 17671）进行养护并测试再生胶砂和基准胶砂标准养护 28d 时的抗压强度。

4. 计算与评定

再生胶砂强度比按式（4-22）计算：

$$\beta_f = \frac{f_R}{f_0} \tag{4-22}$$

式中 β_f——再生胶砂强度比，精确至 0.01；

f_R——再生胶砂的 28d 抗压强度（MPa）；

f_0——基准胶砂的 28d 抗压强度（MPa）。

以一组 3 个棱柱体试件上得到的六个抗压强度测定值的算术平均值作为基准胶砂或再生胶砂的抗压强度实验结果，精确至 0.1MPa。若六个测定值中有一个超出平均值的±10%，就应剔除这个测定值而以剩下五个测定值的算术平均值作为实验结果，若五个测定值中再有超过它们平均值的±10%的，则此组实验作废。

讨论：再生集料的吸水率测试方法与普通集料有什么区别？为什么？

第十节　工程案例

我国建筑行业始终处在较为平稳的发展阶段。近些年我国加快了城市化发展的推进，人们的生活水平在不断改善，建筑行业作为城市发展最主要的基础性工程会处在较为平稳的发展态势。在建筑工程中砂石集料的应用非常广泛，主要是由于砂石集料具有非常好的综合性能，将其应用在建筑工程中能够形成性能非常好的建筑基础。

近年来，我国大型跨海桥梁的建设步入发展的快车道，而桥面铺装作为其重要组成部分，在主要材料性能、大型机具设备研发和技术工法等方面的研究和实践取得长足进步，已基本达到世界先进水平甚至世界领先水平。但在路用集料生产及质量控制、集料加工质量等方面还缺少规范化管理。港珠澳大桥桥面铺装工程项目中，引入了“工厂化精益生产”的理念并对铺装专用集料进行了工厂化生产，大幅提升集料生产工艺、技术性能和管理水平，有力地保障了港珠澳大桥桥面的铺装工程质量。

课程思政——港珠澳大桥铺装：集成创新　集料生产线自主设计

港珠澳大桥路面采用浇筑式沥青混凝土施工方式。由于工程的高质量要求，其所用集料非同一般，引起了广泛关注。港珠澳大桥 CB04、CB05、CB07 合同段由广东省长大公路工程有限公司承建，为使其所用的集料可控、达标，广东省长大公路工程有限公司全资建设了中山集料工厂。这个工厂所生产出的石料精确度达到了微米级别，这套生产设备是由技术人员自行组装出来的，在世界上是独一无二的。在这个集料厂建成之前，国内用于桥面铺装的材料，细集料只能够做到 0. 6mm 的精度，如果需要更加精细的材料，只能依赖进口。然而，即便是在国外，也无法做到使用同一种材料，生产 7 种规格的集料。为了保证港珠澳大桥的建设质量，施工单位只能自行建设生产线生产需要的材料。为此，专家在世界各地寻找能够进行石料破碎的设备，并且将多个国家的设备组装在一起，最终形成了现在这套集料生产设备。筛分机是这套设备的核心部件，它将破碎后的石材按照不同的直径筛分成 7 种不同规格的石料，这套设备在工作过程中实现了自动化、电子化，只需要极少量的工人留意生产设备的状态即可，而这套设备所生产的高精度材料也引领了国内外集料的生产标准。此外，这套设备在设计之初，还考虑到了绿色环保因素，在整个生产过程当中，石料的传输都是在密闭的通道中进行。因此，尽管工厂长时间作业，却不会有大量的粉尘污染生产区，不会对工作人员的健康造成威胁。中山集料工厂集成创新和生产线自主设计，提升了我们的民族自豪感。

{资料来源：[新闻直播间] 广东·港珠澳大桥开始桥面铺装：集成创新 集料生产线自主设计 _ CCTV 节目官网－CCTV－13 _ 央视网（cctv. com)}

参考文献

[1] 中华人民共和国国家市场监督管理总局，中华人民共和国国家标准化管理委员会．建设用卵石、碎石：GB/T 14685—2022 [S]．2022.

[2] 中华人民共和国国家市场监督管理总局，中华人民共和国国家标准化管理委员会．建筑用砂：GB/T 14684—2022 [S]．北京：中国标准出版社，2022.

[3] 中华人民共和国国家市场监督管理总局，中华人民共和国国家标准化管理委员会．水泥胶砂强度检验方法（ISO 法）：GB/T 17671—2021 [S]．北京：中国标准出版社，2022.

[4] 中华人民共和国国家质量监督检验检疫总局，中国国家标准化管理委员会．混凝土用再生粗集料：GB/T25177—2010 [S]．北京：中国标准出版社，2011.

[5] 中华人民共和国国家质量监督检验检疫总局，中国国家标准化管理委员会．混凝土和砂浆用再生细集料：GB/T25176—2010 [S]．北京：中国标准出版社，2011.

[6] 黄朕宇．建筑砂石集料应用现状与矿砂废渣利用分析 [J]．绿色环保建材，2021 (5)：7-8.

[7] 王芳．港珠澳大桥桥面铺装集料工厂化生产技术应用研究 [D]．西安：长安大学，2019.

第五章 混凝土

第一节　和易性、坍落度经时损失

一、实验目的

掌握混凝土和易性评定办法和调整办法，并能测定混凝土的坍落度经时损失。

二、实验设备

1. 混凝土搅拌机（容量 75～100L，转速为 18～22r/min）；
2. 磅秤（称量 50kg，感量 50g）；
3. 天平（称量 5kg，感量 1g）；
4. 量筒（200mL，1000mL）；
5. 拌板（1.5m×2m 左右）；
6. 拌铲、盛器、坍落度筒、捣棒、小铲、木尺、钢尺、拌板、镘刀等。

三、实验准备

1. 一般规定

（1）所用原材料和实验室的温度应保持 20℃±5℃。

（2）材料用量应以质量计。称量精度：集料为±1%；水、水泥、掺和料及外加剂均为±0.5%。

（3）人工搅拌时最小搅拌量为 15L（集料最大粒径≤31.5mm）、25L（集料最大粒径=40mm）。机械搅拌时，搅拌量不应小于搅拌机额定搅拌量的 1/4。

（4）从试样制备完毕到开始做各项性能实验不宜超过 5min。

2. 混凝土拌和方法

拌和方法有人工拌和和机械搅拌两种：

（1）人工拌和。按配合比称量各材料；将拌板及拌铲用湿布湿润后，将砂、水泥倒在拌板上，用铲自拌板一端翻拌至另一端，如此重复直至颜色均匀，再加上石子，翻拌至混合均匀为止；将干混合物堆成堆，在中间作一凹槽，倒入部分拌和用水，然后仔细翻拌，逐步加入全部用水，继续翻拌直到拌和均匀为止；拌和时力求动作敏捷拌和时间从加水时算起，在 10min 内完毕。

（2）机械搅拌。按配合比称量各材料；按配合比先预拌适量混凝土进行挂浆；开动搅拌机，向搅拌机内依次加入石子、砂、水泥干拌均匀，再将水徐徐加入，全部加料时间不超过 2min，水全部加入后，继续拌和 2min；将拌和物自搅拌机卸出，倾倒在拌板上，再经人工拌和 1～2min，使其均匀。

四、实验步骤

1. 坍落度法和坍落扩展度法

测定集料最大粒径不大于 40mm、坍落度不小于 10mm 的混凝土拌和物稠度。测定时需拌和物约 15L。

（1）湿润坍落度筒及底板，在坍落度筒内壁和底板上应无明水。底板应放置在坚实水平面上，并把筒放在底板中心，然后用脚踩住二边的脚跻板，坍落度筒在装料时应保持固定的位置。

（2）把按要求取得的混凝土试样用小铲分三层均匀地装入筒内，使捣实后每层高度为筒高的 1/3 左右。每层用捣棒插捣 25 次。插捣应沿螺旋方向由外向中心进行，各次插捣应在截面上均匀分布。插捣筒边混凝土时，捣棒可以稍稍倾斜。插捣底层时，捣棒应贯穿整个深度，插捣第二层和顶层时，捣棒应插透本层至下一层的表面；浇灌顶层时，混凝土应灌到高出筒口。插捣过程中，如混凝土沉落到低于筒口，则应随时添加。顶层插捣完后，刮去多余的混凝土，并用抹刀抹平。

（3）清除筒边底板上的混凝土后，垂直平稳地提起坍落度筒。坍落度筒的提离过程应在 5～10s 内完成；从开始装料到提坍落度筒的整个过程应不间断地进行，并应在 150s 内完成。

（4）提起坍落度筒后，测量筒高与坍落后混凝土试体最高点之间的高度差，即为该混凝土拌和物的坍落度值；坍落度筒提离后，如混凝土发生崩坍或一边剪坏现象，则应重新取样另行测定；如第二次实验仍出现上述现象，则表示该混凝土和易性不好，应做记录备查。

（5）观察坍落后的混凝土试体的黏聚性及保水性。黏聚性的检查方法是用捣棒在已坍落的混凝土锥体侧面轻轻敲打，此时如果锥体逐渐下沉，则表示黏聚性良好，如果锥体倒塌、部分崩裂或出现离析现象，则表示黏聚性不好。保水性以混凝土拌和物稀浆析出的程度来评定，坍落度筒提起后如有较多的稀浆从底部析出，锥体部分的混凝土也因失浆而集料外露，则表明此混凝土拌和物的保水性能不好；如坍落度筒提起后无稀浆或仅有少量稀浆自底部析出，则表示此混凝土拌和物保水性良好。

（6）当混凝土拌和物的坍落度大于 220mm 时，用钢尺测量混凝土扩展后最终的最大直径和最小直径，在这两个直径之差小 50mm 的条件下，用其算术平均值作为坍落扩展度值；否则，此次实验无效。

如果发现粗集料在中央集堆或边缘有水泥浆析出，表示此混凝土拌和物抗离析性不好，应予记录。

（7）混凝土拌和物坍落度和坍落扩展度值以毫米为单位，测量精确至 1mm，结果表达修约至 5mm。

2. 维勃稠度法

测定集料最大粒径不大于 40mm，维勃稠度在 5～30s 的混凝土拌和物稠度测定。

（1）维勃稠度仪应放置在坚实水平面上，用湿布把容器、坍落度筒、喂料斗内壁及其他用具润湿。

（2）将喂料斗提到坍落度筒上方扣紧，校正容器位置，使其中心与喂料中心重合然后拧紧固定螺丝。

（3）把按要求取样或制作的混凝土拌和物试样用小铲分三层经喂料斗均匀地装入筒内。

（4）把喂料斗转离，垂直地提起坍落度筒，此时应注意不使混凝土试体产生横向的扭动。

（5）把透明圆盘转到混凝土圆台体顶面放松测杆螺钉降下圆盘，使其轻轻接触到混凝土顶面。

（6）拧紧定位螺钉，并检查测杆螺钉是否已经完全放松。

（7）在开启振动台的同时用秒表计时，当振动到透明圆盘的底面被水泥浆布满的瞬间停止计时，并关闭振动台。

（8）由秒表读出时间印为该混凝土拌和物的维勃稠度值，精确至 1s。

3. 坍落度经时损失

本实验方法可用于混凝土拌和物的坍落度随静置时间变化的测定。

（1）测量出机时的混凝土拌和物的初始坍落度值 H_0；

（2）将全部混凝土拌和物试样装入塑料桶或不被水泥浆腐蚀的金属桶内，应用桶盖或塑料薄膜密封静置；

（3）自搅拌加水开始计时，静置 60min 后应将桶内混凝土拌和物试样全部倒入搅拌机内，搅拌 20s，进行坍落度实验，得出 60min 坍落度值 H_{60}。

（4）计算初始坍落度值与 60min 坍落度值的差值，可得到 60min 混凝土坍落度经时损失实验结果。

（5）当工程要求调整静置时间时，则应按实际静置时间测定并计算混凝土坍落度经时损失。

讨论：坍落度法、坍落扩展度法和维勃稠度法的适用范围有什么区别？

第二节　表观密度

一、实验目的

测定混凝土拌和物捣实后的单位体积质量（即表观密度）。

二、实验设备

容量筒（容积为 5L）、台秤（称量 50kg，感量 10g）、振动台、捣棒。

三、实验步骤

（1）用湿布把容量筒内外擦干净，称出容量筒质量 m_0，精确至 10g。

（2）混凝土的装料及捣实方法应根据拌和物的稠度而定。坍落度不大于 70mm 的混凝土，用振动台振实为宜；大于70mm的用捣棒捣实为宜。采用捣棒捣实时，应根据容量筒的大小决定分层与插捣次数：用5L容量筒时，混凝土拌和物应分两层装入，每层的插捣次数应为25次；用大于5L的容量筒时，每层混凝土的高度不应大于100mm，每层插捣次数应按每10000mm^{2}截面不小于12次计算。各次插捣应由边缘向中心均匀地插捣，插捣底层时捣棒应贯穿整个深度；插捣第二层时，捣棒应插透本层至下一层的表面；每一层捣完后用橡皮锤轻轻沿容器外壁敲打5～10次进行振实，直至拌和物表面插捣孔消失并不见大气泡为止。

采用振动台振实时，应一次将混凝土拌和物灌到高出容量筒口。装料时可用捣棒稍加插捣，振动过程中如混凝土低于筒口，应随时添加混凝土，振动直至表面出浆为止。

（3）用刮尺将筒口多余的混凝土拌和物刮去，表面如有凹陷应填平；将容量筒外壁擦净，称出混凝土试样与容量筒总质量m_1，精确至10g。

四、结果计算

混凝土拌和物表观密度的计算应按式（5-1）计算：

$$\rho_0=\frac{m_1-m_0}{V} \tag{5-1}$$

式中 ρ_0——表观密度（kg/m^3）；

m_0——容量筒质量（kg）；

m_1——容量筒和试样总质量（kg）；

V——容量筒容积（L）。

实验结果的计算精确至10kg/m^3。

第三节 凝结时间

一、实验目的

本实验通过使用从混凝土拌和物中筛出的砂浆采取贯入阻力法测定坍落度值不为零的混凝土拌和物的初凝时间与终凝时间，为混凝土施工奠定基础。

二、实验设备

1. 贯入阻力仪的最大测量值不应小于1000N，精度应为±10N；测针长100mm，在距贯入端25mm处应有明显标记，测针的承压面积应为100mm^2、50mm^{2}和20mm^{2}三种；
2. 砂浆试样筒应为上口内径160mm，下口内径150mm，净高150mm，刚性不透水的金属圆筒，并配有盖子；
3. 实验筛应为筛孔公称直径为5.00mm的方孔筛，并应符合现行国家标准《试验筛 技术要求和检验 第2部分：金属穿孔板试验筛》（GB/T 6003.2）的规定；
4. 振动台应符合现行行业标准《混凝土试验用振动台》（JG/T 245）的规定；
5. 捣棒应符合现行行业标准《混凝土坍落度仪》（JG/T 248）的规定。

三、实验步骤

（1）应用试验筛从混凝土拌和物中筛出砂浆，然后将筛出的砂浆搅拌均匀；将砂浆一次分别装入三个试样筒中。取样混凝土坍落度不大于 90mm 时，宜用振动台振实砂浆；取样混凝土坍落度大于 90mm 时，宜用捣棒人工捣实。用振动台振实砂浆时，振动应持续到表面出浆为止，不得过振；用捣棒人工捣实时，应沿螺旋方向由外向中心均匀插捣 25 次，然后用橡皮锤敲击筒壁，直至表面插捣孔消失为止。振实或插捣后，砂浆表面宜低于砂浆试样筒口 10mm，并应立即加盖。

（2）砂浆试样制备完毕，应置于温度为 20℃±2℃的环境中待测，并在整个测试过程中，环境温度应始终保持 20℃±2℃。在整个测试过程中，除在吸取泌水或进行贯入实验外，试样筒应始终加盖。现场同条件测试时，实验环境应与现场一致。

（3）凝结时间测定从混凝土搅拌加水开始计时。根据混凝土拌和物的性能，确定测针实验时间，以后每隔 0.5h 测试一次，在临近初凝和终凝时，应缩短测试间隔时间。

（4）在每次测试前 2min，将一片 20mm±5mm 厚的垫块垫入筒底一侧使其倾斜，用吸液管吸去表面的泌水，吸水后应复原。

（5）测试时，将砂浆试样筒置于贯入阻力仪上，测针端部与砂浆表面接触，应在 10s±2s 内均匀地使测针贯入砂浆 25mm±2mm 深度，记录最大贯入阻力值，精确至 10N；记录测试时间，精确至 1min。

（6）每个砂浆筒每次测 1～2 个点，各测点的间距不应小于 15mm，测点与试样筒壁的距离不应小于 25mm。

（7）每个试样的贯入阻力测试不应少于 6 次，直至单位面积贯入阻力大于 28MPa 为止。

（8）根据砂浆凝结状况，在测试过程中应以测针承压面积从大到小顺序更换测针，更换测针应按表 5-1 的规定选用。

表 5-1　测针选用规定表

单位面积贯入阻力（MPa）	0.2～3.5	3.5～20	20～28
测针面积（mm^2）	100	50	20

四、结果计算

单位面积贯入阻力的结果计算以及初凝时间和终凝时间的确定应按下列方法进行：

（1）单位面积贯入阻力应按式（5-2）计算：

$$f_{PR}=\frac{P}{A} \tag{5-2}$$

式中　f_{PR}——单位面积贯入阻力（MPa），精确至 0.1MPa；

P——贯入阻力（N）；

A——测针面积（mm^2）。

（2）凝结时间宜按式（5-3）通过线性回归方法确定。根据式（5-3）可求得当单位面积贯入阻力为 3.5MPa 时对应的时间应为初凝时间，单位面积贯入阻力为 28MPa 时对应的时间应为终凝时间。

$$\ln t = a + b\ln f_{PR} \tag{5-3}$$

式中　t——单位面积贯入阻力对应的测试时间（min）；

a、b——线性回归系数。

（3）凝结时间也可用绘图拟合方法确定，应以单位面积贯入阻力为纵坐标，测试时间为横坐标，绘制出单位面积贯入阻力与测试时间之间的关系曲线。分别以 3.5MPa 和 28MPa 绘制两条平行于横坐标的直线，与曲线交点的横坐标应分别为初凝时间和终凝时间，凝结时间结果应用 h∶min 表示，精确至 5min。

应以 3 个试样的初凝时间和终凝时间的算术平均值作为此次实验初凝时间和终凝时间的实验结果。三个测值的最大值或最小值中有一个与中间值之差超过中间值的 10%时，应以中间值作为实验结果；最大值和最小值与中间值之差均超过中间值的 10%时，应重新实验。

第四节　泌水实验

一、实验目的

测定混凝土泌水量，以评定混凝土的泌水现象。

本实验采用集料最大公称粒径不大于 40mm 的混凝土拌和物测定。

二、仪器设备

（1）容量筒容积应为 5L，并应配有盖子；

（2）量筒应为容量 100mL、分度值 1mL，并应带塞；

（3）振动台应符合现行行业标准《混凝土试验用振动台》（JG/T 245）的规定；

（4）捣棒应符合现行行业标准《混凝土坍落度仪》（JG/T 248）的规定；

（5）电子天平的最大量程应为 20kg，感量不应大于 1g。

三、实验步骤

（1）用湿布润湿容量筒内壁后应立即称量，并记录容量筒的质量。

（2）混凝土拌和物试样应按下列要求装入容量筒，并进行振实或插捣密实，振实或捣实的混凝土拌和物表面应低于容量筒筒口 30mm±3mm，并用抹刀抹平。

① 混凝土拌和物坍落度不大于 90mm 时，宜用振动台振实，应将混凝土拌和物一次性装入容量筒内，振动持续到表面出浆为止，并应避免过振；

② 混凝土拌和物坍落度大于 90mm 时，宜用人工插捣，应将混凝土拌和物分两层装入，每层的插捣次数为 25 次；捣棒由边缘向中心均匀地插捣，插捣底层时捣棒应贯穿整个深度，插捣第二层时，捣棒应插透本层至下一层的表面；每一层捣完后应使用橡皮锤沿容量筒外壁敲击 5～10 次，进行振实，直至混凝土拌和物表面插捣孔消失并不见大气泡为止；

③ 自密实混凝土应一次性填满，且不应进行振动和插捣。

（3）应将筒口及外表面擦净，称量并记录容量筒与试样的总质量，盖好筒盖并开始计时。

（4）在吸取混凝土拌和物表面泌水的整个过程中，应使容量筒保持水平、不受振动；除了吸水操作外，应始终盖好盖子；室温应保持在20℃±2℃。

（5）计时开始后60min内，应每隔10min吸取1次试样表面泌水。60min后，每隔30min吸取1次试样表面泌水，直至不再泌水为止。每次吸水前2min，应将一片35mm±5mm厚的垫块垫入筒底一侧使其倾斜，吸水后应平稳地复原盖好。吸出的水应盛放于量筒中，并盖好塞子；记录每次的吸水量，并应计算累计吸水量，精确至1mL。

四、结果计算

（1）混凝土拌和物的泌水量应按式（5-4）计算。泌水量应取3个试样测值的平均值。3个测值中的最大值或最小值，有一个与中间值之差超过中间值的15%时，应以中间值作为实验结果；最大值和最小值与中间值之差均超过中间值的15%时，应重新实验。

$$B_a=\frac{V}{A} \tag{5-4}$$

式中 B_a——单位面积混凝土拌和物的泌水量（mL/mm^2），精确至0.01mL/mm^2；

V——累计的泌水量（mL）；

A——混凝土拌和物试样外露的表面面积（mm^2）。

（2）混凝土拌和物的泌水率应按式（5-5）和式（5-6）计算。泌水率应取3个试样测值的平均值。三个测值中的最大值或最小值，有一个与中间值之差超过中间值的15%时，应以中间值为实验结果；最大值和最小值与中间值之差均超过中间值的15%时，应重新实验。

$$B=\frac{V_W}{(W/m_T)\times m}\times 100\% \tag{5-5}$$

$$m=m_2-m_1 \tag{5-6}$$

式中 B——泌水率（%），精确至1%；

V_w——泌水总量（mL）；

m——混凝土拌和物试样质量（g）；

m_T——实验拌制混凝土拌和物的总质量（g）；

W——实验拌制混凝土拌和物拌和用水量（mL）；

m_2——容量筒及试样总质量（g）；

m_1——容量筒质量（g）。

讨论：混凝土的泌水现象对混凝土性能有何影响？

第五节　含气量

一、实验目的

测定混凝土拌和物的含气量。

二、实验设备

（1）含气量测定仪应符合现行行业标准《混凝土含气量测定仪》（JG/T 246）的规定；

（2）捣棒应符合现行行业标准《混凝土坍落度仪》（JG/T 248）的规定；

（3）振动台应符合现行行业标准《混凝土试验用振动台》（JG/T 245）的规定；

（4）电子天平的最大量程应为50kg，感量不应大于10g。

三、实验步骤

（一）在进行混凝土拌和物含气量测定之前，应先按下列步骤测定所用集料的含气量：

（1）应按式（5-7）和式（5-8）计算试样中粗、细集料的质量：

$$m_g=\frac{V}{1000}\times m'_g \tag{5-7}$$

$$m_s=\frac{V}{1000}\times m'_s \tag{5-8}$$

式中 m_g——拌和物试样中粗集料质量（kg）；

m_s——拌和物试样中细集料质量（kg）；

m'_g——混凝土配合比中每立方米混凝土的粗集料质量（kg）；

m'_s——混凝土配合比中每立方米混凝土的细集料质量（kg）；

V——含气量测定仪容器容积（L）。

（2）应先向含气量测定仪的容器中注入1/3高度的水，然后把质量为m_g、m_s的粗、细集料称好，搅拌均匀，倒入容器，加料同时应进行搅拌；水面每升高25mm左右，应轻捣10次，加料过程中应始终保持水面高出集料的顶面；集料全部加入后，应浸泡约5min，再用橡皮锤轻敲容器外壁，排净气泡，除去水面泡沫，加水至满，擦净容器口及边缘，加盖拧紧螺栓，保持密封不透气。

（3）关闭操作阀和排气阀，打开排水阀和加水阀，应通过加水阀向容器内注入水；当排水阀流出的水流中不出现气泡时，应在注水的状态下，关闭加水阀和排水阀。

（4）关闭排气阀，向气室内打气，应加压至大于0.1MPa，且压力表显示值稳定；应打开排气阀调压至0.1MPa，同时关闭排气阀。

（5）开启操作阀，使气室里的压缩空气进入容器，待压力表显示值稳定后记录压力值，然后开启排气阀，压力表显示值应回零；应根据含气量与压力值之间的关系曲线确定压力值对应的集料的含气量，精确至0.1%。

（6）混凝土所用集料的含气量A_g应以2次测量结果的平均值作为实验结果；2次测量结果的含气量相差大于0.5%时，应重新实验。

（二）混凝土拌和物含气量实验应按下列步骤进行：

（1）应用湿布擦净混凝土含气量测定仪容器内壁和盖的内表面，装入混凝土拌和物试样。

（2）混凝土拌和物的装料及密实方法根据拌和物的坍落度而定，并应符合下列规定：

① 坍落度不大于 90mm 时，混凝土拌和物宜用振动台振实；振动台振实时，应一次性将混凝土拌和物装填至高出含气量测定仪容器口；振实过程中混凝土拌和物低于容器口时，应随时添加；振动直至表面出浆为止，并应避免过振。

② 坍落度大于 90mm 时，混凝土拌和物宜用捣棒插捣密实。插捣时，混凝土拌和物应分 3 层装入，每层捣实后高度约为 1/3 容器高度；每层装料后由边缘向中心均匀地插捣 25 次，捣棒应插透本层至下一层的表面；每一层捣完后用橡皮锤沿容器外壁敲击 5～10 次，进行振实，直至拌和物表面插捣孔消失。

③ 自密实混凝土应一次性填满，且不应进行振动和插捣。

（3）刮去表面多余的混凝土拌和物，用抹刀刮平，表面有凹陷应填平抹光。

（4）擦净容器口及边缘，加盖并拧紧螺栓，应保持密封不透气。

（5）应按实验步骤（一）中（3）～（5）的操作步骤测得混凝土拌和物的未校正含气量 A_0，精确至 0.1%。

（6）混凝土拌和物未校正的含气量 A_0 应以 2 次测量结果的平均值作为实验结果；两次测量结果的含气量相差大于 0.5%时，应重新实验。

四、结果计算

混凝土拌和物含气量应按式（5-9）计算：

$$A = A_0 - A_g \tag{5-9}$$

式中 A——混凝土拌和含气量（%），精确至 0.1%；

A_0——混凝土拌和物的未校正含气量（%）；

A_g——集料的含气量（%）。

第六节 力学性能

一、立方体抗压强度实验

（一）实验目的

测定混凝土立方体抗压强度，作为评定混凝土强度等级的依据。

（二）实验设备

（1）压力试验机：试验机的精度（示值的相对误差）应为±1%；其量程应能使试件的预期破坏荷载不小于全量程的 20%，也不大于全量程的 80%；应具有加荷速度指示装置或加荷速度控制装置，并能均匀、连续地加荷；试验机上、下承压板的平面度公差不应大于 0.04mm，平行度公差不应大于 0.05mm，表面硬度不应小于 55HRC；板面应光滑、平整，表面粗糙度 Ra 不应大于 0.80μm；球座应转动灵活；球座宜置于试件顶面，并凸面朝上。

（2）振动台、试模、捣棒、小铁铲、金属直尺、镘刀等。

（三）实验步骤

（1）试件制作。

① 混凝土抗压强度实验应以 3 个试件为一组，每一组试件所用的混凝拌和物应由

同一次拌和成的拌和物中取出。

② 150mm×150mm×150mm 的试件为标准试件。试件尺寸按集料最大粒径由表5-2选用，当混凝土强度等级≥C60 时，宜采用标准试件。制作前，应将试模擦干净并在试模的内表面涂一薄层矿物油或脱模剂。

表 5-2 试件尺寸及强度换算系数

试件尺寸（mm）	集料最大粒径（mm）	每层插捣次数（次）	抗压强度换算系数
100×100×100	31.5	12	0.95
150×150×150	40	25	1
200×200×200	63	50	1.05

③ 混凝土应在拌制后尽量短的时间内成型，一般不宜超过 15min。

④ 坍落度不大于 70mm 的混凝土宜用振动振实，坍落度大于 70mm 的混凝土宜用捣棒人工捣实。

振动台振实。将拌和物一次装入试模，装料时应用抹刀沿试模内壁插捣，并使混凝土拌和物高出试模口。振动时试模不得有任何自由跳动。振动应持续到拌和物表面出浆为止，不得过度振动。

振捣棒振实。将混凝土拌和物一次装入试模，装料时应用抹刀沿试模内壁插捣，并使混凝土拌和物高出试模口。宜用直径为 25mm 的插入式振捣棒，插入试模振捣时，振捣棒距试模底板 10～20mm 且不得触及试模底板，振动应持续到表面出浆为止，且应避免过振，以防止混凝土离析。一般振捣时间为 20s。振捣棒拔出时要缓慢，拔出后不得留有孔洞。

人工捣实。将混凝土拌和物分两层装入试模，每层厚度大致相等。插捣应按螺旋方向从边缘向中心均匀进行。插捣底层时，捣棒应达到试模底面，插捣上层时，捣棒应插入下层 20～30mm。插捣时捣棒应保持垂直，不得倾斜。然后用抹刀沿试模内壁插拔数次。每层的插捣次数见表 5-2。插捣后应用橡皮锤轻轻敲击试模四周，直至捣棒留下的孔洞消失为止。

振实或捣实后，刮除多余的混凝土，待混凝土临近初凝时用抹刀抹平。

（2）试件的养护。

① 试件成型后应立即用不透水的薄膜覆盖表面，以防水分蒸发。采用标准养护的试件应在温度为 20℃±5℃环境下静置一至两昼夜，然后编号、拆模。

② 拆模后的试件应立即放在温度为 20℃±2℃，湿度为 95%以上的标准养护室中养护，或在温度为 20℃±2℃的不流动的 $Ca(OH)_2$ 饱和溶液中养护。在标准养护室内试件应放在架上，彼此间隔为 10～20mm，试件表面应保持潮湿，并不得被水直接冲淋。

③ 同条件养护试件的拆模时间可与实际构件的拆模时间相同。拆模后，试件仍需保持同条件养护。

（3）抗压强度测试。

① 试件自养护地点取出后，应尽快进行实验，以免试件内部的温度发生显著变化。先将试件擦干净，测量尺寸（精确至 1mm），据此计算试件的承压面积，并检查其外观。如实测尺寸与公称尺寸之差不超过 1mm，可按公称尺寸计算承压面积。

试件承压面的不平度应为每 100m 不超过 0.05mm，承压面与相邻面的不垂直度不应超过±1°。

② 将试件安放在下承压板上，试件的承压面应与成型时的顶面垂直。试件的中心应与试验机下压板中心对准。开动试验机，当上压机与试件接近时，调整球座，使接触均衡。当混凝土强度等级≥C60 时，试件周围应设置防崩裂网罩。

③ 加压时，应连续而均匀地加荷，加荷速度应为：混凝土强度等级＜C30 时，取 0.3～0.5MPa/s；当混凝土强度等级≥C30 且＜C60 时，取 0.5～0.8MPa/s；当混凝土强度等级≥C60 时，取 0.8～1.0MPa/s。当试件接近破坏而开始迅速交形时，停止调整试验机油门，直至试件破坏。然后记录破坏荷载。

（四）结果计算

混凝土立方体试件抗压强度应按式（5-10）计算，精确至 0.1MPa：

$$f_{ce}=\frac{P}{A} \tag{5-10}$$

式中 P——破坏荷载（N）；

A——受压面积（mm^2）；

f_{ce}——混凝土立方体试件抗压强度（MPa）。

以 3 个试件的算术平均值作为该组试件的抗压强度值（精确至 0.1MPa）。3 个测定值的最大值或最小值中如有一个与中间值的差超过中间值的 15%时，则把最大及最小值一并舍去，取中间值作为该组试件的抗压强度值。如有两个测定值与中间值的差超过中间值的 15%，则该组试件的实验结果无效。

用非标准试件测得的强度值均应乘以尺寸换算系数（表 5-2）。

二、抗折强度实验

（一）实验目的

测定混凝土的抗折强度（也称抗弯拉强度），以评定混凝土的质量。

（二）实验设备

（1）试验机应能施加均匀、连续、速度可控的荷载；

（2）抗折实验装置应符合下列规定：双点加荷的钢制加荷头应使两个相等的荷载同时垂直作用在试件跨度的两个三分点处；与试件接触的两个支座头和两个加荷头应采用直径为 20～40mm、长度不小于 b＋10mm 的硬钢圆柱，支座立脚点应为固定铰支，其他 3 个应为滚动支点。

（三）实验步骤

（1）混凝土拌制方法同抗压强度实验，拌制混凝土后制备抗折强度试件。标准试件应是边长为 150mm×150mm×600mm 或 150mm×150mm×550mm 的棱柱体试件；边长为 100mm×100mm×400mm 的棱柱体试件是非标准试件；在试件长向中部 1/3 区段内表面不得有直径超过 5mm、深度超过 2mm 的孔洞；每组试件应为 3 块。

（2）试件制备好后养护方法同抗压强度实验。

（3）试件到达实验龄期时，从养护地点取出后，应检查其尺寸及形状，且取出后应尽快进行实验。

（4）试件放置在实验装置前，应将试件表面擦拭干净，并在试件侧面画出加荷线位置。

（5）试件安装时，可调整支座和加荷头位置，安装尺寸偏差不得大于1mm。试件的承压面应为试件成型时的侧面。支座及承压面与圆柱的接触面应平稳、均匀，否则应垫平。

（6）在实验过程中应连续均匀地加荷，当对应的立方体抗压强度小于30MPa时，加载速度宜取0.02～0.05MPa/s；对应的立方体抗压强度为30～60MPa时，加载速度宜取0.05～0.08MPa/s；对应的立方体抗压强度不小于60MPa时，加载速度宜取0.08～0.10MPa/s。

（7）手动控制压力机加荷速度时，当试件接近破坏时，应停止调整试验机油门，直至破坏，并应记录破坏荷载及试件下边缘断裂位置。

（四）结果计算

若试件下边缘断裂位置处于两个集中荷载作用线之间，则试件的抗折强度 f_f（MPa）应按式（5-11）计算：

$$f_f=\frac{Fl}{bh^2} \tag{5-11}$$

式中　f_f——混凝土抗折强度（MPa），计算结果应精确至0.1MPa；

F——试件破坏荷载（N）；

l——支座间跨度（mm）；

b——试件截面宽度（mm）；

h——试件截面高度（mm）。

应以3个试件测值的算术平均值作为该组试件的抗折强度值，应精确至0.1MPa。3个测值中的最大值或最小值中当有一个与中间值的差值超过中间值的15%时，应把最大值和最小值一并舍除，取中间值作为该组试件的抗折强度值；当最大值和最小值与中间值的差值均超过中间值的15%时，该组试件的实验结果无效。

3个试件中当有一个折断面位于两个集中荷载之外时，混凝土抗折强度值应按另两个试件的实验结果计算。当这两个测值的差值不大于这两个测值的较小值的15%时，该组试件的抗折强度值应按这两个测值的平均值计算，否则该组试件的实验结果无效。当有两个试件的下边缘断裂位置位于两个集中荷载作用线之外时，该组试件实验无效。

当试件尺寸为100mm×100mm×400mm非标准试件时，应乘以尺寸换算系数0.85，当混凝土强度等级不小于C60时，宜采用标准试件；当使用非标准试件时，尺寸换算系数应由实验确定。

讨论：混凝土立方体的抗压强度实验对立方体尺寸有什么要求？非标准化试件如何处理？

第七节　耐久性

一、抗冻性

（一）实验目的

测试混凝土的抗冻性用以评定混凝土的耐久性。

（二）实验原理

本实验采用慢冻法。本方法适用于测定混凝土试件在气冻水融条件下，以经受的冻融循环次数来表示的混凝土抗冻性能。

慢冻法抗冻实验所采用的试件应符合下列规定：

（1）实验应采用尺寸为100mm×100mm×100mm的立方体试件。

（2）慢冻法实验所需要的试件组数应符合表5-3的规定，每组试件应为3块。

表5-3　慢冻法实验所需要的试件组数

设计抗冻标号	D25	D50	D100	D150	D200	D250	D300	D300以上
检查强度所需冻融次数	25	50	50及100	100及150	150及200	200及250	250及300	300及以上设计次数
鉴定28d强度所需试件组数	1	1	1	1	1	1	1	1
冻融试件组数	1	1	2	2	2	2	2	2
对比试件组数	1	1	2	2	2	2	2	2
总计试件组数	3	3	5	5	5	5	5	5

（三）实验设备

（1）冻融实验箱应能使试件静止不动，并应通过气冻水融进行冻融循环。在满载运转的条件下，冷冻期间冻融实验箱内空气的温度应能保持在－20～－18℃范围内；融化期间冻融实验箱内浸泡混凝土试件的水温应能保持在18～20℃范围内；满载时冻融实验箱内各点温度极差不应超过2℃。

（2）采用自动冻融设备时，控制系统还应具有自动控制、数据曲线实时动态显示、断电记忆和实验数据自动存储等功能。

（3）试件架应采用不锈钢或者其他耐腐蚀的材料制作，其尺寸应与冻融实验箱和所装的试件相适应。

（4）称量设备的最大量程应为20kg，感量不应超过5g。

（5）压力试验机应符合现行国家标准《混凝土物理力学性能试验方法标准》（GB/T 50081）的相关要求。

（6）温度传感器的温度检测范围不应小于－20～20℃，测量精度应为±0.5℃。

（四）实验步骤

（1）在标准养护室内或同条件养护的冻融实验的试件应在养护龄期为24d时提前将试件从养护地点取出，随后应将试件放在20℃±2℃水中浸泡，浸泡时水面应高出试件顶面20～30mm，在水中浸泡的时间应为4d，试件应在28龄期时开始进行冻融实验。始终在水中养护的冻融实验的试件，当试件养护龄期达到28d时，可直接进行后续实验，对此种情况，应在实验报告中予以说明。

（2）当试件养护龄期达到28d时应及时取出冻融实验的试件，用湿布擦除表面水分后应对外观尺寸进行测量，试件的外观尺寸应满足“承压面的平面度公差不得超过试件的边长或直径的0.0005；相邻面间的夹角应为90°，公差不得超过0.5°；边长、直径或高度的公差不得超过1mm”，并应分别编号、称重。然后按编号置入试件架内，且试件架与试件的接触面积不宜超过试件底面的 1/5。试件与箱体内壁之间应至少留有 20mm 的空隙。试件架中各试件之间应至少保持 30mm 的空隙。

（3）冷冻时间应在冻融箱内温度降至－18℃时开始计算。每次从装完试件到温度降至－18℃所需的时间应在 1.5～2.0h 内。冻融箱内温度在冷冻时应保持在－20～－18℃。

（4）每次冻融循环中试件的冷冻时间不应小于 4h。

（5）冷冻结束后，应立即加入温度为 18～20℃的水，使试件转入融化状态，加水时间不应超过 10min。控制系统应确保在 30min 内，水温不低于 10℃，且在 30min 后水温能保持在 18～20℃。冻融箱内的水面应至少高出试件表面 20mm。融化时间不应小于 4h。融化完毕视为该次冻融循环结束，可进入下一次冻融循环。

（6）每 25 次循环宜对冻融试件进行一次外观检查。当出现严重破坏时，应立即进行称重。当一组试件的平均质量损失率超过 5%，可停止其冻融循环实验。

（7）试件在达到表 5-3 规定的冻融循环次数后，试件应称重并进行外观检查，应详细记录试件表面破损、裂缝及边角缺损情况。当试件表面破损严重时，先用高强石膏找平，然后应进行抗压强度实验。抗压强度实验应符合现行国家标准《混凝土物理力学性能试验方法标准》（GB/T 50081）的相关规定。

（8）当冻融循环因故中断且试件处于冷冻状态时，试件应继续保持冷冻状态，直至恢复冻融实验为止，并应将故障原因及暂停时间在实验结果中注明。当试件处在融化状态下因故中断时，中断时间不应超过两个冻融循环的时间。在整个实验过程中，超过两个冻融循环时间的中断故障次数不得超过两次。

（9）当部分试件由于失效破坏或者停止实验被取出时，应用空白试件填充空位。

（10）对比试件应继续保持原有的养护条件，直到完成冻融循环后，与冻融实验的试件同时进行抗压强度实验。

（11）当冻融循环出现下列三种情况之一时，可停止实验：

① 已达到规定的循环次数；

② 抗压强度损失率已达到 25%；

③ 质量损失率已达到 5%。

（五）结果计算

（1）强度损失率应按式（5-12）进行计算：

$$\Delta f_c=\frac{f_{c0}-f_{cn}}{f_{c0}}\times 100\% \tag{5-12}$$

式中　Δf_c——N 次冻融循环后的混凝土抗压强度损失率（%），精确至 0.1；

f_{c0}——对比用的一组混凝土试件的抗压强度测定值（MPa），精确至 0.1MPa；

f_{cn}——经 N 次冻融循环后的一组混凝土试件抗压强度测定值（MPa），精确至 0.1MPa。

（2）f_{c0} 和 f_{cn} 应以三个试件抗压强度实验结果的算术平均值作为测定值。当三个试件抗压强度最大值或最小值与中间值之差超过中间值的 15%时，应剔除此值，再取其余两值的算术平均值作为测定值；当最大值和最小值均超过中间值的 15%时，应取中间值作为测定值。

（3）单个试件的质量损失率应按式（5-13）计算：

$$\Delta W_{ni}=\frac{W_{0i}-W_{ni}}{W_{0i}}\times 100\% \quad (5\text{-}13)$$

式中　ΔW_{ni}——N 次冻融循环后第 i 个混凝土试件的质量损失率（%），精确至 0.01；

W_{0i}——冻融循环实验前第 i 个混凝土试件的质量（g）；

W_{ni}——N 次冻融循环后第 i 个混凝土试件的质量（g）。

（4）一组试件的平均质量损失率应按式（5-14）计算：

$$\Delta W_n=\frac{\sum_{i=1}^{3}\Delta W_n}{3}\times 100\% \quad (5\text{-}14)$$

式中　ΔW_n——N 次冻融循环后一组混凝土试件的平均质量损失率（%），精确至 0.1。

（5）每组试件的平均质量损失率应以三个试件的质量损失率实验结果的算术平均值作为测定值。当某个实验结果出现负值，应取 0，再取三个试件的算术平均值。当三个值中的最大值或最小值与中间值之差超过 1%时，应剔除此值，再取其余两值的算术平均值作为测定值；当最大值和最小值与中间值之差均超过 1%时，应取中间值作为测定值。

（6）抗冻标号应以抗压强度损失率不超过 25%或者质量损失率不超过 5%时的最大冻融循环次数确定。

二、抗渗性

（一）实验目的

测定混凝土的抗渗性能，评定混凝土的抗渗等级。

（二）实验原理

本实验采用逐级加压法。本方法适用于通过逐级施加水压力来测定以抗渗等级来表示的混凝土的抗水渗透性能。

（三）实验设备

实验设备应符合下列规定：

（1）混凝土抗渗仪应符合现行行业标准《混凝土抗渗仪》（JG/T 249）的规定，并应能使水压按规定的制度稳定地作用在试件上。抗渗仪施加水压力范围应为 0.1～2.0MPa。

（2）试模应采用上口内部直径为 175mm、下口内部直径为 185mm 和高度为 150mm 的圆台体。

（3）密封材料宜用石蜡加松香或水泥加黄油等材料，也可采用橡胶套等其他有效密封材料。

（4）辅助设备应包括螺旋加压器、烘箱、电炉、浅盘、铁锅和钢丝刷等。

（5）安装试件的加压设备可为螺旋加压或其他加压形式，其压力应能保证将试件压入试件套内。

（四）实验步骤

（1）试件的制作和养护应符合现行国家标准《混凝土物理力学性能试验方法标准》（GB/T 50081）中的规定。抗水渗透实验应以 6 个试件为一组。

（2）试件拆模后，应用钢丝刷刷去两端面的水泥浆膜，并应立即将试件送入标准养护室进行养护。

（3）抗水渗透实验的龄期宜为 28d。应在到达实验龄期的前一天，从养护室取出试件，并擦拭干净。待试件表面晾干后，应按下列方法进行试件密封：

① 当用石蜡密封时，应在试件侧面裹涂一层熔化的内加少量松香的石蜡。然后应用螺旋加压器将试件压入经过烘箱或电炉预热过的试模中，使试件与试模底平齐，并应在试模变冷后解除压力。试模的预热温度，应以石蜡接触试模，即缓慢熔化，但不流淌为准。

② 用水泥加黄油密封时，其质量比应为（2.5～3）：1。应用三角刀将密封材料均匀地刮涂在试件侧面上，厚度应为 1～2mm。应套上试模并将试件压入，应使试件与试模底齐平。

③ 试件密封也可以采用其他更可靠的密封方式。

（4）试件准备好之后，启动抗渗仪，并开通 6 个试位下的阀门，使水从 6 个孔中渗出，水应充满试位坑，在关闭 6 个试位下的阀门后应将密封好的试件安装在抗渗仪上。

（5）实验时，水压应从 0.1MPa 开始，以后应每隔 8h 增加 0.1MPa 水压，并应随时观察试件端面渗水情况。当 6 个试件中有 3 个试件表面出现渗水时，或加至规定压力（设计抗渗等级）在 8h 内 6 个试件中表面渗水试件少于 3 个时，可停止实验，并记下此时的水压力。在实验过程中，当发现水从试件周边渗出时，应重新按上述第三条进行密封。

（五）结果计算

混凝土的抗渗等级应以每组 6 个试件中有 4 个试件未出现渗水时的最大水压力乘以 10 来确定。混凝土的抗渗等级应按式（5-15）计算：

$$P=10H-1 \tag{5-15}$$

式中　P——混凝土抗渗等级；

H——6 个试件中有 3 个试件渗水时的水压力（MPa）。

三、收缩性

（一）实验目的

测定混凝土的收缩性能，评定混凝土的耐久性。

（二）实验原理

本实验采用接触法。本方法适用于测定在无约束和规定的温湿度条件下硬化混凝土试件的收缩变形性能。

（三）实验设备

（1）试件和测头应符合下列规定：

① 本方法应采用尺寸为 100mm×100mm×515mm 的棱柱体试件。每组应为 3 个试件。

② 采用卧式混凝土收缩仪时，试件两端应预埋测头或留有埋设测头的凹槽。卧式收缩实验用测头（图 5-1）应由不锈钢或其他不锈的材料制成。

③ 采用立式混凝土收缩仪时，试件一端中心应预埋测头（图 5-2）。立式收缩实验

用测头的另外一端宜采用 M20mm×35mm 的螺栓（螺纹通长），并应与立式混凝土收缩仪底座固定。螺栓和测头都应预埋进去。

④ 采用接触法引伸仪时，所用试件的长度应至少比仪器的测量标距长出一个截面边长。测头应粘贴在试件两侧面的轴线上。

⑤ 使用混凝土收缩仪时，制作试件的试模应具有能固定测头或预留凹槽的端板。使用接触法引伸仪时，可用一般棱柱体试模制作试件。

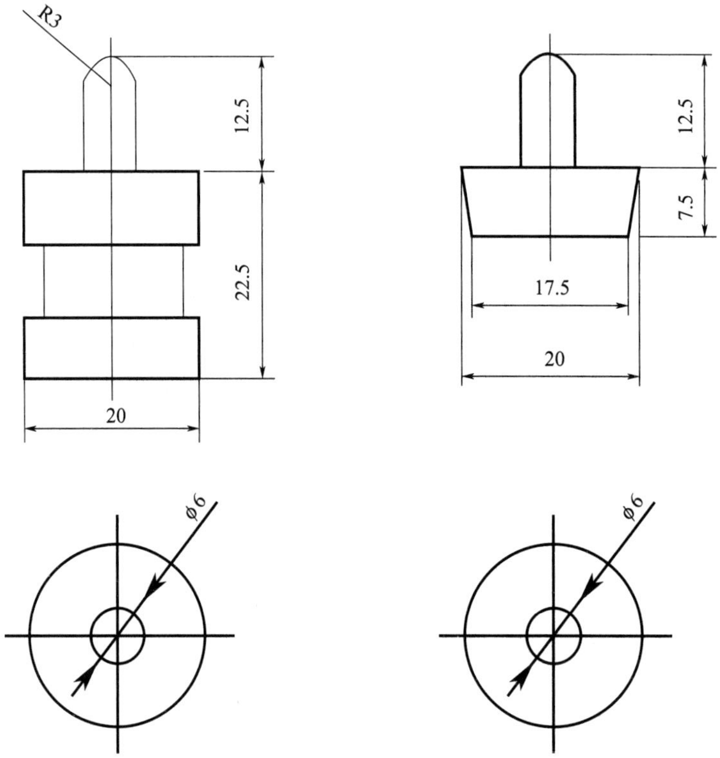

(a) 预埋测头　　　　(b) 后埋测头

图 5-1　卧式收缩实验用测头（mm）

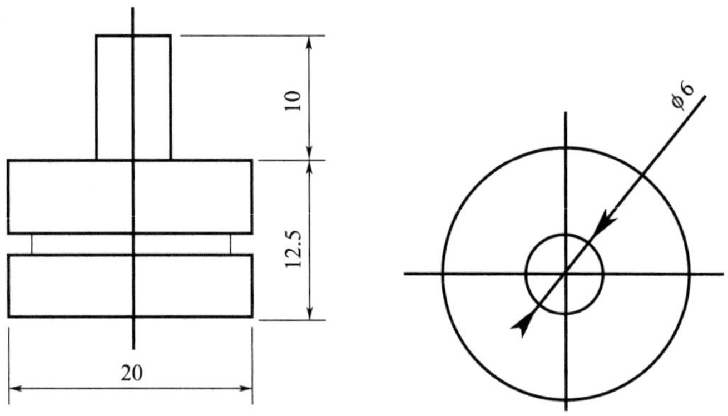

图 5-2　立式收缩实验用测头（mm）

⑥ 收缩试件成型时不得使用机油等憎水性脱模剂。试件成型后应带模养护1～2d，并保证拆模时不损伤试件。对于事先没有埋设测头的试件，拆模后应立即粘贴或埋设测头。试件拆模后，应立即送至温度为20℃±2℃、相对湿度为95%以上的标准养护室养护。

（2）实验设备应符合下列规定：

① 测量混凝土收缩变形的装置应具有硬钢或石英玻璃制作的标准杆，并应在测量前及测量过程中及时校核仪表的读数。

② 收缩测量装置可采用下列形式之一：

a. 卧式混凝土收缩仪的测量标距应为540mm，并应装有精度为±0.001mm的千分表或测微器。

b. 立式混凝土收缩仪的测量标距和测微器同卧式混凝土收缩仪。

c. 其他形式的变形测量仪表的测量标距不应小于100mm及集料最大粒径的3倍。并至少能达到±0.001mm的测量精度。

（四）实验步骤

（1）收缩实验应在恒温恒湿环境中进行，室温应保持在20℃±2℃，相对湿度应保持在60%±5%。试件应放置在不吸水的搁架上，底面应架空，每个试件之间的间隙应大于30mm。

（2）测定代表某一混凝土收缩性能的特征值时，试件应在3d龄期时（从混凝土搅拌加水时算起）从标准养护室取出，并应立即移入恒温恒湿室测定其初始长度，此后应至少按下列规定的时间间隔测量其变形读数：1d、3d、7d、14d、28d、45d、60d、90d、120d、150d、180d、360d（从移入恒温恒湿室内计时）。

（3）测定混凝土在某一具体条件下的相对收缩值时（包括在徐变实验时的混凝土收缩变形测定）应按要求的条件进行实验。对非标准养护试件，当需要移入恒温恒湿室进行实验时，应先在该室内预置4h，再测其初始值。测量时应记下试件的初始干湿状态。

（4）收缩测量前应先用标准杆校正仪表的零点，并应在测定过程中至少再复核1～2次，其中一次在全部试件测读完后进行。当复核时发现零点与原值的偏差超过±0.001mm时，应调零后重新测量。

（5）试件每次在卧式收缩仪上放置的位置和方向均应保持一致。试件上应标明相应的方向记号。试件在放置及取出时应轻稳仔细，不得碰撞表架及表杆。当发生碰撞时，应取下试件，并应重新以标准杆复核零点。

（6）采用立式混凝土收缩仪时，整套测试装置应放在不易受外部振动影响的地方。读数时宜轻敲仪表或者上下轻轻滑动测头。安装立式混凝土收缩仪的测试台应有减振装置。

（7）用接触法引伸仪测量时，应使每次测量时试件与仪表保持相对固定的位置和方向。每次读数应重复3次。

（五）结果计算

（1）混凝土收缩率应按式（5-16）计算：

$$\varepsilon_{st}=\frac{L_0-L_t}{L_b} \tag{5-16}$$

式中　ε_{st}——实验期为t（d）的混凝土收缩率，t从测定初始长度时算起；

L_b——试件的测量标距，用混凝土收缩仪测量时应等于两测头内侧的距离，即等于混凝土试件长度（不计测头凸出部分）减去两个测头埋入深度之和（mm）。采用接触法引伸仪时，即为仪器的测量标距；

L_0——试件长度的初始读数（mm）；

L_t——试件在实验期为 t（d）时测得的长度读数（mm）。

（2）每组应取 3 个试件收缩率的算术平均值作为该组混凝土试件的收缩率测定值，计算精确至 1.0×10^{-6}。

（3）作为相互比较的混凝土收缩率值应为不密封试件于 180d 所测得的收缩率值。可将不密封试件于 360d 所测得的收缩率值作为该混凝土的终极收缩率值。

讨论：混凝土抗冻性实验中快冻法和慢冻法在应用上有什么区别?

第八节　配合比

一、实验目的

掌握普通混凝土配合比设计的方法，能够配置符合工程要求的混凝土，培养综合设计实验的能力。

二、基本要求

根据实际的工程情况和原材料，依据《普通混凝土配合比设计规程》（JGJ 55—2011）的规定设计出普通混凝土的最初配合比，然后进行试配和调整，确定符合工程要求的普通混凝土配合比。

三、实验条件

某工程的钢筋混凝土梁，混凝土设计强度等级为 C30，施工要求坍落度为 35～50mm，混凝土采用机械搅拌、机械振捣。根据施工单位的近期统计资料，混凝土强度标准差为 4.6MPa。

原材料条件：水泥为 P. O42.5，密度为 3.1g/cm^3；砂为中砂；碎石，最大粒径为 5～31.5mm；水为自来水。

四、实验步骤

（1）原材料性能实验。

① 水泥：细度、凝结时间、安定性、胶砂强度实验。

② 砂子：表观密度、堆积密度、筛分析、含泥量和泥块含量实验。

③ 碎石：表观密度、堆积密度、筛分析、压碎指标实验。

（2）计算配合比。

依据 JGJ 55—2011 的规定，根据给定的实验条件，以及实验测得的原材料性能，进行配合比计算，求出每立方米混凝土中各种材料的用量。

（3）配合比的试配。

（4）配合比的调整和确定。

讨论：1. 为什么检验混凝土的强度至少采用3个不同的配合比？制作混凝土强度试件时，为什么还要检验混凝土拌和物的和易性及表观密度？

2. 混凝土有几种配合比？有什么区别？

第九节　工程案例

2019年11月9日，长沙住建局通报称，早在2019年5月，望城区住建局在现场检查过程中对新城国际花都五期三标C10栋部分混凝土构件质量存疑。通过湖南湖大土木建筑工程检测有限公司、长沙理工华建土木工程结构检测试验有限公司、深圳市华美检测有限公司等单位多轮检测，鉴定该项目C10栋12层以上部分混凝土构件强度未达设计要求。望城区住建局根据检测报告、鉴定报告和专家评审意见，于当年10月份要求参建单位对C10栋12～27层进行返工重建。该项目C10栋正严格按照专家评审的拆除方案进行拆除，其混凝土供应商湖南拓宇混凝土有限公司已全面关停。

同时，长沙市住建局印发《关于开展预拌混凝土质量专项执法检查工作的通知》，组织对全市预拌混凝土企业和在建项目开展预拌混凝土质量专项执法检查，其中对湖南拓宇混凝土有限公司进行了重点检查，并对该公司同一时期供应的项目开展了摸排。经核实，全市同一时期使用该公司混凝土共有59个项目，合计20个项目混凝土强度满足设计要求。望城区除新城国际花都五期三标C10栋以外，还确定新华联梦想城项目1.1号地二期二标13栋21～25层部分混凝土构件强度未达设计要求，目前该项目已停工，建设单位正组织专家论证，研究处理措施。其余37个项目正在进行现场检测。

2019年11月16日，长沙市住建局再度发布《关于湖南拓宇混凝土有限公司混凝土质量问题涉事项目核查情况的通报》（以下简称《通报》）。《通报》显示，经专家组对新城国际花都五期三标C10栋问题混凝土初步调查发现，湖南拓宇混凝土有限公司在混凝土生产过程中未严格按国家标准规范要求进行质量控制；施工单位违反规范强制性条文，在混凝土浇筑过程中有随意加水现象。望城区公安机关已对涉事企业立案调查，并对其法定代表人代某某采取了强制措施。

《通报》显示，经湖南湖大土木建筑工程检测有限公司、长沙市城市建设科学研究院等检测机构现场检测核查，37个项目中，有32个项目混凝土强度满足设计要求，另有5个项目正在检测鉴定中。长沙市住房和城乡建设局正组织市、区两级建设工程质量安全监督机构分组对全市预拌混凝土企业及在建项目工程质量和施工行为开展全面检查。

2019年12月1日，长沙市住建局第三次发布通告称，尚未公布现场检测鉴定结果的5个项目中，4个项目符合设计要求，其中，望城区宝湾国际电商物流港项目综合楼地下室4根顶板梁混凝土抗压强度低于设计要求一个等级，经原设计单位复核，构件满足承载力及正常使用要求。

2019年12月11日，湖南湖大土木建筑工程检测有限公司作出《新城国际花都五期C10栋部分楼层混凝土强度偏低原因司法委托鉴定报告》，根据测试分析结果等综合分析，新城国际花都C10栋部分楼层钻芯法检测混凝土抗压强度低于设计强度等级的原因主要有以下几个方面：(1) 混凝土用粗细集料分离、筛分试验及显微硬度测试结果综合表明，实体混凝土中粗集料颗粒颜色多样，不同类型的碎石混杂在一起。混凝土中粗集料相对用量偏少，细集料相对用量偏多，且存在部分混凝土粗集料显微硬度较低的现象。(2) XRD试验和电镜观察结果综合表明，实体混凝土中胶凝材料质量较差，含有较多的黏土矿物和云母，且未见到球状粉煤灰。(3) 混凝土容重、吸水率试验结果综合表明，实体混凝土外观多呈泥灰色，内部水泥石结构较为疏松，与集料界面的胶结较差，孔隙率较大，表明混凝土中水胶比较大。(4) 查阅商品混凝土发货单，可知现场部分混凝土浇筑时间过长，对延时浇筑部分的混凝土强度有影响。

被告人湖南拓宇混凝土有限公司法人代表代建华犯生产、销售伪劣产品罪，犯非法占用农用地罪，两罪并罚执行有期徒刑九年；被告人湖南拓宇混凝土有限公司实验室主任刘伟犯生产、销售伪劣产品罪，判处有期徒刑七年。

课程思政——就地取材 变废为“宝”深圳机场卫星厅废弃混凝土综合利用率超九成

2020年4月30日讯，一车车施工过程中产生的废弃混凝土块经过破碎、筛分，变成再生集料、再生细料；再生集料拌上水泥，经过自动压砖机，就得到了再生免烧砖。在深圳机场卫星厅建设工地，创新性引入的废弃混凝土再生系统，让往常外运丢弃的建筑固废变废为“宝”。统计数据显示，目前已产出的150余万块再生免烧砖，近两万立方再生混凝土、集料、细料等，正通过这样的绿色循环模式得以再利用。

2019年1月，国务院办公厅印发《“无废城市”建设试点工作方案》，提出“无废城市”这一持续推进废弃物源头减量和资源化利用，最大限度减少填埋量，将废弃物环境影响降至最低的城市发展模式。同年，深圳等11个城市被确定为“无废城市”建设试点。作为城市窗口，深圳机场集团积极履行企业社会责任，以机场卫星厅及其配套工程建设为契机先行先试，探索建立建筑废弃物处理的示范模式。

“按照行业常规做法，工程建设产生的混凝土废弃物除了少量可以用于铺设道路基层外，大部分只能外运丢弃。”据深圳机场相关负责人介绍，根据机场卫星厅及其配套工程相关建设方案，在整个施工过程中，破除既有隧道、地连墙、临时道路、加工厂等设施，将产生约10万立方米的混凝土废弃物。如何将它们变“废”为“宝”、再生利用，深圳机场集团经过多方调研，创新性引入废弃混凝土再生系统，以建筑废弃混凝土为原料进行破碎筛分出再生石粉，进而用于免烧砖和再生混凝土的生产。

据了解，通过“就地取材、就地消化”的绿色循环模式，不仅解决了建筑垃圾处理的生态难题，还能有效降低废弃物的外运成本。数据显示，该系统自投产以来，累计产出再生混凝土6198立方、再生石粉集料7022立方、再生石粉细料3182立方、再生免烧砖154万块，将建筑废弃混凝土综合利用率由原来的8%提升至90%以上。通过深圳机场废弃混凝土综合利用案例的介绍，提高学生环境保护的意识。

(资料来源：https：//finance. sina. com. cn/stock/relnews/cn/2020-04-30/doc-iirczymi9236749. shtml)

参考文献

[1] 薛力梨，蒋元海，刘红飞，等．土木工程材料实验教程［M］．北京：中国电力出版社，2016.

[2] 白宪臣．土木工程材料实验［M］．北京：中国建筑工业出版社，2015.

[3] 杨崇豪，王志博，张正亚，等．土木工程材料试验教程［M］．北京：中国水利水电出版社，2015.

[4] 中华人民共和国住房和城乡建设部．普通混凝土长期性能和耐久性能试验方法标准：GB/T 50082—2009［S］．北京：中国建筑工业出版社，2010.

[5] 中华人民共和国住房和城乡建设部．普通混凝土配合比设计规程：JGJ 55—2011［S］．北京：中国建筑工业出版社，2011.

第六章 混凝土用外加剂与掺和料

第一节 混凝土外加剂的固体含量

外加剂固体含量实验方法适用于普通减水剂、高效减水剂、缓凝高效减水剂、早强减水剂、缓凝减水剂、引气减水剂、早强剂、缓凝剂、引气剂、泵送剂、防水剂、防冻剂、膨胀剂和速凝剂共十四种混凝土外加剂。

一、实验目的

本实验的目的是通过固体含量实验测定外加剂中的固体含量，固体含量是外加剂质量判定指标之一。

二、实验设备

（1）天平：不应低于四级，精确至 0.0001g。

（2）鼓风电热恒温干燥箱：温度范围 0～200℃。

（3）带盖称量瓶：25mm×65mm。

（4）干燥器：内盛变色硅胶。

三、实验材料

待测混凝土外加剂。

四、实验步骤

将洁净带盖称量瓶放入烘箱内，于 100～105℃烘 30min 后称量，重复上述步骤直至恒量，其质量为 m_0。将被测试样装入已经恒量的称量瓶内，盖上盖称出试样及称量瓶的总质量为 m_1。称量固体产品 1.0000～2.0000g；液体产品 3.0000～5.0000g。将盛有试样的称量瓶放入烘箱内，开启瓶盖，升温至 100～105℃（特殊品种除外）烘干，盖上盖置于干燥器内冷却 30min 后称量，重复上述步骤直至恒量，称其质量 m_2。

五、数据处理与记录

外加剂的固体含量用式（6-1）计算：

$$X_{固}=\frac{m_2-m_0}{m_1-m_0}\times 100\% \tag{6-1}$$

式中　$X_{固}$——外加剂的固体质量分数（%）；

m_0——称量瓶的质量（g）；

m_1——试样的质量（g）；

m_2——烘干后试样的质量（g）。

实验数据记录于表 6-1。

表 6-1　外加剂固体含量实验记录表

<table>
<tr><th rowspan="2">实验次数</th><th rowspan="2">称量瓶的质量（g）</th><th rowspan="2">称量瓶＋试样的质量（g）</th><th rowspan="2">称量瓶＋烘干后试样的质量（g）</th><th colspan="2">固体含量 $X_{固}$（%）</th></tr>
<tr><th>测定值</th><th>平均值</th></tr>
<tr><td>1</td><td></td><td></td><td></td><td></td><td rowspan="2"></td></tr>
<tr><td>2</td><td></td><td></td><td></td><td></td></tr>
</table>

讨论：混凝土外加剂的固体含量对混凝土外加剂的性能有哪些影响？

第二节　混凝土外加剂的密度（比重瓶法）

一、实验目的

本实验的目的是测定混凝土外加剂的密度，为判定混凝土外加剂是否符合标准做好准备，掌握比重瓶法测定混凝土外加剂密度的方法。

二、实验原理

将已校正容积（V）的比重瓶灌满被测溶液，在 20℃±1℃恒温条件下，在天平上称出其质量。

测试条件：对于液体样品直接测试；固体样品溶液的浓度为 10g/L；被测溶液的温度应为 20℃±1℃；被测溶液必须清澈，如有沉淀应滤去。

三、实验材料

被测混凝土外加剂。

四、实验设备

（1）比重瓶：25mL 或 50mL。

（2）天平：不应低于四级，精确至 0.0001g。

（3）干燥器：内盛变色硅胶。

（4）超级恒温器或同等条件的恒温设备。

五、实验步骤

（1）比重瓶容积的校正：比重瓶依次用水、乙醇、丙酮和乙酰洗涤并吹干，塞子连瓶一起放入干燥器内，冷却后取出，称量比重瓶之质量为 m_0，直至恒量。

（2）将预先煮沸并经冷却的水装入瓶内，塞上塞子，使多余的水分从塞子毛细管流出，用吸水纸吸干瓶外的水。注意不能让吸水纸吸出塞子毛细管里的水，水要保持与毛细管上口相平，立即在天平称出比重瓶装满水后的质量 m_1。

（3）容积 V 按式（6-2）计算：

$$V=\frac{m_1-m_0}{0.9982} \tag{6-2}$$

式中 V——比重瓶在 20℃时的容积（mL）；

m_0——干燥的比重瓶质量（g）；

m_1——比重瓶盛满 20℃水的质量（g）；

0.9982——20℃时纯水的密度（g/mL）。

（4）外加剂溶液密度 ρ 的测定：将已校正 V 值的比重瓶洗净、干燥、灌满被测溶液，塞上塞子后浸入 20℃±1℃恒温器内，恒温 20min 后取出，用吸水纸吸干瓶外的水及由毛细管溢出的溶液后，在天平上称出比重瓶装满外加剂溶液后的质量为 m_0。

六、数据处理与记录

外加剂溶液的密度 ρ 按式（6-3）计算：

$$\rho=\frac{m_2-m_0}{V}=\frac{m_2-m_0}{m_1-m_0}\times 0.9982 \tag{6-3}$$

式中 ρ——20℃时外加剂溶液密度（g/mL）；

m_2——比重瓶装满 20℃外加剂溶液后的质量（g）。

实验数据记录于表 6-2。

表 6-2　外加剂密度实验记录表

实验次数	比重瓶的质量（g）	（比重瓶＋水）质量（g）	比重瓶容积（mL）	（比重瓶＋外加剂）质量（g）	外加剂溶液密度（g/mL）	
					测定值	平均值
1						
2						

讨论：混凝土外加剂的密度对所用混凝土外加剂的性能有哪些影响？

第三节　混凝土外加剂的细度

一、实验目的

本实验的目的是测定生外加剂的细度，为判定混凝土外加剂的是否符合标准做好准备，掌握测定混凝土外加剂细度的方法。

二、实验原理

采用孔径为 0.315mm 的试验筛，称取烘干试样 m_0 倒入筛内，用人工筛试样，称量筛余物质量 m_1，计算出筛余物的百分含量即为细度。

三、实验材料

被测混凝土外加剂。

四、实验设备

（1）药物天平：称量100g，分度值0.1g。

（2）试验筛：采用孔径为0.315mm的铜丝网筛布。筛框有效直径150mm、高50mm。筛布应紧绷在筛框上，接缝必须严密，并附有筛盖。

五、实验步骤

（1）外加剂试样应充分拌匀并经100～105℃（特殊品种除外）烘干。

（2）称取烘干试样质量m_0（10g）倒入筛内，用人工筛试样，将近筛完时，必须一手执筛往复摇动，一手拍打，摇动速度每分钟约120次。其间，筛子应向一定方向旋转数次，使试样分散在筛布上，直至每分钟通过质量不超过0.05g时为止。

（3）称量筛余物质量m_1，称准至0.1g。

六、数据处理与记录

细度用筛余百分率表示，按式（6-4）计算：

$$X=\frac{m_1}{m_0}\times 100\% \tag{6-4}$$

式中　X——筛余百分率（%）；

m_1——筛余物质量（g）；

m_0——试样质量（g）。

室内允许差为0.40%，室间允许差为0.60%。

实验数据记录于表6-3。

表6-3　外加剂细度实验记录表

实验次数	烘干试样质量（g）	筛余物质量（g）	外加剂细度（%）	
			测定值	平均值
1				
2				

讨论：混凝土外加剂的细度对所用混凝土外加剂的性能有哪些影响？

第四节　混凝土外加剂的表面张力

一、实验目的

本实验的目的是测定外加剂的表面张力，为判定混凝土外加剂的是否符合标准做好准备。

二、实验原理

界面张力仪的铂环与液面接触后，在铂环内形成液膜，提起铂环时所需的力与液体表面张力相平衡，测定液膜脱离液面的力之大小。

测试条件：液体样品直接测试；固体样品溶液的浓度为10g/L；被测溶液的温度为20℃±1℃；被测溶液必须清澈，如有沉淀应滤去。

三、实验材料

被测混凝土外加剂。

四、实验设备

(1) 界面张力仪。

(2) 天平：不低于四级，精确至0.0001g。

五、实验步骤

(1) 用比重瓶或液体密度天平测定该外加剂溶液的密度。

(2) 将仪器调至水平把铂环放在吊杆臂的下末端，把一块小纸片放在铂环的圆环上，把臂的制止器打开，把放大镜调好，使臂上的指针与反射镜上的红线重合。

(3) 用质量法校正。在铂圆环的小纸片上放上一定质量的砝码，使指针与红线重合时，游标指示正好与计算值一致。如果不一致时调整臂长度，保证铂环在实验中垂直地上下移动，再通过游码的前后移动达到调整结果。

(4) 在测量之前，应把铂环和玻璃器皿很好地进行清洗彻底去掉油污。

(5) 空白实验用无水乙醇作标样，测定其表面张力，测定值与理论值之差不得超过0.5×10^{-3}N/m。

(6) 把被测溶液倒入盛样皿中（离皿口5～7mm），并将样品座升高，使铂环浸入溶液内5～7mm。

(7) 旋转蜗轮把手，匀速增加钢丝扭力，同时下降样品座，使向上与向下的两个力保持平衡（保持指针与反射镜上的红线重合），直至环被拉脱离开液面，记录刻度盘上的读数P。

注：采用自动界面张力仪测量时，实验步骤按仪器使用说明书进行。

六、数据处理与记录

(1) 溶液表面张力σ按式(6-5)计算：

$$\sigma=F\times P \tag{6-5}$$

式中 σ——溶液的表面张力（10^{-3}N/m）；

P——游标盘上读数（10^{-3}N/m）；

F——校正因子。

(2) 校正因子F按式(6-6)计算：

$$F=0.7250+\sqrt{\frac{0.01452P}{C^2(\rho-\rho_0)}+0.04534-\frac{1.679}{\frac{R}{r}}} \tag{6-6}$$

式中　C——铂环周长 $2\pi R$（cm）；

R——铂环内半径和铂丝半径之和（cm）；

ρ_0——空气密度（g/mL）；

ρ_1——被测外加剂溶液密度（g/mL）；

r——铂丝半径（cm）。

室内允许差为 1.0×10^{-3}N/m，室间允许差为 1.5×10^{-3}N/m。

实验数据记录于表 6-4。

表 6-4　外加剂表面张力实验记录表

实验次数	铂丝半径（cm）	铂环内径＋铂丝半径（cm）	铂环周长（cm）	空气密度（g/mL）	被测外加剂溶液密度（g/mL）	校正因子	游标盘上读数	外加剂溶液表面张力（10^{-3}N/m）	
								测定值	平均值
1									
2									

讨论：为什么要测定混凝土外加剂的表面张力？

第五节　混凝土外加剂的 pH 值

一、实验目的

本实验的目的是测定生外加剂的 pH 值，为判定混凝土外加剂的是否符合标准做好准备。

二、实验原理

根据奈斯特（Nemst）方程 $E=E_0+0.05915\lg[H^+]$，$E=E_0-0.05915\text{pH}$，利用一对电极在不同 pH 值溶液中能产生不同电位差，这一对电极由测试电极（玻璃电极）和参比电极（饱和甘汞电极）组成，在 25℃时每相差一个单位 pH 值时产生 59.15mV 的电位差，pH 值可在仪器的刻度表上直接读出。

测试条件：对于液体样品直接测试；固体样品溶液的浓度为 10g/L；被测溶液的温度应为 20℃±3℃。

三、实验材料

被测混凝土外加剂。

四、实验设备

（1）酸度计。

（2）甘汞电极。

（3）玻璃电极。

（4）复合电极。

五、实验步骤

（1）校正

按仪器的出厂说明书校正仪器。

（2）测量

当仪器校正好后，先用水，再用测试溶液冲洗电极，然后再将电极浸入被测溶液中，轻轻摇动试杯，使溶液均匀，待到酸度计的读数稳定 1min，记录读数。测量结束后，用水洗净电极，以待下次测量使用。

六、数据处理与记录

酸度计测出的结果即为溶液的 pH 值。室内允许差为 0.2，室间允许差为 0.5。

实验数据记录于表 6-5。

表 6-5　pH 值实验记录表

实验次数	外加剂 pH 值	
	测定值	平均值
1		
2		

讨论：混凝土外加剂的 pH 值对所用混凝土外加剂的性能有哪些影响？

第六节　混凝土外加剂的氯离子含量

一、实验目的

本实验的目的是测定混凝土外加剂的氯离子含量，为判定混凝土外加剂的是否符合标准做好准备。

二、实验原理

用电位滴定法，以银电极或氯电极为指示电极，其电势随银离子浓度而变化。以甘汞电极为参比电极，用电位计或酸度计测定两电极在溶液中组成原电池的电势，银离子与氯离子反应生成溶解度很小的氯化银白色沉淀。在等当点前滴入硝酸银生成氯化银沉淀，两电极间电势变化缓慢，等当点时氯离子全部生成氯化银沉淀，这时滴入少量硝酸银即引起电势急剧变化，指示出滴定终点。

三、实验材料

（1）硝酸（1∶1）；

（2）硝酸银溶液（17g/L）：准确称取约 17g 硝酸银（$AgNO_3$），用水溶解，放入 1L 棕色容量瓶中稀释至刻度，摇匀，用 0.1000mol/L 氯化钠标准溶液对硝酸银溶液进行标定；

（3）氯化钠标准溶液（0.1000mol/L）：称取约 10g 氯化钠（基准试剂），盛在称量瓶中，于 130～150℃烘干 2h，在干燥器内冷却后精确称取 5.8443g，用水溶解并稀释至 1L，摇匀。

（4）标定硝酸银溶液（17g/L）：移液管吸取 10mL 浓度为 0.1000mol/L 的氯化钠标准溶液于烧杯中，加水稀释至 200mL。加 4mL 硝酸（1∶1），在电磁搅拌下，用硝酸银溶液以电位滴定法测定终点。过等当点后，在同一溶液中再加入 0.1000mol/L 氯化钠标准溶液 10mL，继续用硝酸银溶液滴定至第二个终点。用二次微商法计算出硝酸银溶液消耗的体积 V'_{01} 和 V'_{02}；

（5）计算：体积 V_0 按式（6-7）计算

$$V_0 = V'_{02} - V'_{01} \tag{6-7}$$

式中　V_0——10mL 浓度为 0.1000mol/L 氯化钠消耗硝酸银溶液的体积（mL）；

V'_{01}——空白实验中 200mL 水，加 4mL 硝酸（1∶1）加 10mL 浓度为 0.1000mol/L 氯化钠标准溶液所消耗的硝酸银溶液的体积（mL）；

V'_{02}——空白实验中 200mL 水，加 4mL 硝酸（1∶1）加 20mL 浓度为 0.1000mol/L 氯化钠标准溶液所消耗的硝酸银溶液的体积（mL）。

浓度 c 按式（6-8）计算：

$$c = \frac{c'V'}{V_0} \tag{6-8}$$

式中　c——硝酸银溶液的浓度（mol/L）；

c'——氯化钠标准溶液的浓度（mol/L）；

V'——氯化钠标准溶液的体积（mL）。

四、实验设备

（1）电位测定仪或酸度仪。

（2）银电极或氯电极

（3）甘汞电极

（4）电磁搅拌器

（5）滴定管，25mL。

（6）移液管，10mL。

五、实验步骤

（1）准确称取外加剂试样 0.5000～5.0000g，放入烧杯中，加 200mL 水和 4mL 硝酸（1∶1），使溶液呈酸性，搅拌至完全溶解，如不能完全溶解，可用快速定性滤纸过滤，并用蒸馏水洗涤残渣至无氯离子为止。

（2）用移液管加入 10mL 浓度为 0.1000mol/L 氯化钠标准溶液，烧杯内加入电磁搅拌子，将烧杯放在电磁搅拌器上，开动搅拌器并插入银电极（或氯电极）及甘汞电极，两电极与电位计或酸度计相连接，用硝酸银溶液缓慢滴定，记录电势和对应的滴定管读数。

由于接近等当点时，电势增加很快，此时要缓慢滴加硝酸银溶液，每次定量加入 0.1mL，当电势发生突变时，表示等当点已过，此时继续滴入硝酸银溶液，直至电势趋向变化平缓。得到第一个终点时硝酸银溶液消耗的体积 V_1。

（3）在同一溶液中，用移液管再加入 10mL 浓度为 0.1000mol/L 氯化钠标准溶液（此时溶液电势降低），继续用硝酸银溶液滴定，直至第二个等当点出现，记录电势和对应的 0.1mol/L 硝酸银溶液消耗的体积 V_2。

（4）空白实验：在干净的烧杯中加入 200mL 水和 4mL 硝酸（1：1）。用移液管加入 0.1000mol/L 氯化钠标准溶液 10mL，在不加入试样的情况下，在电磁搅拌下，缓慢滴加硝酸银溶液，记录电势和对应的滴定管读数，直至第一个终点出现。过等当点后，在同一溶液中，再用移液管加入 0.1000mol/L 氯化钠标准溶液 10mL，继续用硝酸银溶液滴定至第二个终点，用二次微商法计算出硝酸银溶液消耗的体积 V_{01} 及 V_{02}。

六、数据处理与记录

用二次微商法计算结果。通过电压对体积二次导数（$\Delta E^2/\Delta V^2$）变成零的办法来求出滴定终点。假如在邻近等当点时，每次加入的硝酸银溶液是相等的，此函数（$\Delta E^2/\Delta V^2$）必定会在正负两个符号发生变化的体积之间的某一点变成零，对应这一点的体积即为终点体积，可用内插法求得。

（1）外加剂中氯离子所消耗的硝酸银体积 V 按式（6-9）计算：

$$V=\frac{(V_1-V_{01})+(V_2-V_{02})}{2} \tag{6-9}$$

式中 V_1——外加剂试样溶液加 10mL 浓度为 0.1000mol/L 氯化钠标准溶液所消耗的硝酸银溶液体积（mL）；

V_2——外加剂试样溶液加 20mL 浓度为 0.1000mol/L 氯化钠标准溶液所消耗的硝酸银溶液体积（mL）。

（2）外加剂中氯离子含量 X_{Cl^-} 按式（6-10）计算：

$$X_{Cl^-}=\frac{c\times V\times 35.45}{m\times 1000}\times 100\% \tag{6-10}$$

式中 X_{Cl^-}——外加剂氯离子含量（%）

m——外加剂样品质量（g）。

（3）无水氯化钙 X_{CaCl_2} 的含量按式（6-11）计算：

$$X_{CaCl_2}=1.565\times X_{Cl^-} \tag{6-11}$$

式中 X_{CaCl_2}——外加剂中无水氯化钙的含量（%）。

室内允许差为 0.05%，室间允许差为 0.08%。

实验数据记录于表 6-6。

表 6-6 氯离子含量实验记录表

实验次数			1	2
硝酸银溶液标定	消耗硝酸银溶液的体积	V'_{01}（mL）		
		V'_{02}（mL）		
		V_0（mL）		
	氯化钠标准溶液	浓度 C'（mol/L）		
		体积 V'（mL）		
	硝酸银溶液的浓度	$c=\frac{c'V'}{V_0}$（mol/L）		

续表

实验次数			1	2
外加剂溶液标定	外加剂质量	m（g）		
	消耗硝酸银溶液的体积	V_1（mL）		
		V_2（mL）		
空白实验	消耗硝酸银溶液的体积	V_{01}（mL）		
		V_{02}（mL）		
外加剂中氯离子所消耗的硝酸银体积（mL）				
外加剂中氯离子含量 X_{Cl^-}（%）				
无水氯化钙的含量 X_{CaCl_2}（%）				

讨论：在混凝凝土外加剂氯含量的测试中为什么要分别计算外加剂中氯离子含量和无水氯化钙的含量?

第七节　混凝土外加剂的硫酸钠含量（质量法）

一、实验目的

本实验的目的是测定生外加剂的硫酸钠含量，为判定混凝土外加剂的是否符合标准做好准备。

二、实验原理

氯化钡溶液与外加剂试样中的硫酸盐生成溶解度极小的硫酸钡沉淀，称量经高温灼烧后的沉淀来计算硫酸钠的含量。

三、实验材料

（1）盐酸（1∶1）。
（2）氯化铵溶液（50g/L）。
（3）氯化钡溶液（100g/L）。
（4）硝酸银溶液（1g/L）。

四、实验设备

（1）电阻高温炉：最高使用温度不低于900℃；
（2）天平：不应低于四级，精确至0.0001g。
（3）电磁电热式搅拌器。
（4）瓷坩埚：18～30mL。
（5）烧杯：400mL。
（6）长颈漏斗。
（7）慢速定量滤纸，快速定性滤纸。

五、实验步骤

（1）准确称取试样 m，约 0.5g，于 400mL 烧杯中，加入 200mL 水搅拌溶解，再加入氯化铵溶液 50mL，加热煮沸后，用快速定性滤纸过滤，用水洗涤数次后，将滤液浓缩至 200mL 左右，滴加盐酸（1∶1）至浓缩滤液显示酸性，再多加 5～10 滴盐酸，煮沸后在不断搅拌下趁热滴加氯化钡溶液 10mL，继续煮沸 15min，取下烧杯，置于加热板上，保持 50～60℃静置 2～4h 或常温静置 8h。

（2）用两张慢速定量滤纸过滤，烧杯中的沉淀用 70℃水洗净，使沉淀全部转移到滤纸上，用温热水洗涤沉淀至无氯根为止（用硝酸银溶液检验）。

（3）称出预先灼烧恒重的坩埚质量 m_1。

（4）将沉淀与滤纸移入坩埚中，小火烘干，灰化。

（5）在 800℃电阻高温炉中灼烧 30min，然后在干燥器里冷却至室温（约 30min），取出称量，再将坩埚放回高温炉中，灼烧 20min，取出冷却至室温称量，如此反复直至恒量 m_2（连续两次称量之差小于 0.0005g）。

六、数据处理与记录

硫酸钠含量按式（6-12）计算：

$$X_{Na_2SO_4}=\frac{(m_2-m_1)\times 0.6086}{m}\times 100\% \tag{6-12}$$

式中 $X_{Na_2SO_4}$——外加剂中硫酸钠含量（%）；

m——试样质量（g）；

m_1——空坩埚质量（g）；

m_2——灼烧后滤渣加坩埚质量（g）；

0.6086——硫酸钡换算成硫酸钠的系数。

室内允许差为 0.50%，室间允许差为 0.80%

实验数据记录于表 6-7。

表 6-7 硫酸钠含量实验记录表

实验次数	试样质量（g）	坩埚质量（g）	灼烧后滤渣加坩埚质量（g）	硫酸钠含量（%）
1				
2				
平均值				

讨论：导致外加剂中硫酸钠含量测定偏差的因素有哪些？

第八节 混凝土外加剂的还原糖含量

一、实验目的

本实验的目的是测定生外加剂中还原糖含量，为判定混凝土外加剂的是否符合标准做好准备。

二、实验原理

利用乙酸铅试液脱色，与斐林溶液混合生成氢氧化铜，氢氧化铜与酒石酸钾钠作用生成溶解状态复盐，此复盐具氧化性。当有还原糖存在时，或用葡萄糖溶液滴定时，该复盐中的二价铜被还原为一价铜，葡萄糖氧化为葡萄糖酸，以次甲基蓝为指示剂，在氧化剂中呈蓝色，在还原剂中呈无色。本方法适用于测定木质素磺酸盐外加剂还原糖含量，不适用于羟基含量测定。

三、实验材料

（1）乙酸铅溶液（200g/mL）：称量中性乙酸铅［$(CH_3COO)_2Pb \cdot 3H_2O$］20g，溶于水，稀释至100mL。

（2）草酸钾、磷酸氢二钠混合液：称取草酸钾（$K_2C_2O_4 \cdot H_2O$）3g，磷酸氢二钠（$Na_2HPO_4 \cdot 12H_2O$）7g溶于水，稀释至100mL。氯化铵溶液（50g/L）。

（3）斐林溶液A：称取34.6g硫酸铜（$CuSO_4 \cdot 5H_2O$）溶于400mL水中，煮沸放置一天，然后再煮沸、过滤，稀释至1000mL。

（4）斐林溶液B：称取酒石酸钾钠（$C_4H_4O_6KNa \cdot 4H_2O$）173g，氢氧化钠50g，溶于水中并稀释至l000mL。

（5）葡萄糖溶液：称取2.75～2.76g葡萄糖于1L容量瓶中，加盐酸（密度1.19）1mL，加水稀释至刻度。

（6）次甲基蓝指示剂（10g/L）：称取1g次甲基蓝，在玛瑙研钵中加少量水研溶后，用水稀释至100mL。

四、实验设备

（1）磨口具塞量筒（50mL）。

（2）三角烧瓶（100mL）。

（3）移液管（5mL，10mL）。

（4）滴定管（25mL）。

（5）容量瓶（100mL）。

五、实验步骤

（1）准确称取固体试样m，约2.5g（液体试样称取换算成约2.5g固体的相应质量的试样）。溶于100mL容量瓶中，用移液管吸取10mL置于50mL具塞量筒中。

（2）在50mL具塞量筒中加入7.5mL乙酸铅溶液，振动量筒使之与试液混合，然后加入10mL草酸钾、磷酸氢二钠溶液放置片刻，加水稀释至刻度，将量筒颠倒数次，使之混匀后，放置澄清，取上层清液作为试样。

（3）用移液管分别吸取5mL斐林溶液A及B于100mL三角烧瓶中，混合均匀后加水20mL，然后用移液管吸取试样10mL，置于三角烧瓶中，并加适量的葡萄糖溶液，混合均匀后在电炉上加热，待沸腾后，加一滴次甲基蓝指示剂，再沸腾2min，继续用葡萄糖溶液滴定，并不断摇动，保持沸腾状态，直至最后一滴使次甲基蓝褪色为止，记录所消耗葡萄糖溶液的体积 V。

（4）用同样方法做空白实验，所消耗葡萄糖溶液的体积为 V_0。

六、数据处理与记录

（1）还原糖含量按式（6-13）计算

$$X_{还原糖}=\frac{(V_0-V)\times 12.5}{m} \tag{6-13}$$

式中 $X_{还原糖}$——外加剂中还原糖含量（%）；

V_0——空白实验所消耗葡萄糖溶液的体积（mL）；

V——外加剂试样消耗的葡萄糖溶液的体积（mL）；

m——外加剂试样质量（g）。

（2）注意事项

① 试样加乙酸铅溶液脱色是为了使还原物等有色物质与铅生成沉淀物。

② 加草酸钾、磷酸氢二钠溶液是为了除去溶液中的铅，其用量以保证溶液中无过剩铅为准，若过量也会影响脱色。

③ 滴定时必须先加适量葡萄糖溶液，使沸腾后滴定消耗量在 0.5mL 以内，否则终点不明显。

④ 室内允许差为 0.50%，室间允许差为 1.20%。

实验数据记录于表 6-8。

表 6-8　硫酸钠含量实验记录表

实验次数	外加剂试样质量（g）	外加剂试样消耗葡萄糖溶液体积（mL）	空白实验所消耗葡萄糖溶液体积（mL）	外加剂中还原糖含量（%）
1				
2				

讨论：混凝土外加剂中还原糖含量对外加剂的性能有哪些影响？

第九节　混凝土外加剂的碱含量（火焰光度法）

一、实验目的

本实验的目的是测定生外加剂中的碱含量，为判定混凝土外加剂的是否符合标准做好准备。

二、实验原理

试样用约 80℃的热水溶解，用氨水分离铁和铝，用碳酸钙分离钙和镁。滤液中的碱（钾和钠），采用相应的滤光片，用火焰光度计进行测定。矿物质的混凝土外加剂（如膨胀剂等），不在此实验范围之内。

三、实验材料

（1）水：本方法所涉及的水为蒸馏水或同等纯度的水。

（2）氧化钾、氧化钠标准溶液：精确称取已在 130～150℃烘过 2h 的氯化钾（光谱纯）。

（3）盐酸（1∶1）。

（4）氨水（1∶1）。

（5）碳酸铵溶液（100g/L）。

（6）氧化钾、氧化钠标准溶液：精确称取已在 130～150℃烘过 2h 的氯化钾（KCl 光谱纯）0.7920g 及氯化钠（NaCl 光谱纯）0.9430g，置于烧杯中，加水溶解后，移入 1000mL 容量瓶中，用水稀释至标线，摇匀，转移至干燥的带盖的塑料瓶中。此标准溶液每毫升相当于氧化钾及氧化钠 0.5mg。

（7）甲基红指示剂（2g/L 乙醇溶液）。

（8）火焰光度计。

四、实验步骤

（1）工作曲线的绘制

分别向 100mL 容量瓶中注入 0.00mL、1.00mL、2.00mL、4.00mL、8.00mL、12.00mL 的氧化钾、氧化钠标准溶液（分别相当于氧化钾、氧化钠各 0.00mg、0.50mg、1.00mg、2.00mg、4.00mg、6.00mg），用水稀释至标线，摇匀，然后分别于火焰光度计上按仪器使用规程进行测定，根据测得的检流计读数与溶液的浓度关系，分别绘制氧化钾及氧化钠的工作曲线。

（2）准确称取一定量的试样置于 150mL 的瓷蒸发皿中，用 80℃左右的热水润湿并稀释至 30mL，置于电热板上加热蒸发，保持微沸 5min 后取下，冷却后加 1 滴甲基红指示剂，滴加氨水（1∶1），使溶液呈黄色，加入 10mL 碳酸铁溶液，搅拌，置于电热板上加热并保持微沸 10min，用中速滤纸过滤，以热水洗涤，滤液及洗液盛于容量瓶中，冷却至室温，以盐酸（1∶1）中和至溶液呈红色，然后用水稀释至标线，摇匀，以火焰光度计按仪器使用规程进行测定。称样量及稀释倍数见表 6-9。

表 6-9　称样量及稀释倍数

总碱量（%）	称样量（g）	稀释体积（mL）	稀释倍数（n）
1.00	0.2	100	1
1.00～5.00	0.1	250	2.5
5.00～10.00	0.05	250 或 500	2.5 或 5.0
＞10.00	0.05	500 或 1000	5.0 或 10.0

五、数据处理与记录

（1）氧化钾含量按式（6-14）计算：

$$X_{K_2O}=\frac{c_1\times n}{m\times 1000}\times 100\% \tag{6-14}$$

式中 X_{K_2O}——外加剂中氧化钾含量（%）；

c_1——在工作曲线上查得每100mL被测溶液中氧化钾的含量（mg）；

n——被测溶液的稀释倍数；

m——试样质量（g）。

（2）氧化钠含量按式（6-15）计算

$$X_{Na_2O}=\frac{c_2\times n}{m\times 1000}\times 100 \tag{6-15}$$

式中 X_{Na_2O}——外加剂中氧化钠含量（%）；

c_2——在工作曲线上查得每100mL被测溶液中氧化钠的含量（mg）。

（3）总碱量按式（6-16）计算

$$X_{总碱量}=0.658\times X_{K_2O}+X_{Na_2O} \tag{6-16}$$

式中 $X_{总碱量}$——外加剂中的总碱量（%）。

允许差见表6-10。

表6-10 总碱量允许差

总碱量（%）	室内允许差（%）	室间允许差（%）
1.00	0.10	0.15
1.00～5.00	0.20	0.30
5.00～10.00	0.30	0.50
>10.00	0.50	0.80

实验数据记录于表6-11。

表6-11 外加剂中碱含量实验记录表（火焰光度法）

实验次数	试样质量（g）	外加剂中氧化钾含量（%）	外加剂中氧化钠含量（%）	外加剂中的总碱量（%）
1				
2				

讨论：混凝土外加剂的碱含量的测定方法有哪些？

第十节 混凝土外加剂的减水率

一、实验目的

减水率是区别高效型与普通型减水剂的主要技术指标，本实验的目的是测定减水剂的减水率，以确定受验混凝土拌和物的用水量。

二、实验原理

混凝土的坍落度在基本相同的条件下，掺用减水剂混凝土的用水量与不掺减水剂基准混凝土的用水量之差，与不掺减水剂基准混凝土用水量的比值，该比值即为减水剂的减水率。

三、实验材料

（1）水泥：现行国家标准《混凝土外加剂》（GB 8076）中“附录A 符合混凝土外加剂性能检验用基准水泥技术条件”要求的、专门用于检验混凝土外加剂性能的水泥。

（2）砂：符合现行国家标准《建设用砂》（GB/T 14684）要求的细度模数为2.6～2.9的中砂，含泥量小于1%。

（3）石子：符合现行国家标准《建设用卵石、碎石》（GB/T 14685）的要求，粒径为4.75～19mm（方孔筛）；采用二级配，其中4.75～9.5mm占40%，9.5～19mm占60%。如有争议，以卵石实验结果为准。

（4）水：符合《混凝土用水标准》（JGJ 63—2006）要求。

（5）外加剂：所检测的外加剂。

四、实验设备

符合JG 3036要求的公称容量为60L的单卧轴式强制搅拌机。

五、实验准备

（一）配合比

（1）基准混凝土配合比：按现行行业标准《普通混凝土配合比设计规程》（JGJ 55）进行设计。掺非引气型减水剂混凝土和基准混凝土的水泥、砂、石的比例不变。

（2）水泥用量：采用卵石时，310kg/m^3±5kg/m^3；采用碎石时，330kg/m^3±5kg/m^3。

（3）砂率：基准混凝土和掺减水剂混凝土的砂率均为36%～40%，但掺引气减水剂的混凝土砂率应比基准混凝土低1%～3%。

（4）减水剂掺量：按科研单位或生产企业推荐的掺量。

（5）用水量：掺高性能减水剂或泵送剂的基准混凝土和受检混凝土的坍落度控制在210mm±10mm。用水量为坍落度在210mm±10mm时的最小用水量；掺其他外加剂的基准混凝土和受检混凝土的应使混凝土坍落度达到80mm±10mm。

（二）搅拌

采用60L自落式混凝土搅拌机，全部材料及外加剂一次投入，拌和量应不少于15L，不大于45L，搅拌3min，出料后在铁板上用人工翻拌2～3次再进行实验。

注：各种混凝土材料及实验环境温度均应保持在20℃±3℃。

（三）取样数量

取样数量应符合表6-12的规定。

表6-12 减水剂实验取样数量

混凝土拌和批数	每批取样次数	掺减水剂混凝土总取样次数	基准混凝土总取样次数
3	1	3	3

注：实验时，检验一种减水剂的三批混凝土要在同一天内完成。

六、实验步骤

按基准混凝土配合比拌制基准混凝土。控制用水量，测定基准混凝土的坍落度。使基准混凝土的坍落度达 80mm±10mm，记录此时的单位用水量 m_0。按掺减水剂混凝土的配合比拌制掺减水剂的混凝土。控制用水量，测定掺减水剂混凝土的坍落度。使掺减水剂混凝土的坍落度达 80mm±10mm，记录此时的单位用水量 m_1。

七、数据处理与记录

（1）减水剂的减水率按式（6-17）计算。

$$W_R=\frac{m_0-m_1}{m_0}\times 100\% \tag{6-17}$$

式中 W_R——减水剂的减水率（%）；

m_0——基准混凝土单位用水量（kg/m^3）；

m_1——掺减水剂混凝土单位用水量（kg/m^3）。

（2）结果评定。

以三批实验的算术平均值作为计算结果，精确到小数点后一位。若三批实验的最大值或最小值中有一个与中间值之差超过中间值的±15%时，则把最大值与最小值一并舍去，取中间值作为该组实验的减水率。若有两个测值与中间值之差均超过 15%时，则该批实验结果无效，应该重做。

实验数据记录于表 6-13。

表 6-13　混凝土外加剂减水率实验记录表

实验批次			1	2	3	平均
基准混凝土	配合比（kg/m^3）	水泥				
		砂				
		石子				
		水				
	砂率（%）					
	坍落度（mm）					
掺外加剂混凝土	配合比（kg/m^3）	水泥				
		砂				
		石子				
		水				
	砂率（%）					
	坍落度（mm）					
减水率（%）		测定值				
		平均值				

讨论：混凝土外加剂减水率测定是否准确对受验混凝土的性能有哪些影响？

第十一节　受验混凝土拌和物的性能

一、实验目的

本实验的目的是测定受验混凝土拌和物的性能，包括凝结时间差和含气量 1h 经时变化量，以确定混凝土外加剂的加入对混凝土拌和性能的影响。

二、实验材料

（1）水泥：现行国家标准《混凝土外加剂》（GB 8076）中“附录 A 符合混凝土外加剂性能检验用基准水泥技术条件”要求的、专门用于检验混凝土外加剂性能的水泥。

（2）砂：符合现行国家标准《建设用砂》（GB/T 14684）要求的细度模数为 2.6～2.9 的中砂，含泥量小于 1%。

（3）石子：符合现行国家标准《建设用卵石、碎石》（GB/T 14685）的要求，粒径为 4.75～19mm（方孔筛）；采用二级配，其中 4.75～9.5mm 占 40%，9.5～19mm 占 60%。如有争议，以卵石实验结果为准。

（4）水：符合《混凝土用水标准》（JGJ 63—2006）的要求。

（5）外加剂：所检测的外加剂。

三、实验设备

（1）强制搅拌机：符合《混凝土实验用搅拌机》（JG 3036）要求的公称容量为 60L 的单卧轴式强制搅拌机；

（2）贯入阻力仪：符合现行国家标准《普通混凝土拌和物性能试验方法标准》（GB/T 50080）要求的贯入阻力仪；

（3）含气量测定仪：符合现行国家标准《普通混凝土拌和物性能试验方法标准》（GB/T 50080）要求的气水混合式含气量测定仪。

四、实验准备

（1）基准混凝土配合比：按现行行业标准《普通混凝土配合比设计规程》（JGJ 55）进行设计。掺非引气型减水剂混凝土和基准混凝土的水泥、砂、石的比例不变。

（2）水泥用量：采用卵石时，310kg/m^3±5kg/m^3；采用碎石时，330kg/m^3±5kg/m^3。

（3）砂率：基准混凝土和掺减水剂混凝土的砂率均为 36%～40%，但掺引气减水剂的混凝土砂率应比基准混凝土低 1%～3%。

（4）减水剂掺量：按科研单位或生产企业推荐的掺量。

（5）用水量：掺高性能减水剂或泵送剂的基准混凝土和受检混凝土的坍落度控制在 210mm±10mm。用水量为坍落度在 210mm±10mm 时的最小用水量；掺其他外加剂的基准混凝土和受检混凝土的应使混凝土坍落度达到 80mm±10mm。

五、实验步骤

（1）拌和：采用符合《混凝土实验用搅拌机》（JG 3036）要求的公称容量为 60L 的

单卧轴式强制搅拌机。搅拌机的拌和量应不少于 20L，不宜大于 45L。外加剂为粉状时，将水泥、砂、石、外加剂一次投入搅拌机，干拌均匀，再加入拌和水，一起搅拌 2min。外加剂为液体时，将水泥、砂、石一次投入搅拌机，干拌均匀，再加入掺有外加剂的拌和水一起搅拌 2min。出料后，在铁板上用人工翻拌至均匀，再行实验。各种混凝土实验材料及环境温度均应保持在 20℃±3℃。

（2）试件制作：混凝土试件制作及养护按《普通混凝土拌合物性能试验方法标准》（GB/T 50080）进行，但混凝土预养温度为 20℃±3℃。

（3）凝结时间差测定。

① 首先分别测定掺外加剂混凝土和基准混凝土的凝结时间。

② 采用惯入阻力仪测定，仪器精度为 10N。凝结时间测定方法如下：将混凝土拌和物用 5mm（圆孔筛）振动筛筛出砂浆，拌匀后装入上口内径为 160mm。下口内径为 150mm，净高 150mm 的刚性不渗水的金属圆筒，试样表面应略低于筒口约 10mm，用振动台振实，约 3～5s，置于 20℃±2℃的环境中，容器加盖。一般基准混凝土在成型后 3～4h，掺早强剂的在成型后 1～2h，掺缓凝剂的在成型后 4～6h 开始测定，以后每 0.5h 或 1h 测定一次，但在临近初、终凝时，可以缩短测定间隔时间。每次测点应避开前一次测孔，其净距为试针直径的 2 倍，但至少不小于 15mm，试针与容器边缘之距离不小于 25mm 测定初凝时间用截面积为 $100mm^2$ 的试针，测定终凝时间用 $20mm^2$ 的试针。

③ 测试时，将砂浆试样筒置于贯入阻力仪上，测针端部与砂浆表面接触，然后在 10s±2s 内均匀地使测针贯入砂浆 25mm±2mm 深度。记录贯入阻力，精确至 10N，记录测量时间，精确至 1min。

（4）含气量 1h 经时变化量测定。

① 将拌制好的混凝土拌和物按现行国家标准《普通混凝土拌和物性能试验方法标准》（GB/T 50080）的操作要求装入气水混合式含气量测定仪中，装入前用湿布擦拭试样筒内进行润湿，混凝土拌和物应一次装满并稍高于容器，用振动台振实 15～20s，进行测量，得到出机后的含气量。

② 取拌制好的混凝土拌和物装入用湿布擦过的试样筒内，一次装满并稍高于容器，容器加盖，静置至 1h（从加水搅拌时开始计算）后倒出，在铁板上用铁锹翻拌均匀后，再按照含气量测定方法测定含气量。计算出机时和 1h 之后的含气量的差值，即得到含气量的经时变化量。

六、数据处理与记录

（1）惯入阻力按式（6-18）计算：

$$R=\frac{P}{A} \tag{6-18}$$

式中 R——贯入阻力值（MPa）；

P——贯入深度达 25mm 时所需的净压力（N）；

A——贯入阻力仪试针的截面积（mm^2）。

根据计算结果，以贯入阻力值为纵坐标，测试时间为横坐标、绘制贯入阻力值与时间关系曲线，求出贯入阻力值达 3.5MPa 时，对应的时间作为初凝时间。贯入阻力值达 28MPa 时，对应的时间作为终凝时间。从水泥与水接触时开始计算凝结时间。

（2）凝结时间差按式（6-19）计算：

$$\Delta T = T_t - T_0 \tag{6-19}$$

式中　ΔT——凝结时间之差（min）；

T_t——受检混凝土的初凝或终凝时间（min）；

T_0——基准混凝土的初凝或终凝时间（min）。

实验时，凝结时间测定三个试样，取三个试样的平均值。若三次实验的最大值或最小值之中有一个与中间值之差超过 30min，把最大值与最小值一并舍去，取中间值作为该组实验的凝结时间。若两侧值与中间值之差均超过 30min，该组实验结果无效，应重做。凝结时间以 min 表示，并修约到 5min。

（3）含气量 1h 经时变化量按式（6-20）计算：

$$\Delta A = A_0 - A_{1h} \tag{6-20}$$

式中　ΔA——含气量 1h 经时变化量（%）；

A_0——出机后测得的含气量（%）；

T_0——1 小时后测得的含气量（%）。

含气量以三个试样测值的算术平均值来表示。若三个试样中的最大值或最小值中有一个与中间值之差超过 0.5%时，将最大值与最小值一并舍去，取中间值作为该批的实验结果；如果最大值与最小值与中间值之差均超过 0.5%，该组实验结果无效，则应重做。

实验数据记录于表 6-14 和表 6-15。

表 6-14　凝结时间差实验记录表

实验次数	基准混凝土初凝时间（min）	受验混凝土初凝时间（min）	初凝时间差（min）	基准混凝土终凝时间（min）	受验混凝土终凝时间（min）	终凝时间差（min）
1						
2						
3						
平均值						

表 6-15　含气量 1h 经时变化量实验记录表

实验次数	出机后测得的含气量（%）	1 小时后测得的含气量（%）	含气量 1h 经时变化量（%）	平均值
1				
2				
3				

讨论：受验混凝土拌和物性能实验除了含气量经时损失和凝结时间差的性能的实验检测外，按照现行国家标准《混凝土外加剂》（GB 8076—2016）还需哪些性能检测？

第十二节　受验硬化混凝土的性能

一、实验目的

本实验的目的是测定受验混凝土硬化后的性能，包括抗压强度比和收缩率比，以确定混凝土外加剂的加入对混凝土试件性能的影响。

二、实验材料

（1）水泥：现行国家标准《混凝土外加剂》（GB 8076）中“附录 A 符合混凝土外加剂性能检验用基准水泥技术条件”要求的、专门用于检验混凝土外加剂性能的水泥。

（2）砂：符合现行国家标准《建设用砂》（GB/T 14684）要求的细度模数为 2.6～2.9 的中砂，含泥量小于 1%。

（3）石子：符合现行国家标准《建设用卵石、碎石》（GB/T 14685）的要求，粒径为 4.75～19mm（方孔筛）；采用二级配，其中 4.75～9.5mm 占 40%，9.5～19mm 占 60%。如有争议，以卵石实验结果为准。

（4）水：符合现行行业标准《混凝土用水标准》（JGJ 63）的要求。

（5）外加剂：所检测的外加剂。

三、实验设备

符合现行行业标准《混凝土实验用搅拌机》（JG 3036）要求的公称容量为 60L 的单卧轴式强制搅拌机等。

四、实验准备

（1）基准混凝土配合比：按现行行业标准《普通混凝土配合比设计规程》（JGJ 55）进行设计。掺非引气型减水剂混凝土和基准混凝土的水泥、砂、石的比例不变。

（2）水泥用量：采用卵石时，$310kg/m^3 \pm 5kg/m^3$；采用碎石时，$330kg/m^3 \pm 5kg/m^3$。

（3）砂率：基准混凝土和掺减水剂混凝土的砂率均为 36%～40%，但掺引气减水剂的混凝土砂率应比基准混凝土低 1%～3%。

（4）减水剂掺量：按科研单位或生产企业推荐的掺量。

（5）用水量：掺高性能减水剂或泵送剂的基准混凝土和受检混凝土的坍落度控制在 210mm±10mm。用水量为坍落度在 210mm±10mm 时的最小用水量；掺其他外加剂的基准混凝土和受检混凝土的应使混凝土坍落度达到 80mm±10mm。

五、实验步骤

（1）拌和：采用符合现行行业标准《混凝土实验用搅拌机》（JG 3036）要求的公称容量为 60L 的单卧轴式强制搅拌机。搅拌机的拌和量应不少于 20L，不宜大于 45L。外加剂为粉状时，将水泥、砂、石、外加剂一次投入搅拌机，干拌均匀，再加入拌和水，一起搅拌 2min。外加剂为液体时，将水泥、砂、石一次投入搅拌机，干拌均匀，再加入掺有外加剂的拌和水一起搅拌 2min。出料后，在铁板上用人工翻拌至均匀，再行实验。各种混凝土实验材料及环境温度均应保持在 20℃±3℃。

（2）试件制作：混凝土试件制作及养护按现行《普通混凝土拌合物性能试验方法标准》（GB/T 50080）进行，试件制作时，用振动台振动 15～20s。混凝土预养温度为 20℃±3℃。

六、数据处理与记录

（1）抗压强度比值计算：

受检混凝土与基准混凝土的抗压强度按现行《混凝土物理力学性能试验方法标准》（GB/T 50081）进行实验和计算。抗压强度比以掺外加剂混凝土与基准混凝土同龄期抗压强度之比表示，按式（6-21）计算。精确到 1%。

$$R_f=\frac{f_t}{f_0}\times 100\% \tag{6-21}$$

式中　R_f——抗压强度比（%）；

f_t——受检混凝土的抗压强度（MPa）；

f_0——基准混凝土的抗压强度（MPa）。

实验结果以三次实验测值的平均值表示，若三次实验中有一批的最大值或最小值与中间值的差值超过中间值的 15%，则把最大值与最小值一并舍去，取中间值作为该批的实验结果，如有两批测值与中间值的差均超过中间值的 15%，则实验结果无效，应该重做。

（2）收缩比计算

受检混凝土及基准混凝土的收缩率按现行《普通混凝土长期性能和耐久性能试验方法》（GBJ/T 50082）测定和计算。收缩率比以 28d 龄期时受检混凝土与基准混凝土的收缩率的比值表示，按式（6-22）式计算，精确到 1%。

$$R_c=\frac{\varepsilon_t}{\varepsilon_0}\times 100\% \tag{6-22}$$

式中　R_c——收缩率比（%）；

ε_t——受检混凝土的收缩率（%）；

ε_0——基准混凝土的收缩率（%）。

实验结果以三次实验测值的平均值表示。

实验数据记录于表 6-16 和表 6-17。

表 6-16　抗压强度比实验记录表

实验次数	受检混凝土的抗压强度（MPa）	基准混凝土的抗压强度（MPa）	抗压强度比（%）	平均值
1				
2				
3				

表 6-17　收缩率比实验记录表

实验次数	受检混凝土的收缩率（%）	基准混凝土的收缩率（%）	收缩率比（%）	平均值
1				
2				
3				

讨论：受验硬化混凝土性能实验除了抗压强度比和收缩率比的实验检测外，按照国家标准《混凝土外加剂》（GB 8076—2016）还需哪些性能检测？

第十三节　粉煤灰的性能

一、实验目的

本实验的目的是测定粉煤灰的性能。

二、实验设备

（1）搅拌机：符合现行国家标准《水泥胶砂强度检验方法（ISO 法）》（GB/T 17671）规定的行星式水泥胶砂搅拌机；

（2）流动度跳桌：符合现行国家标准《水泥胶砂流动度测定方法》（GB/T 2419）规定的流动度跳桌；

（3）天平：量程不小于 1000g，最小分度值不大于 1g；量程不小于 50g，最小分度值不大于 0.01g；

（4）负压筛析仪：符合现行国家标准《水泥细度检验方法 筛析法》（GB/T 1345）规定的 45μm 负压筛析仪；

（5）烘箱：可控制温度 105～110℃，最小分度值不大于 2℃。

三、实验方法

（一）粉煤灰细度实验。

（1）实验步骤。

① 称取试样 50g，精确至 0.1g，倒入 0.045mm 方孔筛筛网上，将筛子置于筛座上，盖上筛盖。

② 接通电源，将定时开关开到 3min，开始筛析。

③ 开始工作后，观察负压表，负压大于 2000Pa 时，表示工作正常；若负压小于 2000Pa 时，则应停机，清理吸尘器中的积灰后再进行筛析。

④ 在筛析过程中，可用轻质木棒或橡胶棒轻轻敲打筛盖，以防吸附。

⑤ 3min 后筛析自动停止，停机后将筛网内的筛余物收集并称量，精确至 0.1g。

（2）数据处理。

粉煤灰细度按式（6-23）计算：

$$X=G\times 2\% \tag{6-23}$$

式中　X——粉煤灰筛余百分数（%）；

G——筛余物质克数（g）。

实验结果以三次实验测值的平均值表示。

（二）粉煤灰烧失量实验。

（1）实验步骤。

称取约1g试样，准确至1mg，置于已烘干至恒重的瓷坩埚中，将盖斜置于坩埚上，放在高温炉内从低温开始逐渐升高温度。在950～1000℃温度下灼烧15～20min，取出坩埚，置于干燥器中冷至室温后称量，如此反复灼烧，直至恒重。

（2）数据处理

粉煤灰烧失量按式（6-24）计算：

$$X=\frac{(G-G_1)}{G}\times 100\% \tag{6-24}$$

式中　X——粉煤灰烧失量（%）；

G——灼烧前试样质量（g）；

G_1——灼烧后试样质量（g）。

实验结果以三次实验测值的平均值表示。

（三）粉煤灰含水量实验

（1）实验步骤

称取粉煤灰试样约50g，精确至0.01g，倒入已烘干至恒重的蒸发皿中称量（m_1），精确至0.01g；将粉煤灰试样放入105～110℃烘干箱内烘至恒重，取出放在干燥器中冷却至室温后称量（m_0），精确至0.01g。

（2）数据处理

含水量按式（6-25）计算：

$$w=\frac{(m_1-m_0)}{m_1}\times 100\% \tag{6-25}$$

式中　w——粉煤灰含水量（%）；

m_1——烘干前试样质量（g）；

m_0——烘干后试样质量（g）。

实验结果以三次实验测值的平均值表示。

（四）粉煤灰需水量比及活性指数实验

参照本章第十六节掺和料的需水量比及活性指数测试。

（五）实验数据记录于表6-18

表6-18　粉煤灰性能实验记录表

实验次数	粉煤灰细度（%）	粉煤灰烧失量（%）	粉煤灰烧失量（%）	粉煤灰需水量比（g）
1				
2				
3				
平均值				

四、粉煤灰必试项目实验结果评定

（1）在混凝土中掺用粉煤灰，其品质应符合《用于水泥和混凝土中的粉煤灰》（GB 1596—2017）规定的等级指标。其品质指标应满足表 6-19 的规定。

表 6-19　粉煤灰品质及级别

序号	指标	粉煤灰级别		
		Ⅰ	Ⅱ	Ⅲ
1	细度（0.045mm 方孔筛筛余%）不大于	12	20	45
2	烧失量（%）不大于	5	8	45
3	需水量比（%）不大于	95	105	115
4	三氧化硫（%）不大于	3	3	3
5	含水量（%）	1	1	不规定

注：代替细集料或用以改善和易性的粉煤灰不受此规定的限制。

上述粉煤灰主要用作水泥中掺加的混合材料和混凝土中代替部分水泥。

（2）按委托等级评定。

（3）凡符合表 6-19 中各级技术要求的为等级品。若其中任何一项不符合要求，应重新加倍取样，进行复验。复验仍不合格的按实验数据作降级处理。

（4）凡低于表 6-19 技术要求中最低级别技术要求的粉煤灰为不合格品。

讨论：粉煤灰在混凝土中代替部分水泥时，需水量变化对混凝土的性能有哪些影响?

第十四节　沸石粉的性能

一、实验目的

本实验的目的是测定沸石粉的性能。

二、实验方法

（一）沸石粉吸铵值实验

（1）实验材料

① 氯化铵溶液（1mol/L）；

② 氯化钾溶液（1mol/L）；

③ 硝酸银溶液（0.005mol/L）；

④ 硝酸银溶液（5%）；

⑤ 氢氧化钠标准溶液（0.1mol/L）；

⑥ 甲醛溶液（38%）；

⑦ 酚酞酒精溶液（1%）；

（2）实验步骤

① 称取通过 80μm 筛的沸石粉风干样 1.0000g，置于 50mL 的烧杯中，加入 100mL

的 1mol/L 的氯化铵溶液。

② 将烧杯放在电热板上或调温电炉上加热微沸 2h（经常搅拌，可补充水，保持杯中溶液约 30mL。

③ 用中速滤纸过滤，取煮沸的水洗烧杯和滤纸沉淀，再用 0.005mol/L 的硝酸铵淋洗至无氯离子（用黑色比色板滴两滴淋洗液，加入一滴硝酸银溶液，无白色沉淀产生，表明无氯离子）。

④ 移去滤液瓶，将沉淀移到普通漏斗中，用煮沸的 1mol/L 氯化钾溶液每次约 30mL 冲洗沉淀物。用一个干净烧杯承接，分 4 次共冲洗 100～120mL 为止。

⑤ 在洗液中加入 10mL 甲醛溶液，静置 20min。

⑥ 加入 2～8 滴酚酞指示剂，用氢氧化钠标准溶液滴定，直至微红色为终点（30s 不褪色），记下消耗的氢氧化钠标准溶液体积。

（3）实验结果及评定

① 沸石粉吸铵值按式（6-26）计算

$$\text{吸铵值（mol/100g）}=\frac{c\times V\times 100}{m} \tag{6-26}$$

式中　c——NaOH 标准溶液的摩尔浓度（mol/L）；

V——消耗的 NaOH 标准溶液的体积（mL）；

m——沸石粉风干样质量（g）。

② 测试结果应符合下列要求

同一样品应同时分别进行两次平行测试，所得测试结果之差不得大于 8%，取其平均值为实验结果；当超过允许范围时，应查找原因。重新按上述实验方法进行测试；两个实验室采用本实验方法对同一试样各自进行测试时，两实验室的分析结果之差不应大于 8%。

（二）粉煤灰需水量比及活性指数实验

参照本章第十六节掺和料的需水量比及活性指数测试。

（三）沸石粉水泥胶砂 28 天抗压强度比实验

（1）制备样品所用材料应符合下列规定。

① 沸石粉含水率应小于 1.0%，细度应为 80μm 方孔筛，筛余不大于 5%。

② PI 型硅酸盐水泥安定性必须合格，28 天抗压强度应为 2.5MPa，比表面积应为 290～310m^2/kg，石膏掺入量以二氯化硫计，应为 1.5%～2.5%。

（2）样品计量和成型应符合下列要求。

① 实验样品应为 162g 沸石粉，378g 水泥和 1350g 标准砂。

② 对比样品应为 540g 硅酸盐水泥和 1350g 标准砂。

③ 成型时加水量，对比样品应为 238mL；对实验样品应按固定水胶比 0.48 计算确定。

（3）实验结果及评定。

实验步骤应按现行行业标准《民用建筑修缮工程施工标准》（JGJ 112—1997T）的规定进行并应符合下列规定。

① 抗压强度按式（6-27）计算，计算结果应精确至 1.0MPa。

$$Rc=\frac{P}{S}=0.0004P \tag{6-27}$$

式中 Rc——抗压强度（MPa）；

P——破坏荷重（N）；

S——受压面积，即 $4\times6.25cm^2$。

② 6 个抗压强度计算结果中剔除最大、最小两个数值，以剩下 4 个计算结果的平均值作为抗压强度实验结果。不足 6 个计算结果时，则取平均值作为实验结果。

③ 应分别测得实验样品的 28 天抗压强度 $Rc1$ 和对比样品 28 天抗压强度 $Rc2$。

④ 沸石粉水泥胶砂 28 天抗压强度比（%）按式（6-28）计算，计算结果应精确至 1%。

$$沸石粉水泥胶砂28天抗压强度比=\frac{Rc1}{Rc2}\times100\% \tag{6-28}$$

式中 $Rc1$——实验样品的 28 天抗压强度（MPa）；

$Rc2$——对比样品的 28 天抗压强度（MPa）。

三、实验数据表示

表 6-20 沸石粉性能实验记录表

实验次数	沸石粉吸铵值（mol/100g）	沸石粉水泥胶砂需水量比（%）	沸石粉水泥胶砂 28 天抗压强度比（%）
1			
2			
3			
平均值			

讨论：沸石粉在混凝土中代替部分水泥使用前时，为什么要测定沸石粉吸铵值?

第十五节 矿渣粉的性能

一、实验目的

本实验的目的是测定矿渣粉的性能。

二、实验方法

（一）含水量的测定

（1）实验步骤

用 1/100 的天平准确称取矿渣粉 50g，置于已知质量的瓷坩埚中，放入 105～110℃ 的恒温控制的烘干箱中烘 2h，取出坩埚置于干燥器中冷却至室温后称量。

（2）实验结果及评定

矿渣粉的含水量按式（6-29）计算，实验结果计算至 0.1%。

$$x=(G-G1)/G\times100\% \tag{6-29}$$

式中 x——矿渣粉的含水量（%）；

G——烘干前试样的质量（g）；

$G1$——烘干后试样的质量（g）。

（二）矿渣需水量比及活性指数实验

参照本章第十六节掺和料的需水量比及活性指数测试。

（三）流动度比测定

（1）主要实验仪器

搅拌机：符合现行国家标准《水泥胶砂强度检验方法（ISO 法）》（GB/T 17671）规定的行星式水泥胶砂搅拌机；

流动度跳桌：符合现行国家标准《水泥胶砂流动度测定方法》（GB/T 2419）规定的流动度跳桌；

天平：量程不小于 1000g，最小分度值不大于 1g；量程不小于 50g，最小分度值不大于 0.01g；

（2）实验步骤

① 按照表 6-22 中砂浆配比进行配料；

② 砂浆搅拌按现行国家标准《水泥胶砂强度检验方法（ISO 法）》（GB/T 17671）进行，把水加入搅拌锅里，再加入预先混匀的水泥和矿物外加剂，把锅放置在固定架上，上升至固定位置。然后按《水泥胶砂强度检验方法（ISO 法）》（GB/T 17671）进行搅拌，开动机器低速搅拌 30s 后，在第二个 30s 开始的同时均匀地将砂子加入。当各级砂分装时，从最粗粒级开始，依次将所需的每级砂量加完，把机器转至高速再搅拌 30s，停拌 90s，在随后的 15s 内用一个抹刀将叶片和锅壁上的胶砂刮入锅中间，再继续高速搅拌 60s。各个搅拌阶段，时间误差应在 1s 以内。

③ 流动度实验按现行国家标准《水泥胶砂流动度测定方法》（GB/T 2419）进行实验，分别测定实验样品和对比样品的流动度 L、L_0。

（3）实验结果及评定

矿渣粉的流动度比按式（6-30）计算，计算结果取整数

$$F=\frac{L}{L_0}\times 100\% \tag{6-30}$$

式中　F——流动度比（%）；

L_0——对比样品流动度（mm）；

L——实验样品流动度（mm）。

三、实验数据记录

表 6-21　矿渣粉性能实验记录表

实验次数	矿渣粉含水量（%）	矿渣粉水泥胶砂活性指数（%）	矿渣粉水泥胶砂需水量比（%）	矿渣粉水泥胶砂流动度比（%）
1				
2				
3				
平均值				

讨论：矿渣粉在混凝土中代替部分水泥使用时，对其性能指标的要求与沸石粉、粉煤灰有哪些不同？

第十六节　掺和料的需水量比及活性指数

一、实验目的

测定磨细矿渣、硅灰、粉煤灰、磨细天然沸石等及其复合的混凝土矿物外加剂胶砂的需水量比及活性指数，作为使用混凝土矿物外加剂的主要技术依据。

二、实验设备

采用现行国家标准《水泥胶砂强度检验方法（ISO法）》（GB/T 17671）中所规定的实验用仪器。

（1）行星式搅拌机应符合现行行业标准《行星式水泥胶砂搅拌机》（JC/T 681）的要求。

（2）振实台为基准成型设备，应符合《水泥胶砂试体成型振实台》（JC/T 682）的要求。

（3）抗压强度试验机应符合现行行业标准《水泥胶砂强度自动压力试验机》（JC/T 960）的要求。

三、实验材料

（1）水泥——对比样品符合现行国家标准《通用硅酸盐水泥》（GB 175）规定的525号硅酸盐水泥，当有争议时应用符合（GB 175）规定的Pl型525R硅酸盐水泥进行；

（2）砂——中国ISO标准砂应符合6.1.3的要求；

（3）水——验收实验或有争议时应使用符合现行国家标准《分析实验室用水规格和试验方法》（GB/T 6682）规定的三级水，其他实验可用饮用水。

（4）矿物外加剂——符合现行国家标准《高强高性能混凝土用矿物外加剂》（GB/T 18736）的矿物。

四、实验准备

本实验中的胶砂配比应符合表6-22中的数值。

表6-22　胶砂配比（一次搅拌称量）

材料	基准胶砂	受检胶砂			
		磨细矿渣	磨细粉煤灰	磨细天然沸石	硅灰
水泥（g）	450±2	225±1	315±1	405±1	405±1
矿物外加剂（g）		225±1	135±1	45±1	45±1
ISO标准砂（g）	1350±5	1350±5			
水（g）	225±1	使受检胶砂流动度达到基准胶砂流动度的±5mm			

五、实验步骤

（1）按照表6-22中的胶砂配比进行称量。

（2）按现行国家标准《水泥胶砂强度检验方法（ISO法）》（GB/T 17671）的规定制备试件。

（3）按现行国家标准《水泥胶砂强度检验方法（ISO法）》（GB/T 17671）的规定对试件进行脱模前处理和养护、脱模、水中养护。

（4）强度和试件龄期：

试件龄期是从水泥加水搅拌开始实验时算起，不同龄期强度实验在下列时间里进行。

① 72h±45min；

② 7d±2h；

③ >28d±8h

六、数据处理与记录

（1）矿物外加剂的需水量之比按式（6-31）计算：

$$R_W = \frac{W_t}{225} \times 100\% \tag{6-31}$$

式中 R_W——受检胶砂的需水量比（%），计算结果取整数；

W_t——受检胶砂的用水量（g）；

225——基准胶砂的用水量（g）。

（2）矿物外加剂相应龄期的活性指数按式（6-32）计算：

$$A = \frac{R_t}{R_0} \times 100\% \tag{6-32}$$

式中 A——矿物外加剂的活性指数，计算结果取整数（%）；

R_t——受检胶砂相应龄期的抗压强度（MPa）；

R_0——基准胶砂相应龄期的抗压强度（MPa）。

实验数据记录于表6-23。

表6-23 矿物外加剂胶砂需水量比及活性指数实验记录表

材料称量	基准胶砂	受检胶砂	需水量比（%）
水泥（g）			
矿物外加剂（g）			
ISO标准砂（g）			
水（g）			
流动度（mm）			
龄期（d）	抗压强度（MPa）		活性指数（%）

讨论：矿渣、硅灰、粉煤灰、磨细天然沸石等及其复合的混凝土矿物外加剂胶砂的需水量比及活性指数的测定方法有哪些不同？

第十七节　混凝土用外加剂与掺和料检测案例

粉煤灰在混凝土中具有良好的技术效应及经济效益。但在工程中会由于粉煤灰质量欠佳、施工配比及施工措施的不当，产生一些质量问题，造成一些工程不敢合理掺用粉煤灰的现象。例如，某工地现场采用C30（配合比中Ⅱ级粉煤灰掺量为20%）混凝土浇灌现浇板，浇筑后发现表面浮浆现象严重，有一层黑色悬浮物，混凝土终凝后表面“起皮”，监理认为是粉煤灰掺量过大所致。经调查后发现，该工地由于未对进场粉煤灰进行复检，配合比中的Ⅱ级粉煤灰烧失量、细度均已超出国家标准，故混凝土表面黑色悬浮物是由于粉煤灰烧失量过高所致。

课程思政——砂浆搅拌所需的敬业精神

砂浆的搅拌是测定混凝土矿物外加剂的胶砂需水量比及活性指数实验中的一个重要的操作步骤。按国标《水泥胶砂强度检验方法（ISO法）》（GB/T 17671）的规定，砂浆搅拌过程为：开动机器低速搅拌30s后，在第二个30s开始的同时均匀地将砂子加入，把机器转至高速再搅拌30s后停拌90s，在随后的15s内用一个抹刀将叶片和锅壁上的胶砂刮入锅中间，再继续高速搅拌60s。各搅拌阶段，时间误差应在1s以内。如果不认真按照时间进行，就会影响实验结果，可能导致整个实验前功尽弃，因此该实验是对耐心、恒心、毅力的考验，做砂浆的搅拌实验时一定要认真，有耐心，具备必要的爱岗敬业精神。

参考文献

[1] 国家市场监督管理总局，国家标准化管理委员会．水泥胶砂强度检验方法：GB/T 17671—2021 [S]．北京：中国标准出版社，2021.

[2] 国家市场监督管理总局，国家标准化管理委员会．用于水泥和混凝土的粒化高炉矿渣粉：GB/T 18046—2000 [S]．北京：中国标准出版社，2020.

[3] 中华人民共和国国家质量监督检验检疫总局，中国国家标准化管理委员会．用于水泥和混凝土中的粉煤灰：GB/T 1596—2017 [S]．北京：中国标准出版社，2017.

[4] 中华人民共和国国家质量监督检验检疫总局，中国国家标准化管理委员会．混凝土外加剂：GB 8076—2016 [S]．北京：中国标准出版社，2016.

[5] 中华人民共和国建设部．天然沸石粉在混凝土与砂浆中应用技术规程：JGJ 112—1997 [S]．北京：建设部标准定额研究所，1997.

第七章 建筑砂浆

第一节 砌筑砂浆的拌制

一、实验目的

本实验的目的是进行砂浆拌制，为测定砂浆的基本性能做好准备。

二、实验设备

（1）砂浆搅拌机：符合 JC/T 681 规定的行星式水泥胶砂搅拌机；
（2）磅秤：称量 50kg，感量 50g。
（3）台秤：称量 10kg，感量 5g。
（4）拌和铁板：约 1.5m×2m，厚度约 3mm。

三、实验准备

（1）实验室拌制砂浆进行实验时，拌和用的材料要求提前运入室内，拌和时实验室的温度应保持在 20℃±5℃。

（2）实验室拌制砂浆时，材料应称重计量。称量的精确度：水泥、外加剂等为±0.5%；砂、石灰膏、黏土膏、粉煤灰和磨细生石灰粉为±1%。

（3）实验用水泥和其他原材料应与现场使用材料一致。水泥如有结块应充分混合均匀，以 0.9mm 筛过筛，砂也应以 5mm 筛过筛。

（4）拌制砂浆前，应将拌和铁板、拌铲、抹刀等工具表面用水润湿，保证拌和铁板上不得有水存在。

四、实验方法

（1）机械搅拌

先拌和适量砂浆（应与实验用砂浆配合比相同），使搅拌机内壁黏附一薄层水泥砂浆，正式拌和时的砂浆要求配合比准确，保证拌制质量。然后称量出各材料用量，再将砂、水泥装入搅拌机内。开动搅拌机，将水缓缓加入（混合砂浆需将石灰膏等用水稀释成浆状），搅拌约 3min（搅拌的用量不宜少于搅拌容量的 20%，搅拌时间不宜少于 2min）。将砂浆拌和物倒在拌和铁板上，用拌铲翻拌约两次，保证混合物均匀为止。

（2）人工拌和

将称量好的砂子倒在拌和铁板上，然后加入水泥，用拌铲拌和至混合物颜色均匀一致为止。将混合物堆成堆，在中间作一凹槽，将称好的石灰膏（或黏土膏）倒入凹槽中（如为水泥砂浆，即将称好的水倒一半入凹槽中），再倒入适量的水，将石灰膏（或黏土膏）调稀，然后与水泥、砂共同拌和，并逐渐加水，仔细拌和均匀，直至拌和物色泽一致。砂浆拌和物每翻拌一次，需用铁铲将全部砂浆压切一次。一般需拌和 5min（从加水完毕时算起），直至拌和物颜色均匀。

第二节　砌筑砂浆的稠度

一、实验目的

本实验的目的是测定砂浆稠度，以确定用水量和砂浆的配合比。

二、实验设备

（1）砂浆稠度测定仪：由试锥、盛浆容器（圆锥筒）和支座三部分组成。试锥由钢材或铜材制成，锥高 145mm，锥底直径 75mm，试杆连同滑杆重 300g±2g；盛浆容器由钢板制成的截头圆锥形，筒高 180mm，锥底内径 150mm；支座分底座、支架及稠度显示三部分，由铸铁、钢及其他金属制成。

（2）钢制捣棒：直径 10mm，长 350mm，端部磨圆。

（3）其他设备：抹刀、铁铲和秒表等。

三、实验步骤

（1）将试锥、盛浆容器表面用湿布擦净，用少量润滑油轻擦滑杆，保证滑杆能够自由滑动。

（2）将砂浆拌和物一次装入盛浆容器，使砂浆表面约低于容器口 10mm，用捣棒自容器中心向边缘插捣 25 次（前 12 次需插到筒底），然后轻击容器 5～6 下，使砂浆表面平整，立即将容器置于稠度测定仪的底座上。

（3）放松试锥滑杆的制动螺钉，使试锥调至尖端与砂浆表面接触，拧紧制动螺钉，使齿条测杆下端刚接触滑杆上端，并将指针对准零点。

（4）拧开制动螺钉，使锥体自由落入砂浆中，同时按动秒表计时，待 10s 立即拧紧固定螺钉，使齿条测杆下端接触滑杆上端，从刻度盘上读出下沉深度（精确至 1mm），即为砂浆稠度值。

四、数据处理与记录

砂浆稠度实验结果应以两次测定值的算术平均值为测定值，计算精确至 1mm。考两次测试值之差若大于 20mm，则另取砂浆搅拌后重新测定。

实验数据记录于表 7-1。

表 7-1 数据记录

序号	砂浆稠度（mm）	平均值
1		
2		

五、注意事项

（1）往盛浆容器中装入砂浆试样前，一定要将砂浆翻拌均匀；

（2）实验时应将刻度盘牢牢固定在相应位置，不得有松动，以免影响检测精度；

（3）砂浆从开始加水拌和到稠度测定完毕，必须在 30min 以内完成；否则应重新拌制；

（4）砂浆试样不得重复使用，重新测定应取新的试样。

讨论：干混砌筑砂浆的出厂检验项目中有 2h 稠度损失率的检验项目，该检验项目应如何测定？

第三节 砌筑砂浆的分层度

一、实验目的

本实验的目的是测定砂浆的分层度，为测定砂浆拌和物在运输、停放、使用过程中的保水能力，即离析、泌水等内部组分的稳定性，是评定砂浆质量的重要指标。

二、实验设备

（1）砂浆分层度筒：由金属制成，内径为 150mm，上节无底，高度为 200mm，下节带底，净高为 100mm，如图 7-1 所示。其由连接螺柱在两侧连接，上、下层连接处需加宽到 3～5mm，并设有橡胶垫圈。

（2）水泥胶砂振动台：振幅为 0.5mm±0.05mm，频率为 50Hz±3Hz。

（3）木锤。

（4）其他仪器同砂浆稠度实验。

图 7-1 砂浆分层度测定仪

三、实验步骤

（1）标准方法

①将砂浆拌和物按砂浆稠度实验方法测定稠度；②将砂浆拌和物翻拌后一次装入分层度试筒内，用木锤在分层度实验筒四周距离大致相等 4 个不同地方轻击 1～2 次，如果砂浆沉落到分层度筒口以下，应随时添加砂浆，然后刮去多余的砂浆，并用抹刀抹平表面；③静置 30min 后，去掉上节 200mm 砂浆，将剩余的 100mm 砂浆倒出来，在拌和锅内拌 2min，再按稠度实验方法测定其稠度；④前后两次稠度之差即为该砂浆的分层

度值（mm）。

（2）快速测定方法

①将砂浆拌和物按砂浆稠度实验方法测定稠度；②将分层度测定仪先固定在振动台上，砂浆一次装入分层度测定仪内，振动 20s。③去掉上节 200mm 砂浆，剩 100mm 砂浆倒出放在拌锅内拌 2min，再按稠度实验方法测定其稠度。④前、后两次稠度之差即为该砂浆的分层度值（mm）。

四、数据处理与记录

以两次实验结果的平均值作为该砂浆的分层度值。若两次分层度值之差大于 20mm，则应重新做实验。

实验数据记录于表 7-2。

表 7-2 数据记录

序号	第一次砂浆稠度（mm）	第二次砂浆稠度（mm）	分层度值（mm）	平均值
1				
2				

讨论：测定砂浆分层度值的两种方法有什么区别？

第四节 砌筑砂浆的抗压强度

一、实验目的

测定砂浆的抗压强度，以确定、校核砂浆配合比，进而控制施工质量，确定砂浆强度等级，以此作为评定砂浆质量的主要指标。

二、实验设备

（1）WAY-2000 型电液式压力试验机：精度应为 1%，试件破坏荷载应不小于压力机量程的 20%，且不应大于全程量的 80%。

（2）试模：应为 70.7mm×70.7mm×70.7mm 带底试模，由钢制成，应具有足够的刚度并拆装方便。试模内表面应进行机械加工，其不平度应为每 100mm 不超过 0.05mm，组装后各相邻面的不垂直度不应超过 0.5°。

（3）钢制捣棒：直径为 10mm，长度为 350mm 的钢棒，端部磨圆。

（4）垫板：试验机上、下压板及试件之间可垫以钢板，垫板的尺寸应大于试件的承压面，其不平度应为 100mm，不超过 0.02mm。

（5）钢直尺。

（6）振动台：空载中台面的垂直振幅应为 0.5mm±0.05mm，空载频率应为 50Hz±3Hz，空载台面振幅均匀度不应大于 10%，一次实验应至少能固定 3 个试模。其技术参数混凝土实验振动台技术参数基本一致，混凝土振动台即可使用。

三、实验步骤

（1）试件的制作及养护。

① 采用标准。按《砌体工程施工及验收规范》（GB 5003—2002）、《建筑砂浆基本性能试验方法标准》（JGJ/T 70—2009）进行。

② 试块数量。应采用立方体试件，每组试块数量为 3 块。

③ 试模的准备工作。应采用黄油等密封材料涂抹试模的外接缝，试模内应涂刷薄层机油或隔离剂，应将拌制好的砂浆一次性装满砂浆试模。

④ 成型时振捣方式。成型时振捣方式分为两种，根据稠度而定。当稠度不小于 50mm 时，宜采用人工振捣成型；当稠度小于 50mm 时，宜采用振动台振实成型。这是由于当稠度小于 50mm 时，人工插捣较难密实，且人工振捣宜留下插孔影响强度的结果。成型方式的选择以充分密实、避免离析为原则。

a. 人工振捣。应采用捣棒均匀地由边缘向中心按螺旋方式插捣 25 次，插捣过程中当砂浆沉落低于试模口时，应随时添加砂浆，可用油灰刀插捣数次，并用手将试模一边抬高 5～10mm 各振动 5 次，砂浆应高出试模顶面 6～8mm。

b. 机械振实。将砂浆一次装满试模，放置到振动台上，振动时试模不得跳动，振动 5～10s 或持续到表面泛浆为止，不得过振。

⑤ 试块抹平。待表面水分稍干后，再将高出试模部分的砂浆沿试模顶面刮去并抹平。采用钢底模后因底模材料不吸水，表面出现麻斑状态的时间会较长，为避免砂浆沉缩，试件表面应高于试模，一定要在出现麻斑状态后，再将高出试模部分的砂浆沿试模顶面刮去并抹平。

⑥ 试块拆模及养护条件。试件制作后应在温度为 20℃±5℃的环境下静置 24h±2h，然后对试件进行编号、拆模。当气温较低时，或者砂浆凝结时间大于 24h，可适当延长时间，但不应超过 2d。水泥砂浆、混合砂浆试件拆模后应统一立即放入温度为 20℃±2℃、相对湿度为 90％以上的标准养护室中养护。养护期间，试件彼此间隔不得小于 10mm，而混合砂浆、湿拌砂浆试件上面应覆盖塑料布，防止有水滴在试件上。

⑦ 龄期。标准养护时间应从加水搅拌开始，标准养护龄期为 28d，非标准养护龄期一般为 7d 或 14d。

（2）试件从养护地点取出后应及时进行实验，以免试件内部的温、湿度发生显著的变化。实验前，将试件表面擦干净，测量尺寸并检查外观，并计算试件的承受面积，当实际尺寸与公称尺寸之差不超过 1mm 时，可按照公称尺寸进行计算，组装后各相邻面的不垂直度不应超过 0.5°。

（3）将试件安放在试验机的下压板上或下垫板上，试件的承受面应与成型时的顶面垂直，试件中心应与试验机下压板或下垫板中心对准。开动试验机，当上压板与试件或下垫板接近时，调整球座，使接触面均衡受压。承压试验应连续而均匀地加荷，加荷速度应为 0.25～1.5kN/s（砂浆强度不大于 2.5MPa 时，宜取下限值；大于 2.5MPa 时，应取上限值）。当试件接近破坏而开始迅速变形时，停止调整试验机油门，直至试件破坏，然后记录破坏荷载 F。

四、数据处理与记录

（1）抗压强度计算公式。砂浆立方体抗压强度按式（7-1）计算：

$$f_{m,cu}=\frac{F}{A} \tag{7-1}$$

式中 $f_{m,cu}$——砂浆立方体抗压强度（MPa）；

F——立方体试件破坏荷载（N）；

A——试件承压面积（mm^2）。

计算应精确到 0.1MPa。

（2）砂浆抗压强度值判定。

① 应以 3 个测试值的算术平均值的 1.3 倍作为该组试件的砂浆立方体抗压强度平均值，精确到 0.1MPa。

② 当 3 个测试值的最大值或最小值有一个与中间值的差值超过 15%时，应把最大值及最小值一并舍去，取中间值作为该组试件的抗压强度值。

③ 当 3 个测试值中有 2 个测试值均与中间值的差值超过 15%时，则该组试件结果为无效。

实验数据记录于表 7-3。

表 7-3 数据记录

序号	破坏荷载（N）	承压面积（mm^2）	抗压强度（MPa）	平均值（MPa）
1				
2				
3				

讨论：影响砂浆抗压强度实验值的因素有哪些？

第五节 砌筑砂浆的保水率

一、实验目的

测定砂浆的保水率，以判定砂浆拌和物在运输及停放时内部组分的稳定性。

二、实验设备

（1）金属或硬塑料圆环试模：内径 100mm、内部高度 25mm；

（2）可密封的取样容器：应清洁、干燥；

（3）2kg 的重物；

（4）医用棉纱，尺寸为 110mm×110mm，宜选用纱线稀疏，厚度较薄的棉纱；

（5）超白滤纸，符合《化学分析滤纸》（GB/T 1914）中速定性滤纸。直径 110mm，200g/m^2；

（6）2 片金属或玻璃的方形或圆形不透水片，边长或直径大于 110mm；

（7）天平：量程 200g，感量 0.1g；量程 2000g，感量 1g；

（8）烘箱。

三、实验步骤

（1）称量下不透水片与干燥试模质量 m_3，和 8 片中速定性滤纸质量 m_4。

（2）将砂浆拌和物一次性填入试模，并用抹刀插捣数次，当填充砂浆略高于试模边缘时，用抹刀以 45°角一次性将试模表面多余的砂浆刮去，然后再用抹刀以较平的角度在试模表面反方向将砂浆刮平。

（3）抹掉试模边的砂浆，称量试模、下不透水片与砂浆总质量 m_1。

（4）用 2 片医用棉纱覆盖在砂浆表面，再在棉纱表面放上 8 片滤纸，用不透水片盖在滤纸表面，以 2kg 的重物压紧不透水片。

（5）静止 2min 后移走重物及不透水片，取出滤纸（不包括棉纱），迅速称量滤纸质量 m_2。

（6）从砂浆的配比及加水量计算砂浆的含水率，若无法计算，可按式（7-3）的规定测定砂浆的含水率。

四、数据处理与记录

（1）砂浆保水率按式（7-2）计算：

$$W=\left[1-\frac{m_4-m_2}{\alpha\times(m_3-m_1)}\right]\times100\% \tag{7-2}$$

式中　W——保水率（%）；

m_1——下不透水片与干燥试模质量（g）；

m_2——8 片滤纸吸水前的质量（g）；

m_3——试模、下不透水片与砂浆总质量（g）；

m_4——8 片滤纸吸水后的质量（g）；

α——砂浆含水率（%）。

取两次实验结果的平均值作为结果，如两个测定值中有 1 个超出平均值的 5%，则此组实验结果无效。

（2）砂浆含水率

称取 100g 砂浆拌和物试样，置于一干燥并已称量的盘中，在 105℃±5℃的烘箱中烘干至恒重，砂浆含水率应按式（7-3）计算：

$$\alpha=\frac{m_5}{m_6}\times100\% \tag{7-3}$$

式中　α——砂浆含水率（%）；

m_5——烘干后砂浆样本损失的质量（g）；

m_6——砂浆样本的总质量（g）；

砂浆含水率值应精确至 0.1%。

实验数据记录于表 7-4。

表 7-4　数据记录

序号	下不透水片与干燥试模质量（g）	8片滤纸吸水前的质量（g）	试模、下不透水片与砂浆总质量（g）	8片滤纸吸水后的质量（g）	砂浆含水率（%）	保水率（%）	平均值（%）
1							
2							

讨论：怎样从砂浆的配比及加水量计算砂浆的含水率？

第六节　抹面砂浆的抗裂性能

一、实验目的

本实验的目的是测定抹面砂浆抗裂性能。

二、实验原理

通过提高实验砂浆的表面温度、加快空气流动速度，使砂浆水分蒸发加快，产生一定的收缩应力，促使砂浆在塑性和硬化条件下出现一定的裂缝。计算砂浆的开裂指数，以砂浆的开裂指数反映砂浆的抗开裂性能。

三、实验材料

待测抹面砂浆。

四、实验设备

砂浆搅拌机：符合现行行业标准《行星式水泥胶砂搅拌机》（JC/T 681）的规定；
风扇：风速为4～5m/s；
碘钨灯：1000W；
钢卷尺：长5m、量程5000mm，分度值1mm；
塞尺：量程4.07mm，分度值0.01mm；
实验室条件：温度为25℃±3℃，相对湿度不超过65%。

五、实验准备

（1）水泥砂浆基板

采用振捣方式成型尺寸为600mm×600mm×20mm的水泥砂浆板。砂浆试件成型之后在标准实验条件下放置24h后拆模，在23℃±5℃、相对湿度90%以上的条件下养护7d。

（2）试件制作

用水泥基泡沫保温板专用黏结砂浆将4块尺寸为300mm×300mm、符合JC/T 2200—2013中Ⅱ型的水泥基泡沫保温板粘贴在已制作好的边长为600mm的方形砂浆板上，以备24h后使用。

六、实验步骤

（1）按《水泥砂浆抗裂性能试验方法》（JC/T 951—2005）的要求布置试件（图7-2）、风扇和碘钨灯、在已制作好的粘贴在砂浆基板上的4块300mm×300mm水泥基泡沫保温板表面抹3mm厚的抹面砂浆。抹面砂浆抹平后，立即开启风扇吹向试件表面、风扇位于距试件边150mm处，风叶中心与试件表面平行，试件横向中心线的风速为4～5m/s。同时开启1000W碘钨灯，碘钨灯位于试件横向中心线的上方1.2m、距试件边150mm处，连续光照4h后关闭碘钨灯，并记录启、关闭的时间。

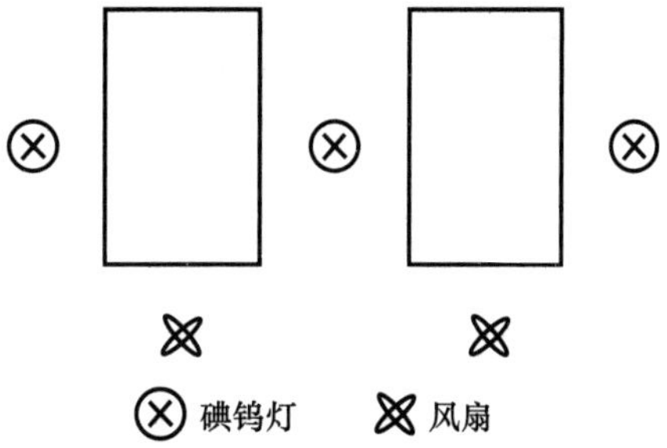

图7-2　实验布置示意图

（2）风扇连续吹72h后，观察表面开裂情况，用塞尺分段测量裂缝宽度 d，按裂缝宽度分级测量裂缝长度 l，用棉纱线沿着裂缝的走向取得相应的长度，以钢卷尺测量其值 l，单位为mm，裂缝测量过程中应为同一人操作。

（3）记录实验开始和结束的实验室温、湿度条件。

七、数据处理与记录

（1）以约束区内的裂缝作为本次实验的评定依据。根据裂缝宽度把裂缝分为五级，每一级对应一个权重值（表7-4），将每一条裂缝的长度乘以其相对应的权重值，再相加起来所得到的总和称为开裂指数 W，以此表示水泥砂浆的开裂程度。

表7-5　裂缝宽度 d 的权重值

裂缝宽度 d（mm）	权重值 A
$d \geqslant 3$	3
$2 \leqslant d < 3$	2
$1 \leqslant d < 2$	1
$0.5 \leqslant d < 1$	0.5
$d < 0.5$	0.25

（2）开裂指数按式（7-4）计算，

$$W = \sum (A_i l_i) \tag{7-4}$$

式中　W——开裂指数（mm）；

A_i——权重值；

l_i——裂缝长度。

以两个试件开裂指数的算术平均值作为该组试件的开裂指数值，计算精确至1mm。

（3）抗开裂性能比 r 按式（7-5）计算（精确至1%）。

$$r = \frac{W_0 - W_1}{W_0} \tag{7-5}$$

式中 r——抗开裂性能比，正值表示提高，负值表示降低（%）；

W_1——需要检测的掺入水泥砂浆中外掺材料的开裂指数平均值（mm）；

W_0——标准砂浆的开裂指数平均值（mm）。

实验数据记录于表 7-6。

表 7-6 数据记录

序号	换算系数	结晶水含量（%）
1	4.0278	
2		
3		

讨论：在测定抹面砂浆抗裂性能时，如果不记录实验开始和结束的实验室温、湿度条件，会对实验结果产生什么影响？

第七节 抹面砂浆的拉伸黏结强度

一、实验目的

本实验的目的是测定砂浆的黏结强度。

二、实验条件要求

温度 23℃±2℃，相对湿度 45%～75%。

三、实验设备

（1）拉力试验机：破坏荷载应在其量程的 20%～80%范围内，精度为 1%，最小示值为 1N。

（2）拉伸专用夹具。

（3）成型框：外框尺寸 70mm×70mm，内框尺寸 40mm×40mm，厚度为 6mm，材料为硬聚氯乙烯或金属。

（4）钢制垫板：外框尺寸 70mm×70mm，内框尺寸 43mm×43mm，厚度为 3mm。

四、实验准备

（1）基底水泥砂浆试件的制备

原材料：水泥符合《通用硅酸盐水泥》（GB 175—2007）的 42.5 级水泥标准；砂符合《普通混凝土用砂、石质量及检验方法标准》（JGJ 52—2006）的中砂标准；水符合《混凝土用水标准》（JGJ 63—2006）的用水标准。

配合比：水泥∶砂∶水＝1∶3∶0.5（质量比）。

成型：按上述配合比制成的水泥砂浆倒入 70mm×70mm×20mm 的硬聚氯乙烯或金属模具中，振动成型或按人工成型，试模内壁事先宜涂刷水性脱模剂，待干、备用。

成型 24h 后脱模，放入 23℃±2℃水中养护 6d，再在实验条件下放置 21d 以上。实验前用 200 号砂纸或磨石将水泥砂浆试件的成型面磨平、备用。

（2）砂浆料浆的制备

干混砂浆料浆的制备：

待检样品应在实验条件下放置 24h 以上。称取不少于 10kg 的待检样品，按产品制造商提供比例进行水的称量，若给出一个值域范围，则采用平均值。将待检样品放入砂浆搅拌机中，启动机器，徐徐加入规定量的水，搅拌 3～5min。搅拌好的料应在规定时间内用完。

湿拌砂浆料浆的制备：

待检样品应在实验条件下放置 24h 以上。按产品制造商提供比例进行物料的称量，干物料总量不少于 10kg。将称好的物料放入砂浆搅拌机中，启动机器，徐徐加入规定量的水，搅拌 3～5min。搅拌好的料应在 2h 内用完。

现拌砂浆料浆的制备：

待检样品应在实验条件下放置 24h 以上。按设计要求的配合比进行物料的称量，干物料总量不少于 10kg。将称好的物料放入砂浆搅拌机中，启动机器，徐徐加入规定量的水，搅拌 3～5min。搅拌好的料应在 2h 内用完。

（3）拉伸黏结强度试件的制备

将成型框放在制备好的水泥砂浆试块的成型面上，将制备好的干混砂浆料浆或直接从现场取来的湿拌砂浆试样倒入成型框中，用捣棒均匀插捣 15 次，人工颠实 5 次，然后转 90°，再颠实 5 次，用刮刀以 45°方向抹平砂浆表面、轻轻脱模，在温度 23℃±2℃、相对湿度 60%～80%的环境中养护至规定龄期。每一砂浆试样至少应制备 10 个试件。

五、实验步骤

（1）将试件在标准实验条件下养护 13d，在试件表面涂上环氧树脂等高强度黏合剂，然后将上夹具对正位置放在黏合剂上，并确保上夹具不歪斜，继续养护 24h。

（2）测定拉伸黏结强度。

（3）将钢制垫板套在基底砂浆块上，将拉伸黏结强度用夹具安装到试验机上，试件置于拉伸夹具中，夹具与试验机的连接宜采用球铰活动连接，以 5mm/min±1mm/min 速度加荷至试件破坏。实验时破坏面若在检验砂浆内部，则认为该值有效，并记录试件破坏时的荷载值。若破坏形式为拉伸夹具与黏合剂破坏，则实验结果无效。

六、数据处理与记录

拉伸黏结强度应按式（7-6）计算。

$$f_{at}=\frac{F}{A_Z} \tag{7-6}$$

式中　f_{at}——砂浆的拉伸黏结强度（MPa）；

F——试件破坏时的荷载（N）；

A_Z——黏结面积（mm^2）。

单个试件的拉伸黏结强度值应精确至 0.001MPa，计算 10 个试件的平均值，如单个试件的强度值与平均值之差大于 20%，则逐次舍弃偏差最大的实验值，直至各实验值与平均值之差不超过 20%。当 10 个试件中有效数据不少于 6 个时，取剩余数据的平均值为实验结果，结果精确至 0.01MPa。当 10 个试件中有效数据不足 6 个时，则此组实验结果无效，应重新制备试件进行实验。

实验数据记录于表 7-7。

表 7-7　数据记录

序号	破坏荷载（N）	黏结面积（mm^2）	拉伸黏结强度（MPa）	平均值（MPa）
1				
2				
3				
4				
5				
6				
7				
8				
9				
10				

讨论：抹面砂浆和砌筑砂浆的实验项目有哪些不同，为什么？

第八节　湿拌砂浆的保塑时间

一、实验目的

本实验的目的是测定湿拌砂浆保塑时间。

二、实验条件

标准实验条件：环境温度 20℃±5℃。

标准存放条件，环境温度 23℃±2℃，相对湿度 50%～70%。

三、实验仪器

（1）砂浆搅拌机：应符合现行行业标准《试验用砂搅拌机》JG/T 3033 的规定；

（2）秤：称量 20kg，感量 20g；

（3）容量筒：塑料桶或金属桶，带盘，容积不小于 12L。

四、实验步骤

（1）称取不少于 10kg 的湿拌砂浆试样，按 JCJ/T 70 规定的方法测定砂浆的初始稠度。

（2）将剩余砂浆拌和物装入用湿布擦过的容量筒内，盖上盖，置于标准存放条件下。

（3）到保塑时间时，将全部试样倒入砂浆搅拌机中，搅拌 60s，然后按现行行业标准《建筑砂浆基本性能试验方法标准》（JGJ/T 70）规定的方法测定砂浆的稠度，同时成型一组抗压强度试件。抹灰砂浆还要成型一组拉伸黏结强度试件。

（4）抗压强度和拉伸黏结强度试件的成型、养护和测试应符合现行行业标准《建筑砂浆基本性能试验方法标准》（JGJ/T 70）的规定。

五、数据处理与记录

稠度损失率应按式（7-7）计算，

$$\Delta S_t = \frac{S_t}{S_0} \tag{7-7}$$

式中　ΔS_t——湿拌砂浆在保塑时间 t 时的稠度损失率（%）。

S_0——湿拌砂浆初始稠度（mm）；

S_t——拌砂浆在保塑时间 t 时的稠度（mm）。

当稠度损失率不大于 30%（湿拌机喷抹灰砂浆不大于 20%）、抗压强度和拉伸黏结强度分别符合表 7-8 和表 7-9 的相应要求时，判为合格。

表 7-8　湿拌砂浆性能指标

项目		湿拌砌筑砂浆	湿拌抹灰砂浆		湿拌地面砂浆	湿拌防水砂浆
			普通抹灰砂浆	机喷抹灰砂浆		
保水率（%）		≥88.0	≥88.0	≥92.0	≥88.0	≥88.0
压力泌水率（%）		—	—	<40	—	—
14 天拉伸黏结强度（MPa）		—	M5：≥0.15 >M5：≥0.20	≥0.20	—	≥0.20
28 天收缩率（%）		—	≤0.20		—	≤0.15
抗冻性*	强度损失率（%）	≤25				
	质量损失率（%）	≤5				

*有抗冻性要求时，应进行抗冻性实验。

表 7-9　预拌砂浆抗压强度

强度等级	M5	M7.5	M10	M15	M20	M25	M30
28 天抗压强度（MPa）	≥5.0	≥7.5	≥10.0	≥15.0	≥20.0	≥25.0	≥30.0

实验数据记录于表 7-10。

表 7-10　数据记录

序号	保塑时间 t 时的稠度（mm）	初始稠度（mm）	稠度损失率（%）	平均值
1				
2				

讨论：为什么湿拌砂浆保塑时间的测定实验以稠度损失率为标准进行判定？

第九节　干混砂浆的压力泌水率

一、实验目的

本实验的目的是测定干混砂浆压力泌水率。

二、实验条件

标准实验条件：环境温度 20℃±5℃。

三、实验仪器

（1）压力泌水仪；缸体内径为 125mm±0.02mm，内高为 200mm±0.2mm。作活塞公称直径为 125mm，筛孔径为 0.315mm。

（2）秤：称量 20kg，感量 20g；称量 1000g，感量 1g。

（3）钢制捣棒：直径为 10mm，长为 350mm，端部磨圆。

（4）烧杯：容量宜为 200mL，2 个。

四、实验步骤

（1）称取 10kg 干混砂浆，用水量以砂浆稠度控制为 95mm±5mm 确定，按现行行业标准《建筑砂浆基本性能试验方法标准》JGJ/T 70 规定的方法进行搅拌。对湿拌砂浆，直接称取 10kg 试样。

（2）将制备好的砂浆试样一次性装入压力泌水仪缸体。用捣棒由边缘向中心顺时针均匀地插捣 25 次，捣实后的试样表面应低于缸体筒口 30mm±2mm。安装好仪器，并将缸体外表面擦干净。

（3）应在 15s 内给试样加压至 3.2MPa，并内在 2s 内打开泌水阀门，同时开始计时，并保持恒压。泌出的水接入烧杯中，10s 时迅速更换另一只烧杯，持续到 140s 时关闭泌水阀门，结束实验。

（4）分别称量 10s、140s 时的泌水质量，精确到 0.1g。

五、数据处理与记录

稠度损失率应按式（7-8）计算。

$$B_w=\frac{m_{10}}{m_{10}+m_{140}} \tag{7-8}$$

式中　B_w——压力泌水率（%）。准确到 1%；

m_{10}——加压至 10s 时的泌水质量（g）；

m_{140}——加压至 140s 时的泌水质量（g）。

压力泌水率取二次实验结果的算数平均值，精确到 1%。

实验数据记录于表 7-11。

表 7-11　数据记录

序号	加压至 10s 时的泌水质量（g）	加压至 140s 时的泌水质量（g）	压力泌水率（%）	平均值
1				
2				

第十节　建筑砂浆检测案例

上海市嘉定区希望路某商品房小区共 8 栋高层，其中 1＃楼、2＃楼为 25 层；3＃楼、5＃楼、6＃楼、7＃楼、8＃楼、9＃楼为 18 层。外立面 1～2 层为大理石饰面，3 层及以上为涂料饰面。

拟对该小区保温施工质量及空鼓脱落的原因进行鉴定。考虑到涉案商品房小区现已交付使用，现场无脚手架及登高设备，外立面已无法采用敲击法进行检测，为锁定外立面空鼓范围，现场采用红外热成像仪对小区 8 栋房屋的四个立面分别行检查。各栋房屋外立面均存在明显空鼓的情况，详见图 7-3。为进一步明确外墙保温空鼓原因，现场对可上人屋面处机房外墙的保温层打开检查并进行了拉拔实验。根据检查结果，多处墙面无机保温未分层施工，网格布搭接不到位，无机保温砂浆的拉伸黏结强度也远低于《无机保温砂浆系统应用技术规程》（DG/TJ 08-2088—2011）中第 3.2.1 无机保温砂浆涂料饰面拉伸黏结强度≥0.15MPa 的要求。

图 7-3　外立面红外对比图

课程思政——建筑砂浆实验折射出的工匠精神

建筑砂浆常用于砌筑砌体（如砖、石、砌块）结构，建筑物内外表面（如墙面、地面、顶棚）的抹面，大型墙板、砖石墙的勾缝，以及装饰材料的黏结等。

建筑砂浆根据用途分类：可分为砌筑砂浆、抹面砂浆。抹面砂浆包括普通抹面砂浆、装饰抹面砂浆、特种砂浆。特种砂浆包括防水砂浆、耐酸砂浆、绝热砂浆、吸声砂浆等。

建筑砂浆根据胶凝材料分类可分为水泥砂浆、石灰砂浆、混合砂浆。混合砂浆又可分为水泥石灰砂浆、水泥黏土砂浆、石灰黏土砂浆、石灰粉煤灰砂浆等。

每一种砂浆都有相应的标准和规范要求，实验过程中应先明确所测定砂浆适用的标准和规范，然后严格按照所测定砂浆的标准和规范的规定进行实验，不能有半点马虎，否则会影响最后的评定结果。因此，在进行种类繁多的建筑砂浆实验时要严格遵守规范、追求精益求精的工匠精神。

参考文献

[1] 国家市场监督管理总局，中国国家标准化管理委员会．预拌砂浆：GB/T 25181—2019 [S]．北京：中国标准出版社，2019.

[2] 中华人民共和国建设部．建筑砂浆基本性能试验方法标准：JGJ/T 70—2009 [S]．北京：中国建筑工业出版社，2009.

[3] 中华人民共和国住房和城乡建设部．抹灰砂浆技术规程：JGJ/T 220—2010 [S]．北京：中国建筑工业出版社，2010.

[4] 钱永佳．建筑外墙无机保温砂浆空鼓脱落及成因检测实例研究：以上海市嘉定区某商品房小区项目为例 [J]．建筑技术，2019 (4)：186-187.

第八章 砖与砌块

第一节　烧结普通砖的尺寸偏差

一、实验目的

本实验的目的检验烧结砖的尺寸偏差是否满足国标《烧结普通砖》(GB/T 5101—2017)。

二、实验原理

通过测量烧结砖的长、宽、高，检验烧结砖的尺寸偏差是否满足国标。

三、实验材料

烧结标准砖。

四、实验设备

砖用卡尺：分度值为 0.5mm。

五、实验步骤

长度应在砖的两个大面的中间处分别测量两个尺寸；宽度应在砖的两个大面的中间处分别测量两个尺寸；高度应在两个条面的中间处分别测量两个尺寸。当被测处有缺损或凸出时，可在其旁边测量，但应选择不利的一侧。精确至 0.5mm。

六、数据处理与记录

检验样品数为 20 块。样本平均偏差是 20 块试样在同一方向上 40 个测量尺寸的算术平均值减去其公称尺寸的差值，样本极差是 20 块试样在同一方向上 40 个测量尺寸中最大测量值与最小测量值之差值。尺寸偏差应符合表 8-1 规定。

表 8-1　尺寸偏差（单位 mm）

公称尺寸	指标	
	平均偏差	极差≤
240	±2.0	6.0
115	±1.5	5.0
53	±1.5	4.0

实验数据记录于表 8-2。

表 8-2　数据记录

公称尺寸（mm）	测量值（mm）	
240		
115		
53		

讨论：导致烧结砖尺寸产生偏差的因素有哪些？

第二节　烧结普通砖的抗折强度

一、实验目的

通过本实验熟悉砖的抗折强度实验方法。

二、实验原理

通过测量烧结砖的破坏荷载，计算烧结砖的抗折强度。

三、实验材料

烧结普通砖。

四、实验设备

（1）材料试验机：试验机的示值相对误差不大于 1%，其下加压板应为球铰支座，预期最大破坏荷载应在量程的 20%～80%。

（2）抗折夹具：抗折实验的加荷形式为三点加荷，其上压辊和下支辊的曲率半径为 15mm，下支辊应有一个为铰接固定。

（3）钢直尺：分度值不应大于 1mm。

五、实验步骤

试样应放在温度为 20℃±5℃的水中浸泡 24h 后取出，用湿布拭去其表面水分进行抗折强度实验。测量试样的宽度和高度尺寸各 2 个，分别取算术平均值，精确至 1mm。调整抗折夹具下支辊的跨距为砖规格长度减去 40mm。但规格长度为 190mm 的砖，其跨距为 160mm。

将试样大面平放在下支辊上，试样两端面与下支辊的距离应相同，当试样有裂缝或凹陷时，应使有裂缝或凹陷的大面朝下，以 50～150N/s 的速度均匀加荷，直至试样断裂，记录最大破坏荷载 P。

六、数据处理与记录

每块试样的抗折强度（R_c）按式（8-1）计算。

$$R_c = \frac{3PL}{2BH^2} \tag{8-1}$$

式中 R_c——抗折强度（MPa）；

P——最大破坏荷载（N）；

L——跨距（mm）；

B——试样宽度（mm）；

H——试样高度（mm）。

实验结果以试样抗折强度的算术平均值和单块最小值表示。

实验数据记录于表 8-3。

表 8-3 数据记录

序号	破坏荷载（MPa）
1	
2	
3	

第三节 烧结普通砖的抗压强度

一、实验目的

通过本实验熟悉砖的抗压强度实验方法，确定砖的强度等级。

二、实验原理

通过测量烧结砖的破坏荷载，计算烧结砖的抗压强度。

三、实验材料

烧结普通砖。

四、实验设备

（1）材料试验机：试验机的示值相对误差不大于 1%，其下加压板应为球铰支座，预期最大破坏荷载应在量程的 20%～80%。

（2）钢直尺：分度值不应大于 1mm。

（3）切割设备。

五、实验步骤

将试样锯成两个半截砖，两个半截砖用于叠合部分的长度不得小于 100mm。如果不足 100mm，应另取备用试样补足。两半截砖切断口相反叠放，叠合部分不得小于 100mm，即为抗压强度试样。

测量每个试样连接面或受压面的长、宽尺寸各两个，分别取其平均值，精确至

1mm。将试样平放在加压板的中央，垂直于受压面加荷，应均匀平稳，不得发生冲击或振动。加荷速度为 5kN/s±0.5kN/s，直至试样破坏为止，记录最大破坏荷载 P。

六、数据处理与记录

每块试样的抗压强度（R_p）按式（8-2）计算。

$$R_p = \frac{P}{L \times B} \tag{8-2}$$

式中 R_p——抗压强度（MPa）；

P——最大破坏荷载（N）；

L——受压面（连接面）的长度（mm）；

B——受压面（连接面）的宽度（mm）；

试样数量为 10 块，实验后按式（8-3）计算出强度标准差 S。

$$S = \sqrt{\frac{1}{9}\sum_{i=1}^{10}(f_i - \overline{f})^2} \tag{8-3}$$

式中 S——10 块试样的抗压强度标准差（MPa），精确至 0.01；

$\overline{f}$——10 块试样的抗压强度平均值（MPa），精确至 0.1；

f_i——单块试样抗压强度值（MPa），精确至 0.01。

表 8-4 强度等级（MPa）

强度等级	抗压强度平均值 $\overline{f}$	强度标准值 f_k
MU30	≥30.0	≥22.0
MU25	≥25.0	≥18.0
MU20	≥20.0	≥14.0
MU15	≥15.0	≥10.0
MU10	≥10.0	≥6.5

按表 8-4 中抗压强度平均值 $\overline{f}$、强度标准值 f_k 评定砖的强度等级。

样本量 $n=10$ 时的强度标准值按式（8-4）计算。

$$f_k = \overline{f} - 1.83S \tag{8-4}$$

式中 f_k——强度标准值（MPa），精确至 0.1。

实验数据记录于表 8-5。

表 8-5 数据记录

序号	破坏荷载（MPa）
1	
2	
3	
…	

讨论：影响烧结砖强度的因素有哪些？

第四节　烧结普通砖的冻融

一、实验目的

通过本实验熟悉烧结砖的冻融实验方法。

二、实验原理

通过测量烧结砖冻融后的强度损失率、质量损失率以及外观质量评价其抗冻性。

三、实验材料

烧结普通砖。

四、实验设备

（1）低温箱或冷冻室：试样放入箱（室）内温度可调至－20℃或－20℃以下；
（2）水槽：保持槽中水温10～20℃为宜；
（3）台秤：分度值不大于5g；
（4）电热鼓风干燥箱：最高温度200℃；
（5）抗压强度实验设备。

五、实验步骤

（1）用毛刷清理试样表面，将试样放入鼓风干燥箱中在105℃±5℃下干燥至恒质（在干燥过程中，前后两次称量相差不超过0.2%，前后两次称量时间间隔为2h），称其质量m_0，并检查外观，将缺棱掉角和裂纹作标记。

（2）将试样浸在10～20℃的水中，24h后取出，用湿布拭去表面水分，以大于20mm的间距大面侧向立放于预先降温至－15℃以下的冷冻箱中。

（3）当箱内温度再降至－15℃时开始计时，在－15～－20℃下冰冻3h。然后取出放入10～20℃的水中融化为2h。如此为一次冻融循环。

（4）每5次冻融循环，检查一次冻融过程中出现的破坏情况，如冻裂、缺棱、掉角、剥落等。冻融循环后，检查并记录试样在冻融过程中的冻裂长度，缺棱掉角和剥落等破坏情况。

（5）经冻融循环后的试样，放入鼓风干燥箱中，干燥至恒质，称其质量m_1。若试件在冻融过程中，发现试件呈明显破坏，应停止本组样品的冻融实验，并记录冻融次数，判定本组样品冻融实验不合格。干燥后的试样和未经冻融的强度对比试样进行抗压强度实验。

六、数据处理与记录

外观结果：冻融循环结束后，检查并记录试样在冻融过程中的冻裂长度、缺棱掉角和剥落等破坏情况。

强度损失率 P_m 按式（8-5）计算。

$$P_m=\frac{P_0-P_1}{P_0}\times100\% \tag{8-5}$$

式中　P_m——强度损失率，%；

P_0——试样冻融前强度（MPa）；

P_1——试样冻融后强度（MPa）；

质量损失率 G_m 按式（8-6）计算。

$$G_m=\frac{m_0-m_1}{m_0}\times100\% \tag{8-6}$$

式中　G_m——质量损失率，%；

m_0——试样冻融前干质量（kg）；

m_1——试样冻融后干质量（kg）；

试样数量为 10 块，其中 5 块用于冻融实验，5 块用于未冻融强度对比实验。实验结果以试样冻后抗压强度或抗压强度损失率、冻后外观质量或质量损失率表示与评定。

15 次冻融实验后，每块砖样不准许出现分层、掉皮、缺棱、掉角等冻坏现象；冻融后大面宽度方向及其延伸至条面的裂纹长度不大于 30mm，大面长度方向及其延伸至顶面的裂纹长度或条顶面上水平裂纹的长度不大于 50mm。

实验数据记录于表 8-6。

表 8-6　数据记录

序号	冻融前强度（MPa）	冻融后强度（MPa）	冻融前质量（kg）	冻融后质量（kg）	冻融后大面宽度方向裂纹（mm）	冻融后大面长度方向裂纹（mm）
1						
2						
3						
4						
5						

讨论：为什么冻融过程中烧结砖会出现破坏情况？

第五节　烧结普通砖的石灰爆裂实验

一、实验目的

通过本实验熟悉烧结砖的石灰爆裂实验方法。

二、实验原理

通过检查烧结砖因石灰爆裂而产生的外观缺陷，并记录尺寸进行评定。

三、实验材料

烧结普通砖。

四、实验设备

（1）蒸煮箱；
（2）钢直尺：分度值不应大于 1mm。

五、实验步骤

试样数量为 5 块，所取试样为未经雨淋或浸水，且近期生产的外观完整的试样。实验前检查每块试样，将不属于石灰爆裂的外观缺陷作标记。

将试样平行侧立于蒸煮箱内的篦子板上，试样间隔不得小于 50mm，箱内水面应低于篦子板。加盖蒸 6h 后取出，检查每块试样上因石灰爆裂（含实验前已出现的爆裂）而造成的外观缺陷，记录其尺寸。

六、数据处理与记录

以试样石灰爆裂区域的尺寸最大者表示实验结果。

砖的石灰爆裂应符合下列规定：

破坏尺寸大于 2mm 且小于或等于 15mm 的爆裂区域，每组砖不得多于 15 处。其中大于 10mm 的不得多于 7 处。不准出现最大破坏尺寸大于 15mm 的爆裂区域。实验后抗压强度损失不得大于 5MPa。

实验数据记录于表 8-7。

表 8-7　数据记录

序号	石灰爆裂区域的尺寸
1	
2	
3	
4	
5	

讨论：产生石灰爆裂的原因是什么？

第六节　烧结砖的泛霜

一、实验目的

熟悉烧结砖的泛霜实验方法。

二、实验原理

通过检查烧结砖泛霜实验后的外观情况，并记录泛霜程度进行评定。

三、实验材料

烧结普通砖。

四、实验设备

（1）鼓风干燥箱：最高温度 200℃；

（2）耐磨耐腐蚀的浅盘：容水深度 25～35mm；

（3）透明材料：能完全覆盖浅盘，其中间部位开有大于试样宽度、高度或长度尺寸 5～10mm 的矩形孔；

（4）温度计、湿度计。

五、实验步骤

清理试样表面，然后置于 105℃±5℃鼓风干燥箱中干燥 24h，取出冷却至常温。将试样顶面或有孔洞的面朝上分别置于浅盘中，往浅盘中注入蒸馏水，水面高度不应低于 20mm。用透明材料覆盖在浅盘上，并将试样暴露在外面，记录时间。

试样浸在盘中的时间为 7d，实验开始 2d 内经常加水以保持盘内水面高度，以后则保持浸在水中即可。实验过程中要求环境温度为 16～32℃，相对湿度 35%～600%。

实验 7d 后取出试样，在同样的环境条件下放置 4d。然后在 105℃±5℃鼓风干燥箱中干燥至恒量。取出冷却至常温后记录干燥后的泛霜程度。

六、数据处理与记录

试样数量为 5 块，泛霜程度根据记录以最严重者表示实验结果。每块砖不准许出现严重泛霜。

泛霜程度划分如下：

无泛霜：试样表面的盐析几乎看不到。

轻微泛霜：试样表面出现一层细小明显的霜膜，但试样表面仍清晰。

中等泛霜：试样部分表面或棱角出现明显霜层。

严重泛霜：试样表面出现起砖粉、掉屑及脱皮现象。

实验数据记录于表 8-8。

表 8-8　数据记录

序号	泛霜程度
1	
2	
3	
4	
5	

第七节　烧结砖的吸水率和饱和系数

一、实验目的

熟悉烧结砖的吸水率和饱和系数测定方法。

二、实验原理

通过测试烧结砖的干质量和吸水后的质量，计算烧结砖的吸水率和饱和系数。

三、实验材料

烧结普通砖。

四、实验设备

（1）鼓风干燥箱：最高温度 200℃；
（2）台秤：分度值不应大于 5g；
（3）蒸煮箱。

五、实验步骤

清理试样表面，然后置于 105℃±5℃鼓风干燥箱中干燥至恒重（在干燥过程中，前后两次称量相差不超过 0.2%，前后两次称量时间间隔为 2h），除去粉尘后，称其干质量 m_0。

将干燥试样浸入水中 24h，水温 10～30℃。取出试样，用湿毛巾拭去表面水分，立即称量。称量时试样表面毛细孔渗出于秤盘中水的质量也应计入吸水质量中，所得质量为浸泡 24h 的湿质量 m_{24}。

将浸泡 24h 后的湿试样侧立放入蒸煮箱的蓖子板上，试样间距不得小于 10mm，注入清水，箱内水面应高于试样表面 50mm，加热至沸腾，沸煮 3h，饱和系数实验沸煮 5h，停止加热冷却至常温。称量沸煮 3h 的湿质量 m_3，饱和系数实验称量沸煮 5h 的湿质量 m_5。

六、数据处理与记录

吸水率实验为 5 块，饱和系数实验为 5 块。常温水浸泡 24h 试样吸水率 W_{24} 按式（8-7）计算。

$$W_{24}=\frac{m_{24}-m_0}{m_0}\times 100\% \tag{8-7}$$

试中　W_{24}——常温水浸泡 24h 试样吸水率，%；
　　m_0——试样干质量（kg）；
　　m_{24}——试样浸水 24h 的湿质量（kg）。

试样沸煮 3h 吸水率 W_3 按式（8-8）计算。

$$W_3=\frac{m_3-m_0}{m_0}\times100\%\tag{8-8}$$

式中 W_3——试样煮沸3h吸水率（%）；

m_0——试样干质量（kg）；

m_3——试样煮沸3h的湿质量（kg）。

每块试样的饱和系数（K）按式（8-9）计算。

$$K=\frac{m_{24}-m_0}{m_5-m_0}\tag{8-9}$$

试中 K——试样的饱和系数；

m_0——试样干质量（kg）；

m_{24}——试样浸水24h的湿质量（kg）；

m_5——试样煮沸5h的湿质量（kg）。

吸水率以实验结果的算术平均值表示；饱和系数以实验结果的算术平均值表示。

实验数据记录于表8-9。

表8-9　数据记录

序号	m_0	m_{24}	m_3	m_5
1				
2				
3				
4				
5				

第八节　欠火砖、酥砖和螺旋纹砖

一、特征

（一）欠火砖

未达到烧结温度或保持烧结温度时间不够的砖，其特征是声音哑、土心、抗风化性能和耐久性能差。

（二）酥砖

（1）干砖坯受湿（潮）气或雨淋后成反潮坯、雨淋坯或湿坯受冻后的冻坯，这类砖坯焙烧后为酥砖；（2）或砖坯入窑焙烧时预热过急，导致烧成的砖易成为酥砖。

酥砖极易从外观就能辨别出来，这类砖的特征是声音哑，强度低，抗风化性能和耐久性能差。

（三）螺旋纹砖

以螺旋挤出机成型砖坯时，坯体内部形成螺旋状分层的砖，其特征是强度低、声音哑、抗风化性能差，受冻后会层层脱皮，耐久性能差。

二、检验方法

用看颜色、听声音、观划痕颜色的方法确定出该企业（单位）生产的合格的标准样品砖，作为检验欠火砖、酥砖、螺旋纹砖的参照物。

检验试样 50 块，在检测砖的外观质量的同时，进行欠火砖、酥砖、螺旋纹砖的检测，用观察试样砖的颜色、金属物件敲击试样听声音、在试样表面划痕查看划痕颜色方法进行综合判定。试样的颜色、声音、划痕明显不同于标准样砖时，判定为欠火砖、酥砖、螺旋纹砖。

对欠火砖、酥砖、螺旋坟砖判定结果有争议时，将有争议的砖样进行冻融实验，实验结果应符合：

15 次冻融实验后，每块砖样没有出现分层、掉皮、缺棱、掉角等冻坏现象；冻融后大面宽度方向及其延伸至条面的裂纹长度不大于 30mm，大面长度方向及其延伸至顶面的裂纹长度或条顶面上水平裂纹的长度不大于 50mm。

符合上述情况，则判为合格，否则判为不合格。

第九节　蒸压粉煤灰砖的尺寸偏差

一、实验目的

检验蒸压粉煤灰砖的尺寸偏差是否满足标准《蒸压粉煤灰砖》(JC/T 239—2014)。

二、实验原理

通过测量蒸压粉煤灰砖的长、宽、高，检验蒸压粉煤灰砖的尺寸偏差是否满足相应标准。

三、实验材料

蒸压粉煤灰标准砖。

四、实验设备

钢直尺或钢卷尺：分度值为 1mm。

五、实验步骤

长度在条面的中间、宽度在顶面的中间、高度在顶面的中间测量。每项在对应两面各测一次，取平均值，精确至 1mm。

六、数据处理与记录

尺寸偏差以实际测量值与规定尺寸的差值表示，精确至 1mm。尺寸偏差应符合表 8-10 规定。

表 8-10 尺寸偏差

尺寸偏差	长度（mm）	+2 −1
	宽度（mm）	±2.0
	高度（mm）	+2 −1

实验数据记录于表 8-11。

表 8-11 数据记录

公称尺寸（mm）	测量值（mm）	
长度（mm）		
宽度（mm）		
高度（mm）		

讨论：引起蒸压粉煤灰砖产生尺寸偏差的原因有哪些?

第十节 蒸压粉煤灰砖的抗折强度

一、实验目的

通过本实验确定砖的抗折强度等级。

二、实验原理

通过测量蒸压粉煤灰砖的破坏荷载，计算蒸压粉煤灰砖的抗折强度。

三、实验材料

蒸压粉煤灰砖。

四、实验设备

（1）材料试验机：试验机的示值相对误差不大于 1%，预期最大破坏荷载应在量程的 20%～80%；

（2）抗折夹具：抗折实验的加荷形式为三点加荷，其上压辊和下支辊的曲率半径为 15mm，下支辊应有一个为铰接固定；

（3）钢直尺：规格为 400mm，分度值为 1mm。

五、实验步骤

取 10 块整砖放在温度为 20℃±5℃的水中浸泡 24h 后取出，用湿布拭去其表面水分后进行抗折强度实验。分别测量试样的宽度（B）和高度（H）尺寸各 2 个，分别取算术平均值，精确至 1mm。调整抗折夹具下支辊的跨距（L）为砖规格长度减去 40mm。

规格长度为 190mm 的砖，其跨距为 160mm。

将试样大面平放在下支辊上，试样两端面与下支辊的距离应相同以 50～150N/s 的速度均匀加荷，不应发生冲击或振动，直至试样断裂，记录最大破坏荷载 P。

六、数据处理与记录

抗折强度（f_z）按式（8-10）计算，精确至 0.01MPa。

$$f_z=\frac{3PL}{2BH^2} \tag{8-10}$$

式中　f_z——抗折强度（MPa）；

P——最大破坏荷载（N）；

L——抗折两支撑钢棒轴心间距（mm）；

B——试样宽度（mm）；

H——试样高度（mm）。

抗折强度以 10 个试件抗折强度的算术平均值和单块最小值表示，精确至 0.1MPa。强度等级应符合表 8-12 的规定。

表 8-12　强度等级（MPa）

强度等级	平均值	单块最小值
MU10	≥2.5	≥2.0
MU15	≥3.7	≥3.0
MU20	≥4.0	≥3.2
MU25	≥4.5	≥3.6
MU30	≥4.8	≥3.8

实验数据记录于表 8-13。

表 8-13　数据记录

序号	破坏荷载（MPa）

第十一节　蒸压粉煤灰砖的抗压强度

一、实验目的

通过本实验确定砖的抗压强度等级。

二、实验原理

通过测量蒸压粉煤灰砖的破坏荷载，计算蒸压粉煤灰砖的抗压强度。

三、实验材料

蒸压粉煤灰标准砖。

四、实验设备

（1）材料试验机：试验机的示值相对误差不大于 1%，预期最大破坏荷载应在量程的 20%～80%；

（2）钢直尺：规格为 400mm，分度值为 1mm；

（3）切割设备：钢性材质，刃口锋利。

五、实验步骤

取 10 块整砖放在温度为 20℃±5℃的水中浸泡 24h 后取出，用湿布拭去其表面水分，交错叠加制备抗压强度试件；交错叠加部位的长度以 100mm 为宜，但不应小于 90mm，如果不足 90mm，应另取备用试样补足。

测量叠加部位的长度（L）和宽度（B）尺寸，分别测量两次取平均值，精确至 1mm。将试样放在试验机下压板上，要尽量保证试件的重心与试验机压板中心重合。

试验机加荷应均匀平稳，不应发生冲击或振动。加荷速度以 4～6kN/s 为宜，直至试样破坏为止，记录最大破坏荷载 P。

六、数据处理与记录

抗压强度按式（8-11）计算。

$$R=\frac{P}{L\times B} \tag{8-11}$$

式中 R——抗压强度（MPa）；

P——最大破坏荷载（N）；

L——受压面的长度（mm）；

B——受压面的宽度（mm）。

实验结果以 10 个试件抗压强度的算术平均值和单块最小值表示，精确至 0.1MPa。

表 8-14　强度等级（MPa）

强度等级	平均值	单块最小值
MU10	≥10.0	≥8.0
MU15	≥15.0	≥12.0
MU20	≥20.0	≥16.0
MU25	≥25.0	≥20.0
MU30	≥30.0	≥24.0

实验数据记录于表 8-15。

表 8-15　数据记录

序号	破坏荷载（MPa）
1	
2	
3	
…	

讨论：影响蒸压粉煤灰砖的抗压强度的因素有哪些？

第十二节　蒸压粉煤灰砖的抗冻性

一、实验目的

通过本实验确定蒸压粉煤灰砖的抗冻性能。

二、实验原理

通过测量蒸压粉煤灰砖冻融后的强度损失率、质量损失率以及外观质量评价其抗冻性。

三、实验材料

蒸压粉煤灰标准砖。

四、实验设备

（1）冷冻室、冻融实验箱或低温水箱：最低温度可调至－30℃；
（2）水池或水箱：最小容积应能放置一组试件；
（3）台秤：分度值不大于 5g；
（4）毛刷；
（5）抗压强度实验设备。

五、实验步骤

（1）试样数量为 10 块，其中 5 块用于冻融实验，5 块用于未冻融强度对比实验。用毛刷洁除表面及孔洞内的粉尘，在缺棱掉角处涂上油漆，注明编号。将块材逐块放置在实验室内静置 48h，块与块之间间距不得小于 20mm。

（2）将一组 5 个冻融试件所需块材，浸入 15～25℃的水池或水箱中，水面应高出试样 20mm 以上，试样间距不得小于 20mm。另一组 5 个对比强度试样所需试样，放置在实验室，室温宜控制在 20℃±5℃。

（3）浸泡 4d 后从水中取出试样，在支架上滴水 1min，再用拧干的湿布拭去内、外表面的水，在 2min 内立即称量每个块材饱和面干状态的质量 m_3，精确至 0.005kg。

（4）将冻融试样放入预先降至－15℃的冷冻室或低温冰箱中，试样应放置在断面为 20mm×20mm 的格栅上，间距不小于 20mm。当温度再次降至－15℃时开始计时。冷冻 4h 后将试样取出，再置于水温为 15～25℃的水池或水箱中融化 2h。这样一个冷冻和融化的过程即为一个冻融循环。

（5）每5次冻融循环，检查一次冻融过程中出现的破坏情况，如冻裂、缺棱、掉角、剥落等，并做出记录。

（6）在完成规定次数的冻融循环后，将试样从水中取出，立即用毛刷清除表面及孔洞内已剥落的碎片，称量每个试样冻融后饱和面干状态的质量 m_4。冻融后试样与在实验室内放置的对比试样一起进行饱水，然后进行试件的抗压强度实验。

六、数据处理与记录

外观结果：冻融循环结束后，检查并记录试样在冻融过程中的冻裂长度、缺棱掉角和剥落等破坏情况。

抗压强度损失率按式（8-12）计算，精确至1%。

$$K_R=\frac{f_f-f_R}{f_f}\times 100\% \tag{8-12}$$

式中 K_R——试件的平均抗压强度损失率（%）；

f_f——5个未冻融试件的抗压强度平均值（MPa）；

f_R——5个冻融试件的抗压强度平均值（MPa）。

试件的质量损失率按式（8-13）计算，精确至0.1%。

$$K_m=\frac{m_3-m_4}{m_3}\times 100\% \tag{8-13}$$

式中 K_m——质量损失率，%；

m_3——试样冻融前的质量（kg）；

m_4——试样冻融后的质量（kg）。

质量损失率以五个冻融试件所需试样质量损失率的平均值表示，精确至0.1%。抗冻性应符合表8-16的规定。

表 8-16　抗冻性

使用地区	抗冻指标	质量损失率	抗压强度损失率
夏热冬暖地区	D15	≤5%	≤25%
夏热冬冷地区	D25		
寒冷地区	D35		
严寒地区	D50		

实验数据记录于表8-17。

表 8-17　数据记录

序号	冻融前强度（MPa）	冻融后强度（MPa）	冻融前质量（kg）	冻融后质量（kg）	外观情况
1					
2					
3					
4					
5					

讨论：影响蒸压粉煤灰砖抗冻性的因素有哪些?

第十三节　蒸压粉煤灰砖的干燥收缩值

一、实验目的

通过本实验确定蒸压粉煤灰砖的干燥收缩值。

二、实验原理

通过测量蒸压粉煤灰砖初始长度和干燥后的长度，计算其干燥收缩值。

三、实验材料

蒸压粉煤灰砖。

四、实验设备

（1）手持应变仪：测量装置应用带表盘的千分表，标距为150mm；

（2）恒温恒湿箱或电热鼓风干燥箱：最小容积应能放置三个完整的试件，并且每一个测试试件四周的净空间距25mm以上，能满足50℃±1℃的温度和17％±2％相对湿度控制精度要求；

（3）水池或水箱：最小容积应能放置一组试件；

（4）测长头：由不锈钢或黄铜制成；

（5）台钻或麻花钻：带有深度限位尺，精度1mm。

五、实验步骤

（1）试件数量为三个。在每个试件任一条面上划出中心线，用手持应变仪配备的标距定位器，在中心线上确定测长头安装插孔的位置。在确定的位置上用直径为12mm的钻头钻孔，孔深14mm±2mm。安装测长头前，测长头插孔应干燥且无灰尘。用黏合剂（水泥-水玻璃浆或环氧树脂）注入插孔后，用标距杆把测长头挤压到合适的标距。擦掉多余的黏合剂。砌块试件的测量标距为250mm，砖试件的测量标距150mm。

（2）将测长头黏结牢固后的试件浸入室温15～25℃的水中，水面高出试件20mm以上，浸泡4d。但在测试前4h的水温应保持在20℃±3℃。

（3）将试件从水中取出，放在铁丝网架上滴水1min，再用拧干的湿布拭去内外表面的水分，立即用手持应变仪测量两个测长头之间的初始长度L，记录初始千分表读数M_1，精确至0.001mm。手持应变仪在测长前需用标准杆（长度为L_0，一般标注在标准杆上）调整或校核，并记录千分表原点读数M_0，一般宜取千分表量程的一半。要求每组试件在15min内测完。

（4）将试件静置在温度20℃±5℃、相对湿度应大于80％的空气中；2d后放入满足50℃±1℃的温度和17％±2％相对湿度要求的恒温恒湿箱内或电热鼓风干燥箱内，相对湿度用放在浅盘中的氯化钙过饱和溶液控制。当电热鼓风干燥箱容量为

$1m^3$时，溶液暴露面积应不小 $0.3m^2$；在整个测试过程中，在盘子或托盘内，应含有充足的固体氯化钙，从而使晶体露出溶液的表面。氯化钙溶液每 24h 至少彻底地搅拌一次。如果需要的话，可以搅拌更多的次数，以防止氯化钙溶液形成块状或者表而生成渣壳。

（5）试件在满足 50℃±1℃的温度和 17%±2%相对湿度要求的放置 3d，然后在 20℃±3℃条件下冷却 3h 后取出，用手持应变仪测长一次，并记录千分表读数 M_2。

（6）将试件进行第二周期的干燥，第二周期的干燥及以后各周期的干燥延续时间均为 2d。干燥结束后，再用手持应变仪进行测长。为保证干燥的均匀一致性，在每一次测量时，在干燥箱里的每一个试样，都要被轮换到不同的位置，反复进行干燥和测长，直到试件长度达到稳定。长度达到稳定系指试件在上述温、湿度条件下连续干燥三个周期后，三个试件长度变化的平均值不超过 0.005mm。此时的长度即为干燥后的长度，记录测量时千分表读数 M。

六、数据处理与记录

每个试件的干燥收缩值按式（8-14）计算，精确至 0.001mm/m。块材的干燥收缩值以三个试件干燥收缩值的算数平均值表示，精确至 0.01mm/m。

$$S=\frac{M_1-M}{L_0+M-M_0}\times 1000 \tag{8-14}$$

式中 S——试件干燥收缩值（mm/m）；

M_1——测量试件初始长度时千分表的读数（mm）；

M——测量试件干燥后长度时千分表的读数（mm）；

L_0——标准杆长度（mm）；

M_0——千分表原点（mm）；

1000——系数（mm/m）。

干燥收缩值应不大于 0.5mm/m

实验数据记录于表 8-18。

表 8-18　数据记录

序号	初始长度（mm）	干燥后长度（mm）
1		
2		
3		

第十四节　蒸压粉煤灰砖的碳化系数

一、实验目的

通过本实验确定蒸压粉煤灰砖的碳化系数。

二、实验原理

通过测试蒸压粉煤灰砖初始抗压强度和碳化后的抗压长度，计算其碳化系数。

三、实验材料

蒸压粉煤灰砖；质量浓度为1%酚酞乙醇溶液，用质量浓度为70%的乙醇配制。

四、实验设备

（1）抗压强度实验设备；

（2）碳化实验箱：二氧化碳体积浓度为20%±3%，相对湿度为70%±5%，温度为20℃±5℃。

五、实验步骤

试样数量为两组共25块。一组10块为对比试件；一组15块为碳化试件，其中5块用于测试碳化情况。

将碳化实验样品放入碳化箱内进行碳化实验，样品间距应不小于20mm；抗压强度对比样品放置的环境条件为：相对湿度70%±5%，温度20℃±5℃。

碳化7d后，每天将测试碳化情况样品的端部约30mm处劈开，用质量浓度为1%的酚酞乙醇溶液检查碳化深度，当测试样品剖面中心不显红色时，即测试样品已完全碳化，则认为碳化箱中全部样品已全部碳化，碳化实验结束；若测试样品剖面中心显红色，即测试样品尚未完全碳化，应继续进行碳化实验，直至28d碳化实验结束。

将已完全碳化或已碳化28d仍未完全碳化的全部样品，与抗压强度对比样品同时进行抗压强度实验。

六、数据处理与记录

蒸压粉煤灰砖的碳化系数按公式（8-15）计算，精确至0.01。

$$K_c=\frac{R_c}{R} \tag{8-15}$$

式中　K_c——蒸压粉煤灰砖的碳化系数；

R_c——10块碳化后试件的抗压强度算术平均值（MPa）；

R——10块对比试件的抗压强度算术平均值（MPa）。

碳化系数应不小于0.85。

实验数据记录于表8-19。

表8-19　数据记录

序号	对比试件的抗压强度（MPa）	碳化后试件抗压强度（MPa）
1		
2		
3		

第十五节　蒸压粉煤灰砖的含水率、吸水率

一、实验目的

通过本实验确定蒸压粉煤灰砖的含水率和吸水率。

二、实验原理

通过测试蒸压粉煤灰砖的自然状态质量、绝干状态质量、饱和面干状态质量，计算含水率、吸水率。

三、实验材料

蒸压粉煤灰砖。

四、实验设备

（1）电热鼓风干燥箱：温控精度±2℃；

（2）电子秤：感量精度 0.005kg；

（3）水池或水箱：最小容积应能放置一组试件。

五、实验步骤

（1）试件数量为三个。取样后应立即用塑料袋包装密封。

（2）试件取样后立即用毛刷清理试件表面及孔洞内粉尘，称取其质量 m_0。如试件用塑料袋密封运输，则在拆袋前先将试件连同包装袋一起称量，然后减去包装袋的质量（袋内如有试件中析出的水珠，应将水珠擦拭干或用暖风吹干后再称量包装袋的质量），即得试件在取样时的质 m_0，精确至 0.005kg。

（3）将试件投入 15～25℃的水中，水面应高出试件 20mm 以上。24h 后取出，放在铁丝网架上滴水 1min，再用拧干的湿布拭去内、外表面的水，立即称其饱和而干状态的质量 m_2，精确至 0.005kg。

（4）将试件放入电热鼓风干燥箱内，在 105℃±5℃温度下至少干燥 24h，然后每间隔 2h 称量一次，直至两次称量之差不超过后一次称量的 0.2%为止。待试件在电热鼓风干燥箱内冷却至与室温之差不超过 20℃后取出，立即称其绝干质量 m，精确至 0.005kg。

六、数据处理与记录

每个试件的含水率按式（8-16）计算，精确至 0.1%。块材的含水率以三个试件含水率的算术平均值表示，精确至 1%。

$$W_1=\frac{m_0-m}{m}\times 100\% \tag{8-16}$$

式中　W_1——试件的含水率（%）；

m_0——试件在取样时的质量（kg）；

m——试件的绝干质量（kg）。

每个试件的吸水率按式（8-17）计算，精确至0.1%。块材的吸水率以三个试件含水率的算术平均值表示，精确至1%。

$$W_2=\frac{m_2-m}{m}\times 100\% \tag{8-17}$$

式中　W_2——试件的吸水率（%）；

m_0——试件饱和面干的质量（kg）；

m——试件的绝干质量（kg）。

蒸压粉煤灰砖的吸水率应不大于20%。

实验数据记录于表8-20。

表8-20　数据记录

序号	试件在取样时的质量（kg）	试件的绝干质量（kg）	试件饱和面干的质量（kg）
1			
2			
3			

第十六节　混凝土砌块的尺寸偏差

一、实验目的

本实验的目的测试混凝土砌块的尺寸偏差。

二、实验原理

通过测量混凝土砌块的长、宽、高，检验混凝土砌块的尺寸偏差。

三、实验材料

混凝土砌块。

四、实验设备

钢直尺或钢卷尺：分度值为1mm。

五、实验步骤

（1）外形为完整直角六面体的块材，分别长度在条面的中间、宽度在顶面的中间、高度在顶面的中间测量。每项在对应两面各测一次，取平均值，精确至1mm。

（2）辅助砌块和异形砌块的长度、宽度和高度应测量块材相应位置的最大尺寸，精确至1mm，特殊标注部位的尺寸也应测量，精确至1mm。块材外形非完全对称时，至少应在块材对立面的两个位置上进行全面的尺寸测量，并草绘或拍下测量位置的图片。

(3) 带孔块材的壁、肋厚应在最小部位测量，选两处各测一次，取平均值，精确至1mm。在测量时不考虑凹槽、刻痕及其他类似结构。

六、数据处理与记录

尺寸偏差以实际测量值与规定尺寸的差值表示，精确至1mm。

实验数据记录于表8-21。

表8-21　数据记录

公称尺寸（mm）	测量值（mm）	
长度（mm）		
宽度（mm）		
高度（mm）		

讨论：引起混凝土砌块产生尺寸偏差的原因有哪些？

第十七节　混凝土砌块的抗折强度

一、实验目的

通过本实验确定混凝土砌块的抗折强度。

二、实验原理

通过测量混凝土砌块的破坏荷载，计算混凝土砌块的抗折强度。

三、实验材料

混凝土砌块。

四、实验设备

(1) 材料试验机：试验机加荷速度应在100～1000N/s内可调，试验机的示值相对误差不大于1%，预期最大破坏荷载应在量程的20%～80%。

(2) 支撑棒和加压棒：直径35～40mm，长度应满足大于试件抗折断面长度的要求，材料为钢质，数量为3根；加压棒应有铰支座。在每次使用前，应在工作台上用水平尺和直角靠尺校正支撑棒和加压棒，满足直线性的要求时方可使用；支撑棒由安放在底板上的两根钢棒组成，其中至少有一根可以自由滚动，支撑棒的轴心距试件外侧的距离为δ，δ的取值要求：混凝土空心砌块取1/2肋厚；混凝土多孔、空心砖取10mm。(图8-1)。

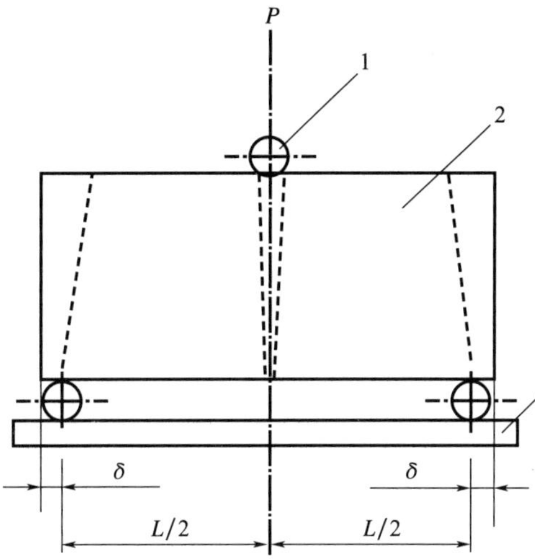

图 8-1 抗折强度实验方法示意

1—钢棒；2—试件；3—承压板

五、实验步骤

本方法只适用于外形为完整直角六面体的块材，可裁切出完整直角六面体的辅助砌块和异形砌块。试件数量为 5 块。

（1）在块材试件的两大面上分别划出水平中心线，再在水平中心的中心点引垂线至上、下底部（试件抹浆面），分别连接试件上、下底部中心点形成抹浆面的中心线。沿抹浆面中心线与块材底部棱边向两边画出 $L/2$ 的位置（支座点），L 为公称长度减一个公称肋厚。

（2）将试件置于材料试验机承压板上，调整位置使试件的上部中心线与试验机中心线重合，在试件的上部中心线处放置一根钢棒。可以用试验机自带抗折压头直接替代加压棒使用。试件底部放上两钢棒分别对准试件的两个支座线，形成如图 8-1 的结构受力图，使其满足 δ 的取值要求。

（3）使加压棒的中线与试验机的压力中心重合，以 50N/s 的速度加荷至试验机开始显示读数就立即停止加荷。用量具在试件两侧测量图 8-1 中的 L 值、两侧的 δ 值，以及加压棒居中程度。L 值取试件两侧面测量值的平均值，精确至 1mm。加压棒与试件长度方向中心线重叠误差应不大于 1mm、两侧的 δ 值相差应不大于 1mm，有一项超出要求，试验机需卸载、试件重新放置，直至满足要求。

（4）以 250N/s±50N/s 的速度加荷直至试件破坏。记录最大破坏荷载 P。

六、数据处理与记录

抗折强度（f_z）按式（8-18）计算，精确至 0.01MPa。抗折强度以五个试件抗折强度的算术平均值和单块最小值表示，精确至 0.1MPa。

$$f_z=\frac{3PL}{2BH^2} \tag{8-18}$$

式中 f_z——抗折强度（MPa）；

P——最大破坏荷载（N）；

L——抗折两支撑钢棒轴心间距（mm）；

B——试样宽度（mm）；

H——试样高度（mm）。

实验数据记录于表8-22。

表 8-22　数据记录

序号	破坏荷载（MPa）
1	
2	
3	
4	
5	

讨论：在测试强度时，若采用不同尺寸的试件，对测试结果有何影响?

第十八节　混凝土砌块的抗压强度

一、实验目的

通过本实验确定混凝土砌块的抗压强度。

二、实验原理

通过测量混凝土砌块的破坏荷载，计算混凝土砌块的抗压强度。

三、实验材料

混凝土砌块。

四、实验设备

（1）材料试验机：试验机的示值相对误差不大于1%，预期最大破坏荷载应在量程的20%～80%，试验机的上、下压板应有一端为球铰支座，可随意转动。

（2）辅助压板：当试验机的上压板或下压板支撑面不能完全覆盖试件的承压面时，应在试验机压板与试件之间放置一块钢板作为辅助压板。辅助压板的长度、宽度分别应至少比试件的长度、宽度大6mm，厚度应不小于20mm；辅助压板经热处理后的表面硬度应不小于60HRC，平面度公差应小于0.12mm。

（3）试件制备平台：试件制备平台应平整、水平，使用前要用水平仪检验找平，其长度方向范围内的平面度应不大于0.1mm，可用金属或其他材料制作。

（4）玻璃平板：玻璃平板厚度不小于6mm，面积应比试件承压面大。

（5）水平仪：水平仪规格为250～500mm。

（6）直角靠尺：直角靠尺应有一端长度不小于 120mm，分度值为 1mm。

（7）钢直尺：分度值为 1mm。

（8）找平和黏结材料：如需提前进行抗压强度实验，宜采用高强石膏粉或快硬水泥。有争议时应采用 42.5 普通硅酸盐水泥砂浆。

五、实验步骤

本方法只适用于外形为完整直角六面体的块材，可裁切出完整直角六面体的辅助砌块和异形砌块。试件数量为 5 个。

（1）按照长度在条面的中间、宽度在顶面的中间、高度在顶面的中间测量方法，测量每个试件承压面的长度（L）和宽度（B），分别求出各个方向的平均值，精确至 1mm。

（2）将试件放在试验机下压板上，要尽量保证试件的重心与试验机压板中心重合（对于孔型分别对称于长（L）和宽（B）的中心线的试件，其重心和形心重合；对于不对称孔型的试件，可在试件承压面下垫一根直径 10mm、可自由滚动的圆钢条，分别找出长（L）和宽（B）的平衡轴（重心轴），两轴的交点即为重心）。除需特意将试件的开孔方向置于水平外，实验时块材的开孔方向应与试验机加压方向一致。实心块材测试时，摆放的方向需与实际使用时一致。

（3）试验机加荷应均匀平稳，不应发生冲击或振动。加荷速度以 4～6kN/s 为宜，直至试样破坏为止，记录最大破坏荷载 P。

六、数据处理与记录

抗压强度按式（8-19）计算。

$$R=\frac{P}{L\times B} \tag{8-19}$$

式中　R——抗压强度（MPa）；

　　　P——最大破坏荷载（N）；

　　　L——受压面的长度（mm）；

　　　B——受压面的宽度（mm）。

实验结果以 5 个试件抗压强度的算术平均值和单块最小值表示，精确至 0.1MPa。

实验数据记录于表 8-23。

表 8-23　数据记录

序号	破坏荷载（MPa）
1	
2	
3	
4	
5	

讨论：影响混凝土砌块强度的因素有哪些？

第十九节　混凝土砌块块体密度和空心率

一、实验目的

通过本实验确定混凝土砌块密度和空心率。

二、实验原理

通过测量混凝土砌块的绝干质量、体积、饱和面干状态的质量、悬浸质量，计算混凝土砌块的密度和空心率。

三、实验材料

混凝土砌块。

四、实验设备

（1）电子秤：感量精度 0.005kg；
（2）水池或水箱：最小容积应能放置一组试件；
（3）水桶：大小应能悬浸一个块材试件；
（4）电热鼓风干燥箱：温控精度±2℃；
（5）吊架。

五、实验步骤

（1）试件数量为 3 个。按照长度在条面的中间、宽度在顶面的中间、高度在顶面的中间测量方法，测量完整块材试件的长度、宽度、高度，分别求出各个方向的平均值，分别用 l，b，h 表示，单位为毫米。

（2）将试件浸入 15～25℃的水中，水面应高出试件 20mm 以上，24h 后将其分别移到水桶中，称出试件的悬浸质量 m_1，精确至 0.005kg。

（3）称取试件的悬浸质量将磅秤置于平稳的支座上，在支座的下方与磅秤中线重合处放置水桶。在磅秤底盘上放置吊架，用铁丝把试件悬挂在吊架上，此时试件应离开水桶的底面且全部浸泡在水中。将磅秤读数减去吊架和铁丝的质量，即为悬浸质量 m_1。

（4）将试件从水中取出，放在铁丝网架上滴水 1min，再用拧干的湿布拭去内、外表面的水，立即称其饱和面干状态的质量 m_2，精确至 0.005kg。

（5）将试件放入电热鼓风干燥箱内，在 105℃±5℃温度下至少干燥 24h，然后每间隔 2h 称量一次，直至两次称盘之差不超过后一次称盘的 0.2%为止。待试件在电热鼓风干燥箱内冷却至与室温之差不超过 20℃后取出，立即称其绝干质量 m，精确至 0.005kg。

六、数据处理与记录

每个试件的体积按式（8-20）计算。

$$V=l\times b\times h\times 10^{-9} \tag{8-20}$$

式中　V——试件的体积（m^3）；

l——试件的长度（mm）；

b——试件的宽度（mm）；

h——试件的高度（mm）。

每个试件的密度按式（8-21）计算，精确至 10kg/m^3。块体密度以三个试件块体密度的算术平均值表示。精确至 10kg/m^3。

$$r=\frac{m}{v} \tag{8-21}$$

式中　r——试件的密度（kg/m^3）；

m——试件的绝干质量（kg）；

v——试件的体积（m^3）。

每个试件的空心率按式（8-22）的计算，精确至 1%。块材的空心率以三个试件空心率的算术平均值表示。精确至 1%。

$$K_r=[1-(m_2-m_1)/(\rho\times v)]\times 100\% \tag{8-22}$$

式中　K_r——试件的空心率（%）；

m_1——试件的悬浸质量（kg）；

m_2——试件饱和面干状态的质量（kg）；

v——试件的体积（m^3）；

ρ——水的密度，取 ρ=1000kg/m^3。

实验数据记录于表 8-24。

表 8-24　数据记录

序号	l（mm）	b（mm）	h（mm）	m（kg）	m_1（kg）	m_2（kg）
1						
2						
3						

讨论：块体密度和空心率在实际应用中有何意义？

第二十节　混凝土砌块的含水率、吸水率和相对含水率

一、实验目的

通过本实验确定混凝土砌块的含水率和吸水率。

二、实验原理

通过测试混凝土砌块的自然状态质量、绝干状态质量、饱和面干状态质量，计算含水率、吸水率、相对含水率。

三、实验材料

混凝土砌块。

四、实验设备

（1）电热鼓风干燥箱：温控精度±2℃；
（2）电子秤：感量精度 0.005kg；
（3）水池或水箱：最小容积应能放置一组试件。

五、实验步骤

试件数量为三个。取样后应立即用塑料袋包装密封。

试件取样后立即用毛刷清理试件表面及孔洞内粉尘，称取其质量 m_0。如试件用塑料袋密封运输，则在拆袋前先将试件连同包装袋一起称量，然后减去包装袋的质量（袋内如有试件中析出的水珠，应将水珠擦拭干或用暖风吹干后再称量包装袋的质量），即得试件在取样时的质 m_0，精确至 0.005kg。

将试件投入 15～25℃的水中，水面应高出试件 20mm 以上。24h 后取出，放在铁丝网架上滴水 1min，再用拧干的湿布拭去内、外表面的水，立即称其饱和而干状态的质量 m_2，精确至 0.005kg。

将试件放入电热鼓风干燥箱内，在 105℃±5℃温度下至少干燥 24h，然后每间隔 2h 称量一次，直至两次称量之差不超过后一次称量的 0.2%为止。待试件在电热鼓风干燥箱内冷却至与室温之差不超过 20℃后取出，立即称其绝干质量 m。

六、数据处理与记录

每个试件的含水率按公式（8-23）计算，精确至 0.1%。块材的含水率以三个试件含水率的算术平均值表示，精确至 1%。

$$W_1=\frac{m_0-m}{m}\times 100\% \tag{8-23}$$

式中 W_1——试件的含水率（%）；
m_0——试件在取样时的质量（kg）；
m——试件的绝干质量（kg）。

每个试件的吸水率按公式（8-24）计算，精确至 0.1%。块材的吸水率以三个试件含水率的算术平均值表示，精确至 1%。

$$W_2=\frac{m_2-m}{m}\times 100\% \tag{8-24}$$

式中 W_2——试件的吸水率（%）；
m_0——试件饱和面干的质量（kg）；
m——试件的绝干质量（kg）。

块材的相对含水率按式（8-25）计算，精确至 1%。

$$W=\frac{\overline{W_1}}{\overline{W_2}}\times 100\% \tag{8-25}$$

式中　W——块材的相对含水率（%）；

$\overline{W_1}$——三个块材含水率的平均值（%）；

$\overline{W_2}$——三个块材吸水率的平均值（%）；

实验数据记录于表 8-25。

表 8-25　数据记录

序号	试件在取样时的质量（kg）	试件的绝干质量（kg）	试件饱和面干的质量（kg）
1			
2			
3			

第二十一节　混凝土砌块的干燥收缩值

一、实验目的

通过本实验熟悉混凝土砌块的干燥收缩值实验方法。

二、实验原理

通过测量混凝土砌块初始长度和干燥后的长度，计算其干燥收缩值。

三、实验材料

混凝土砌块

四、实验设备

（1）手持应变仪：测量装置应用带表盘的千分表，并应有足够大的测量范围；

（2）恒温恒湿箱或电热鼓风干燥箱：最小容积应能放置三个完整的试件，并且每一个测试试件四周的净空间距 25mm 以上，能满足 50℃±1℃的温度和 17%±2%相对湿度控制精度要求；

（3）水池或水箱：最小容积应能放置一组试件；

（4）测长头：由不锈钢或黄铜制成；

（5）台钻或麻花钻：带有深度限位尺，精度 1mm。

五、实验步骤

（1）试件应为完整砌块，试件数量为 3 个。在每个试件任一条面上划出中心线，用手持应变仪配备的标距定位器，在中心线上确定测长头安装插孔的位置。在确定的位置上用直径为 12mm 的钻头钻孔，孔深 14mm±2mm。安装测长头前，测长头插孔应干燥且无灰尘。用黏合剂（水泥-水玻璃浆或环氧树脂）注入插孔后，用标距杆把测长头挤压到合适的标距。擦掉多余的黏合剂。砌块试件的测量标距为 250mm，砖试件的测量标距 150mm。

(2) 将测长头黏结牢固后的试件浸入 15～25℃的水中，水面高出试件 20mm 以上，浸泡 4d。但在测试前 4h 的水温应保持在 20℃±3℃。

(3) 将试件从水中取出，放在铁丝网架上滴水 1min，再用拧干的湿布拭去内外表面的水分，立即用手持应变仪测量两个测长头之间的初始长度 L，记录初始千分表读数 M_1，精确至 0.001mm。手持应变仪在测长前需用标准杆（长度为 L_0，一般标注在标准杆上）调整或校核，并记录千分表原点读数 M_0，一般宜取千分表量程的一半。要求每组试件在 15min 内测完。

(4) 将试件静置在温度 20℃±5℃、相对湿度应大于 80%的空气中；2d 后放入满足 50℃±1℃的温度和 17%±2%相对湿度要求的恒温恒湿箱内或电热鼓风干燥箱内，相对湿度用放在浅盘中的氯化钙过饱和溶液控制。当电热鼓风干燥箱容量为 1m^{3}时，溶液暴露面积应不小 0.3m^2；在整个测试过程中，在盘子或托盘内，应含有充足的固体氯化钙，从而使晶体露出溶液的表面。氯化钙溶液每 24h 至少彻底地搅拌一次。如果需要的话，可以搅拌更多的次数，以防止氯化钙溶液形成块状或者表而生成渣壳。

(5) 试件在满足 50℃±1℃的温度和 17%±2%相对湿度要求的放置 3d，然后在 20℃±3℃条件下冷却 3h 后取出，用手持应变仪测量一次，并记录千分表读数 M_2。

(6) 将试件进行第二周期的干燥，第二周期的干燥及以后各周期的干燥延续时间均为 2d。干燥结束后，再用手持应变仪进行测量。为保证干燥的均匀一致性，在每一次测量时，在干燥箱里的每一个试样，都要被轮换到不同的位置，反复进行干燥和测量，直到试件长度达到稳定。长度达到稳定系指试件在上述温、湿度条件下连续干燥三个周期后，三个试件长度变化的平均值不超过 0.005mm。此时的长度即为干燥后的长度，记录测量时千分表读书 M。

六、数据处理与记录

每个试件的干燥收缩值按式（8-26）计算，精确至 0.001mm/m。块材的干燥收缩值以三个试件干燥收缩值的算数平均值表示，精确至 0.01mm/m。

$$S=\frac{M_1-M}{L_0+M-M_0}\times 1000 \tag{8-26}$$

式中 S——试件干燥收缩值（mm/m）；

M_1——测量试件初始长度时千分表的读数（mm）；

M——测量试件干燥后长度时千分表的读数（mm）；

L_0——标准杆长度（mm）；

M_0——千分表原点（mm）；

1000——系数（mm/m）。

实验数据记录于表 8-26。

表 8-26 数据记录

序号	初始长度（mm）	干燥后长度（mm）
1		
2		
3		

第二十二节　混凝土砌块的软化系数

一、实验目的

通过本实验确定混凝土砌块的软化系数。

二、实验原理

通过测量混凝土砌块饱和面干试件的抗压强度和气干状态对比试件的抗压强度，计算其软化系数。

三、实验材料

混凝土砌块。

四、实验设备

（1）抗压强度实验设备；
（2）水池或水箱：最小容积应能放置一组试件。

五、实验步骤

试件数量为两组共 10 个。从经过养护后的两组试件中，任取一组 5 个试件浸入 15～25℃的水中，水面高出试件 20mm 以上，浸泡 4d 后取出，在铁丝网架上滴水 1min，再用拧干的湿布拭去内、外表面的水。另外一组 5 个试件放置在温度 20℃±5℃、相对湿度 50%±15%的实验室内进行养护。

将 5 个饱和面干试件和其余五个同龄期的气干状态对比试件，按产品采用的抗压强度实验方法的规定进行实验。

六、数据处理与记录

块材的软化系数按式（8-27）计算，精确至 0.01。

$$K_1=\frac{f_1}{f} \tag{8-27}$$

式中　K_1——块材的软化系数；
　　f_1——五个饱和面干试件的抗压强度平均值（MPa）；
　　f——五个气干状态的对比试件的抗压强度平均值（MPa）。

实验数据记录于表 8-27。

表 8-27　数据记录

序号	f_1（MPa）	f（MPa）
1		
2		

续表

序号	f_1（MPa）	f（MPa）
3		
4		
5		

讨论：测试软化系数在实际应用中有何意义？

第二十三节　混凝土砌块的碳化系数

一、实验目的

通过本实验确定混凝土砌块的碳化系数。

二、实验原理

通过测试混凝土砌块初始抗压强度和碳化后的抗压长度，计算其碳化系数。

三、实验材料

（1）混凝土砌块；

（2）质量浓度为1%～2%酚酞乙醇溶液，用质量浓度为70%的乙醇配制。

四、实验设备

（1）抗压强度实验设备；

（2）碳化实验箱：二氧化碳体积浓度为20%±3%，相对湿度为70%±5%，温度为20℃±2℃。

五、实验步骤

（1）试样数量为两组共12块。一组5块为对比试件，另一组7块为碳化试件，其中2块用于测试碳化情况。

（2）将碳化实验样品放入碳化箱内进行碳化实验，样品间距应不小于20mm；抗压强度对比样品放置的环境条件为：相对湿度70%±5%，温度20℃±2℃。

（3）碳化7d后，每天将测试碳化情况样品的端部约20mm处劈开，用质量浓度为1%～2%的酚酞乙醇溶液检查碳化深度，当测试样品剖面中心不显红色时，即测试样品已完全碳化，则认为碳化箱中全部样品已全部碳化，碳化实验结束；若测试样品剖面中心显红色，即测试样品尚未完全碳化，应继续进行碳化实验，直至28d碳化实验结束。

将已完全碳化或已碳化28d仍未完全碳化的全部样品，与抗压强度对比样品同时进行抗压强度实验。

六、数据处理与记录

混凝土砌块的碳化系数按式（8-28）计算，精确至0.01。

$$K_c = \frac{R_c}{R} \tag{8-28}$$

式中　K_c——混凝土砌块的碳化系数；

R_c——5 块碳化后试件的抗压强度算术平均值（MPa）；

R——5 块对比试件的抗压强度算术平均值（MPa）。

实验数据记录于表 8-28。

表 8-28　数据记录

序号	对比试件的抗压强度（MPa）	碳化后试件抗压强度（MPa）
1		
2		
3		
4		
5		

第二十四节　混凝土砌块的抗冻性

一、实验目的

通过本实验确定混凝土砌块的抗冻性。

二、实验原理

通过测量混凝土砌块冻融后的强度损失率、质量损失率以及外观质量评价其抗冻性。

三、实验材料

混凝土砌块。

四、实验设备

（1）冷冻室、冻融实验箱或低温水箱：最低温度可调至－30℃；

（2）水池或水箱：最小容积应能放置一组试件；

（3）台秤：分度值不大于 5g；

（4）毛刷；

（5）抗压强度实验设备。

五、实验步骤

（1）试样数量为 10 块，其中 5 块用于冻融实验，5 块用于未冻融强度对比实验。用毛刷洁除表面及孔洞内的粉尘，在缺棱掉角处涂上油漆，注明编号。将块材逐块放置在实验室内静置 48h，块与块之间间距不得小于 20mm。

(2) 将一组5个冻融试件所需块材，浸入15～25℃的水池或水箱中，水面应高出试样20mm以上，试样间距不得小于20mm。另一组5个对比强度试样所需试样，放置在实验室，室温宜控制在20℃±5℃。

(3) 浸泡4d后从水中取出试样，在支架上滴水1min，再用拧干的湿布拭去内、外表面的水，在2min内立即称量每个块材饱和面干状态的质量m_3，精确至0.005kg。

(4) 将冻融试样放入预先降至－15℃的冷冻室或低温冰箱中，试样应放置在断面为20mm×20mm的格栅上，间距不小于20mm。当温度再次降至－15℃时开始计时。冷冻4h后将试样取出，再置于水温为15～25℃的水池或水箱中融化2h。这样一个冷冻和融化的过程即为一个冻融循环。

(5) 每5次冻融循环，检查一次冻融过程中出现的破坏情况，如冻裂、缺棱、掉角、剥落等，并做出记录。

(6) 在完成规定次数的冻融循环后，将试样从水中取出，立即用毛刷清除表面及孔洞内已剥落的碎片，称量每个试样冻融后饱和面干状态的质量m_4。冻融后试样与在实验室内放置的对比试样一起进行饱水，然后进行试件的抗压强度实验。

六、数据处理与记录

报告5个冻融试件所需试样的外观检查结果。

试件的单块抗压强度损失率按式(8-29)计算，精确至1%。

$$K_i=\frac{f_f-f_i}{f_f}\times 100\% \tag{8-29}$$

式中 K_i——试件的单块抗压强度损失率(%)；

f_f——5个未冻融试件的抗压强度平均值(MPa)；

f_i——单块冻融试件的抗压强度值(MPa)。

混凝土砌块的平均抗压强度损失率按式(8-30)计算，精确至1%。

$$K_R=\frac{f_f-f_R}{f_f}\times 100\% \tag{8-30}$$

式中 K_R——试件的平均抗压强度损失率(%)；

f_f——5个未冻融试件的抗压强度平均值(MPa)；

f_R——5个冻融试件的抗压强度平均值(MPa)。

试件的质量损失率按式(8-31)计算，精确至0.1%。

$$K_m=\frac{m_3-m_4}{m_3}\times 100\% \tag{8-31}$$

式中 K_m——质量损失率(%)；

m_3——试样冻融前的质量(kg)；

m_4——试样冻融后的质量(kg)；

质量损失率以五个冻融试件所需试样质量损失率的平均值表示，精确至0.1%。

实验数据记录于表8-29。

表 8-29　数据记录

序号	冻融前强度（MPa）	冻融后强度（MPa）	冻融前质量（kg）	冻融后质量（kg）	外观情况
1					
2					
3					
4					
5					

讨论：混凝土砌块冻融后产生质量损失和强度损失的原因是什么？

第二十五节　蒸压加气混凝土砌块的尺寸偏差

一、实验目的

本实验的目的测试蒸压加气混凝土砌块的尺寸偏差。

二、实验原理

通过测量蒸压加气混凝土砌块的长、宽、高，检验蒸压加气混凝土砌块的尺寸偏差。

三、实验材料

蒸压加气混凝土砌块。

四、实验设备

钢直尺：规格为 1000mm，分度值为 1mm。

五、实验步骤

用钢直尺分别在长度、宽度、高度的两个对应面的中部各测量一个尺寸，取绝对偏差最大的值，精确至 1mm。

六、数据处理与记录

尺寸偏差以实际测量值与规定尺寸的差值表示，精确至 1mm。

砌块按尺寸偏差分为Ⅰ型和Ⅱ型。Ⅰ型适用于薄灰缝砌筑，Ⅱ型适用于厚灰缝砌筑。尺寸允许偏差应符合表 8-30 的规定。

表 8-30　尺寸允许偏差（mm）

项目	Ⅰ型	Ⅱ型
长度 L	±3	±4
宽度 B	±1	±2
高度 H	±1	±2

实验数据记录于表 8-31。

表 8-31 数据记录

项目	规定尺寸（mm）	测量尺寸（mm）
长度 L		
宽度 B		
高度 H		

讨论：蒸压加气混凝土砌块产生尺寸偏差的原因有哪些？

第二十六节 蒸压加气混凝土砌块的干密度、含水率和吸水率

一、实验目的

本实验的目的测试蒸压加气混凝土砌块的干密度、含水率和吸水率。

二、实验原理

通过测量蒸压加气混凝土砌块的烘干后质量、烘干前的质量、吸水后质量、体积，计算蒸压加气混凝土砌块的干密度、含水率和吸水率。

三、实验材料

蒸压加气混凝土砌块。

四、实验设备

（1）电热鼓风干燥箱：最高温度 200℃；

（2）托盘天平或磅秤：称量 2000g，感量 0.1g；

（3）钢板直尺：规格为 300mm，分度值为 1mm；

（4）游标卡尺或数显卡尺：规格为 300mm，分度值为 0.1mm；

（5）恒温水槽：水温 20℃±2℃；

（6）实验室：室温 20℃±5℃。

五、实验步骤

（1）试件制备。

试件的制备采用机锯。锯切时不应将试件弄湿。

试件应沿制品发气方向中心部分上、中、下顺序锯取一组，“上”块的上表面距离制品顶面 30mm，“中”块在制品正中处，“下”块的下表面离制品底面 30mm。

试件表面应平整，不得有裂缝或明显缺陷，尺寸允许偏差应为±1mm，平整度应不大于 0.5mm，垂直度应不大于 0.5mm。试件应逐块编号，从同一块试样中锯切出的试件为同一组试件，以“Ⅰ、Ⅱ、Ⅲ…”表示组号；当同一组试件有上、中、下位置要求

时，以下标“上、中、下”注明试件锯取的位置；当同一组试件没有位置要求，则以下标“1、2、3…”注明，以区别不同试件；平行试件以“Ⅰ、Ⅱ、Ⅲ…”加注上标“+”以示区别。试件以“↑”标明发气方向。试件为 2 组 100mm×100mm×100mm 立方体。

以长度 600mm，宽度 250mm 的制品为例，试件锯取部位如图 8-2 所示。

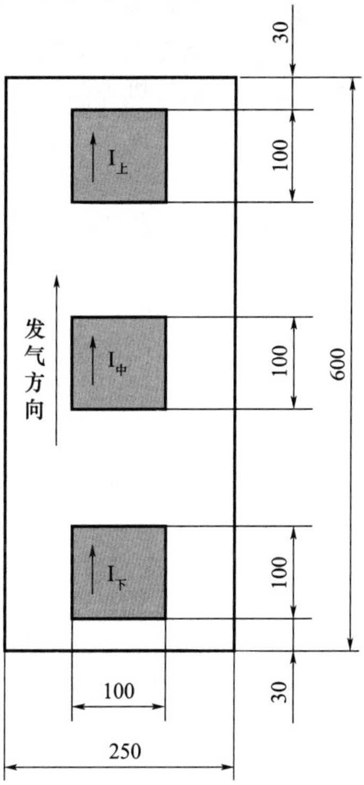

图 8-2　干密度、含水率和吸水率试件锯取示意图

（2）干密度和含水率实验步骤。

取试件 1 组，逐一量取长、宽、高三个方向的轴线尺寸，精确至 0.1mm，计算试件的体积；并称取试件质量（M），精确至 1g。

将试件放入电热鼓风干燥箱内，在 60℃±5℃下保持 24h，然后在 80℃±5℃下保持 24h，再在 105℃±5℃下烘至恒质（M_0）。恒质指在烘干过程中间隔 4h，前后两次质量差不应超过 2g。

（3）吸水率实验步骤。

取另 1 组试件放入电热鼓风干燥箱内，在 60℃±5℃下保持 24h，然后在 80℃±5℃下保持 24h，再在 105℃±5℃下烘至恒质（M_0）。

试件在室内冷却 6h 后，放入水温为 20℃±2℃的恒温水槽内，然后加水至试件高度的 1/3，保持 24h，再加水至试件高度的 2/3，经 24h 后，加水高出试件 30mm 以上，保持 24h。

将试件从水中取出，用湿布抹去表面水分，立即称取每块质量（M_g），精确至 1g。

六、数据处理与记录

干密度按式（8-32）计算。

$$r_0=\frac{M_0}{V}\times 10^6 \tag{8-32}$$

式中　r_0——干密度（kg/m³）；

M_0——试件烘干后质量（g）；

V——试件体积（mm³）。

质量含水率按式按式（8-33）计算。

$$W_s=\frac{M-M_0}{M_0}\times 100\% \tag{8-33}$$

式中　W_s——质量含水率（%）；

M_0——试件烘干后质量（g）；

M——试件烘干前的质量（g）。

体积含水率按式（8-34）计算。

$$W_v=\frac{M-M_0}{1\times (V/1000)}\times 100\% \tag{8-34}$$

式中 W_v——体积含水率（%）；

M_0——试件烘干后质量（g）；

M——试件烘干前的质量（g）；

V——试件体积（mm^3）。

1——水在20℃时的密度（g/cm^3）。

质量吸水率按式按式（8-35）计算。

$$W_r=\frac{M_g-M_0}{M_0}\times 100\% \tag{8-35}$$

式中 W_r——质量吸水率（%）；

M_0——试件烘干后质量（g）；

M_g——试件吸水后的质量（g）。

体积含水率按式（8-36）计算。

$$W_g=\frac{M_g-M_0}{1\times(V/1000)}\times 100\% \tag{8-36}$$

式中 W_g——体积吸水率（%）；

M_0——试件烘干后质量（g）；

M_g——试件吸水后的质量（g）；

V——试件体积（mm^3）。

1——水在20℃时的密度（g/cm^3）

结果按1组实件实验的算术平均值进行评定，干密度计算精确至$1kg/m^3$，质量含水率、体积含水率、质量吸水率和体积吸水率计算精确至0.1%。

蒸压加气混凝土砌块按干密度分为B03，B04，B05，B06，B07五个级别（表8-32）；干密度级别B03，B04适用于建筑保温。

表8-32 干密度要求（mm）

干密度级别	B03	B04	B05	B06	B07
平均干密度（kg/m^3）	≤350	≤450	≤550	≤650	≤750

实验数据记录于表8-33。

表8-33 数据记录

序号	M_0（g）	M（g）	M_g（g）	V
1				
2				
3				

第二十七节 蒸压加气混凝土砌块的抗压强度

一、实验目的

本实验的目的测试蒸压加气混凝土砌块的抗压强度，评定其强度等级。

二、实验原理

通过测量蒸压加气混凝土砌块的破坏荷载，计算蒸压加气混凝土砌块的抗压强度。

三、实验材料

蒸压加气混凝土砌块。

四、实验设备

（1）材料试验机：精度（示值的相对误差）不应低于2%，量程的选择应能使试件的预期最大破坏荷载处在全量程的20%～80%范围内；

（2）托盘天平或磅秤：称量2000g，感量1g；

（3）电热鼓风干燥箱：最高温度200℃；

（4）钢板直尺：规格为300mm，分度值为1mm；

（5）游标卡尺或数显卡尺：规格为300mm，分度值为0.1mm。

五、实验步骤

（1）试件的制备采用机锯，锯切时不应将试件弄湿。

（2）试件应沿制品发气方向中心部分上、中、下顺序锯取一组，“上”块的上表面距离制品顶面30mm，“中”块在制品正中处，“下”块的下表面离制品底面30mm。

（3）试件表面应平整，不得有裂缝或明显缺陷，尺寸允许偏差应为±1mm，平整度应不大于0.5mm，垂直度应不大于0.5mm。试件应逐块编号，从同一块试样中锯切出的试件为同一组试件，以“Ⅰ、Ⅱ、Ⅲ…”表示组号；当同一组试件有上、中、下位置要求时，以下标“上、中、下”注明试件锯取的位置；当同一组试件没有位置要求，则以下标“1、2、3…”注明，以区别不同试件；平行试件以“Ⅰ、Ⅱ、Ⅲ…”加注上标“+”以示区别。试件以“↑”标明发气方向。试件锯取部位如图8-3所示。

（4）试件受压面的平整度应小于0.1mm，相邻面的垂直度应小于1mm。试件数量：100mm×100mm×100mm立方体试件1组，平行试件1组。

（5）试件应在含水率10%±2%下进行实验。如果含水率超出以上范围时，宜在60℃±5℃条件下烘至所要求的含水率，并应在室内放置6h以后进行抗压强度实验。

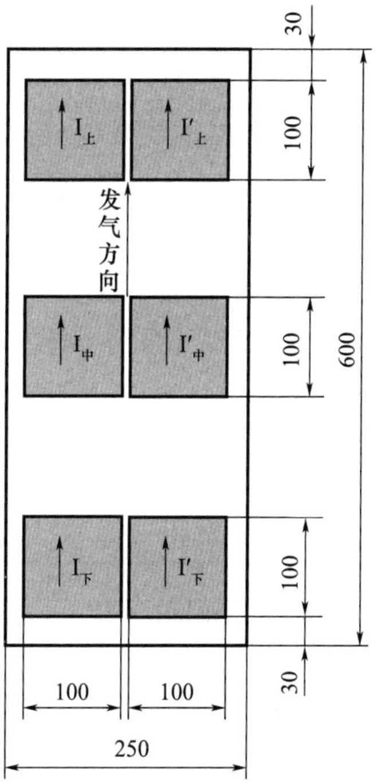

图8-3 抗压强度试件锯取示意图

（6）检查试件外观。测量试件的尺寸，精确至0.1mm，并计算试件的受压面积

(A_1)。将试件放在材料试验机的下压板的中心位置，试件的受压方向应垂直于制品的发气方向。开动试验机，当上压板与试件接近时，调整球座，使接触均衡。以 2.0kN/s ±0.5kN/s 的速度连续而均匀地加荷，直至试件破坏，记录破坏荷载（P）。实验后应立即称取破坏后的全部或部分试件质量，然后在 105℃±5℃下烘至恒质，计算其含水率。

六、数据处理与记录

抗压强度按式（8-37）计算，计算精确至 0.1MPa。抗压强度实验中，如果实测含水率超出要求范围，则实验结果无效。

$$f=\frac{P}{A} \tag{8-37}$$

式中 f——试件的抗压强度（MPa）；

P——破坏荷载（N）；

A——试件受压面积（mm^2）。

蒸压加气混凝土砌块按抗压强度分为 A1.5，A2.0，A2.5，A3.5，A5.0 五个级别（表 8-34）。强度级别 A1.5、A2.0 适用于建筑保温。

表 8-34 抗压强度和干密度要求

强度级别	抗压强度（MPa）		干密度级别	平均干密度（kg/m^3）
	平均值	最小值		
A1.5	≥1.5	≥1.2	B03	≤350
A2.0	≥2.0	≥1.7	B04	≤450
A2.5	≥3.5	≥2.1	B04	≤450
			B05	≤550
A3.5	≥3.5	≥3.0	B04	≤450
			B05	≤550
			B06	≤650
A5.0	≥5.0	≥4.2	B05	≤550
			B06	≤650
			B07	≤750

实验数据记录于表 8-35。

表 8-35 数据记录

序号	破坏荷载（MPa）
1	
2	
3	

讨论：影响蒸压加气混凝土砌块强度的因素有哪些？

第二十八节　蒸压加气混凝土砌块的干燥收缩

一、实验目的

通过本实验确定蒸压加气混凝土砌块的干燥收缩特性。

二、实验原理

通过测量蒸压加气混凝土砌块初始长度和干燥后的长度，计算其干燥收缩值。

三、实验材料

蒸压加气混凝土砌块。

四、实验设备

(1) 立式收缩仪：精度为 0.005mm；
(2) 收缩测量头：采用黄铜或不锈钢制成；
(3) 电热鼓风干燥箱：最高温度 200℃；
(4) 自控干燥收缩实验箱：最高工作温度 150℃，最高相对湿度 95%±3%；
(5) 天平：称量 500g，感量 0.1g；
(6) 干燥器；
(7) 干湿球温度计：最高温度 100℃；
(8) 恒温水槽：水温 20℃±2℃；
(9) 实验室：室温 20℃±5℃。

五、实验步骤

(1) 试件的制备采用机锯，锯切时不应将试件弄湿。从抽取的试样中部锯取，试件长度方向平行于制品的发气方向，锯取部位如图 8-4所示。锯好后立即将试件密封。试件尺寸为 40mm×40mm×160mm，数量 1 组；尺寸允许偏差为 (±0.1) mm，两个端面的平行度应为 0.1mm。

(2) 在试件的两个端面找到中心，并通过中心画出相互垂直的十字线。在试件端面的中心部位涂抹黏结剂，直径范围约 10mm，厚度约 1mm。将收缩测量头中心线与试件端面十字线重合压实，静置 2h 后，检查收缩头安装是否牢固，否则重装。在一端的收缩测量头黏结安装完全凝固后，再进行另一端的黏结安装。

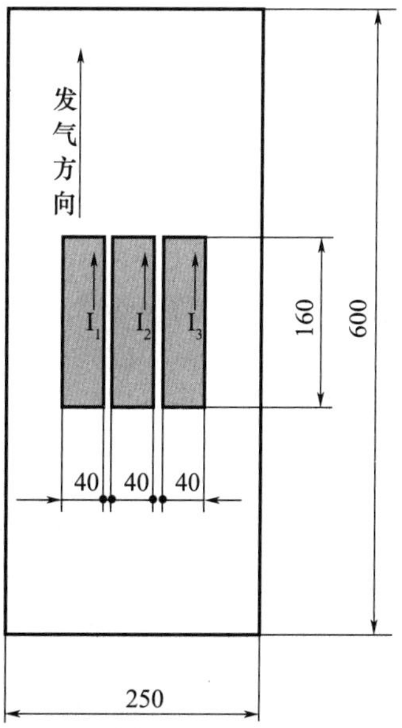

图 8-4　干燥收缩试件锯取示意图

(3) 试件放置 1d 后，浸入水温为 20℃±2℃恒温水槽中，水面应高出试件 30mm，保持 72h。将试件从水中取出，用湿布抹去表面水分，并将收缩测量头擦干净，立即称取试件的质量。

(4) 用标准杆调整仪表原点（一般可取 2.000mm），然后按标明的测试方向立即测定试件初始长度，记下初始千分表读数。试件长度测试误差为±0.005mm，称取质量误差为±0.1g。

(5) 将试件放入温度为 20℃±2℃，相对湿度为 45%±5%的干燥收缩实验箱中。实验的前 5d 每天将试件在 20℃±2℃的房间内测量长度 1 次，以后每隔 4d 测量长度 1 次，直至质量变化小于 0.1%为止，测量前需校准仪器原点，要求每组试件在 10min 内测完。每测量 1 次长度，应同时称取试件的质量。实验结束，将试件烘至恒重，并称取质量。

六、数据处理与记录

蒸压加气混凝土砌块的干燥收缩值按式（8-38）计算。

$$\Delta=\frac{s_1-s_2}{s_0-(y_0-s_1)-s}\times 1000 \qquad (8\text{-}38)$$

式中 Δ——干燥收缩值（mm/m）；

s_1——试件初始长度（百分表的读数）（mm）；

s——试件干燥后长度（百分表的读数）（mm）；

s_0——标准杆长度（mm）；

y_0——百分表原点（mm）；

1000——系数（mm/m）。

收缩值以 1 组试件实验值的算术平均值进行评定，精确至 0.01mm/m。蒸压加气混凝土砌块干燥收缩值应不大于 0.50mm/m。

含水率按式（8-33）计算。干燥收缩特性曲线是反映蒸压加气混凝土在不同含水状态下至干燥后的收缩曲线，由各测试点计算的干燥收缩值绘制而成。

各测试点的含水率按式（8-33）计算。各测试点的干燥收缩值按式（8-39）计算。

$$\Delta_i=\frac{s_i-s_2}{s_0-(y_0-s_i)-s}\times 1000 \qquad (8\text{-}39)$$

式中 Δ_i——各测试点干燥收缩值（mm/m）；

s_i——试件在各测试点长度（百分表的读数）（mm）。

以 1 组试件在各测试点的收缩值和含水率的算术平均值（精确至 0.01mm/m），在图 8-5 中描绘出对应于含水率的干燥收缩特性曲线。

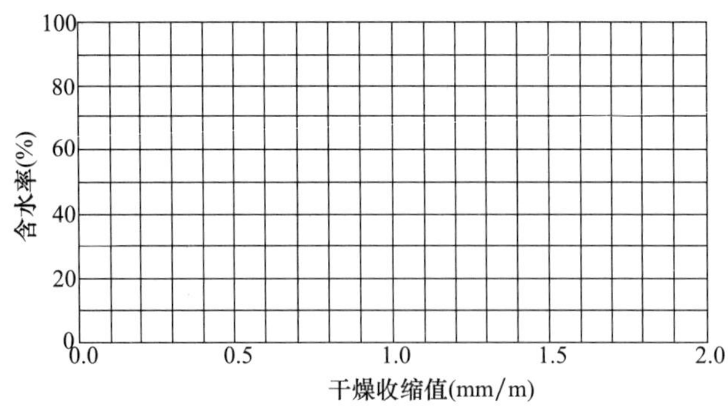

图 8-5 干燥收缩特性曲线绘制格式

实验数据记录于表 8-36。

表 8-36 数据记录

序号	初始长度（mm）	干燥后长度（mm）	含水率（%）
1			
2			
3			

第二十九节 蒸压加气混凝土砌块的抗冻性

一、实验目的

通过本实验测试蒸压加气混凝土砌块的抗冻性能，评定其抗冻性是否符合国家标准要求。

二、实验原理

通过测量蒸压加气混凝土砌块的强度损失率、质量损失率以及外观质量评价其抗冻性。

三、实验材料

蒸压加气混凝土砌块。

四、实验设备

(1) 冷冻室、冻融实验箱或低温水箱：最低温度可调至－30℃；
(2) 恒温恒湿室或恒温恒湿箱：温度 20℃±5℃，相对湿度 95%；
(3) 恒温水槽：水温 20℃±2℃；
(4) 托盘天平或磅秤：称量 2000g，感量 1g；
(5) 电热鼓风干燥箱：最高温度 200℃；
(6) 游标卡尺或数显卡尺：规格为 300mm，分度值为 0.1mm；
(7) 实验室：室温 20℃±5℃。

五、实验步骤

(1) 试件尺寸和数量：100mm×100mm×100mm 立方体冻融试件 1 组；100mm×100mm×100mm 立方体平行试件 1 组。1 组冻融试件用于冻融循环实验；1 组平行试件用于测定实验前含水率、干密度及抗压强度。

(2) 用游标卡尺或数显卡尺测量冻融试件和平行试件长、宽、高的轴线尺寸，精确至 0.1mm，并计算体积和受压面积（A_1）。

(3) 将冻融试件和平行试件浸入水温为 20℃±2℃恒温水槽保持 48h，前 24h 水面位于冻融试件和平行试件的一半高度，后 24h 水面应高出冻融试件和平行试件 30mm。

然后取出放入密封的塑料袋中静置 24h。

（4）从塑料密封袋中取出冻融试件并立即称取质量（M_{10}），精确至 1g，然后放入预先降温至－15℃±2℃的低温箱或冷冻室中木制托架上，试件与试件之间及其试件与箱壁间距不应小于 50mm，当温度再次降至－15℃时记录时间并保持不少于 8h 后取出。

（5）取出的冻融试件放入温度 20℃±2℃，相对湿度 95%的恒温恒湿室或恒温恒湿箱中木制托架上，试件与试件之间及其试件与箱壁间距不应小于 50mm，并保持不少于 6h。

（6）以冻 8h 和融 6h 作为一次冻融循环，以此冻融循环 15 次。在冻融试件开始冷冻时，平行试件也从塑料密封袋中取出并立即称取质量（M_{20}），精确至 1g，然后放入温度 20℃±2℃，相对湿度 95%的恒温恒湿室或恒温恒湿箱中木制托架上，试件与试件之间及其试件与箱壁间距不应小于 50mm，直至冻融试件完成 15 次冻融循环。

（7）每隔 5 次循环后检查并记录试件在冻融过程中的破坏情况。冻融实验过程中，如发现冻融试件呈破碎、剥落等明显破坏现象，应取出冻融试件，停止冻融实验，并记录冻融次数、称取冻融试件的湿质量（M_{1w}）。

（8）循环过程中如遇实验中断，应将冻融试件置于温度 20℃±2℃，相对湿度 95%的恒温恒湿室或恒温恒湿箱中，等待恢复实验。

（9）冻融循环实验结束，应立即称取冻融试件的湿质量（M_{1w}），同时称取平行试件的湿质量（M_{2w}），精确至 1g。

（10）将完成冻融后的冻融试件和平行试件放在电热鼓风干燥箱内，在 60℃±5℃下保持 24h，然后在 80℃±5℃下保持 24h，再在 105℃±5℃下烘至恒质，密封冷却至室温后，立即称取质量（M_{1d}，M_{2d}）精确至 1g。

（11）将冻融循环实验后并经烘干的冻融试件和平行试件测定抗压强度（f_{1d}，f_{2d}）。

六、数据处理与记录

冻融实验前的含水率按式（8-40）计算。

$$W_0=\frac{M_{20}-M_{2d}}{M_{2d}}\times 100\% \tag{8-40}$$

式中 W_0——冻融实验前的含水率（%）；

M_{20}——冻融试件实验前（从密封袋中取出时）平行试件的湿质量（g）；

M_{2d}——冻融实验后平行试件的干质量（g）。

冻融实验后的含水率按式（8-41）计算。

$$W_d=\frac{M_{1w}-M_{1d}}{M_{1d}}\times 100\% \tag{8-41}$$

式中 W_d——冻融实验后的含水率（%）；

M_{1w}——冻融实验后冻融试件的湿质量（g）；

M_{1d}——冻融实验后冻融试件的干质量（g）。

冻融实验前冻融试件的等效干质量按式（8-42）计算。

$$m_{1d}=\frac{M_{2d}}{M_{20}}\times M_{10} \tag{8-42}$$

式中 m_{1d}——冻融实验前冻融试件的等效干质量（g）；

M_{10}——冻融试件实验前的湿质量（g）。

质量损失按式（8-43）计算。

$$M_m=\frac{m_{1d}-M_{1d}}{m_{1d}}\times100\% \tag{8-43}$$

式中 M_m——质量损失（%）。

抗压强度损失按式（8-44）计算。

$$F_m=\frac{f_{2d}-f_{1d}}{f_{2d}}\times100\% \tag{8-44}$$

式中 F_m——抗压强度损失（%）；

f_{1d}——冻融实验后冻融试件的抗压强度（MPa）；

f_{2d}——冻融实验后平行试件的抗压强度（MPa）。

抗冻性按冻融质量损失平均值和抗压强度损失平均值进行评定，精确至 0.1%。应用于墙体的砌块抗冻性应符合表 8-37 的规定。

表 8-37 抗冻性

强度级别		A2.5	A3.5	A5.0
抗冻性	冻后质量平均值损失（%）	≤5.0		
	冻后强度平均值损失（%）	≤20		

实验数据记录于表 8-38。

表 8-38 数据记录

序号	冻融实验后冻融试件的抗压强度（MPa）	冻融实验后平行试件的抗压强度（MPa）	冻融试件实验前平行试件的湿质量（g）	冻融实验后平行试件的干质量（g）	冻融试件实验前的湿质量（g）	冻融实验后冻融试件的干质量（g）	外观情况
1							
2							
3							

讨论：为何冻融后蒸压加气混凝土砌块会产生强度损失和质量损失？

第三十节 蒸养砖生产与检测案例——能“吃”渣能吸碳的砖

一块神奇的砖，能“吃”渣还能吸碳——全球首条水泥窑尾气吸碳制砖生产线投产。2021 年 12 月 28 日，业内首条“水泥窑烟气 CO_2 吸碳制砖自动化生产线”在鄂成功投产运行，由华新水泥股份有限公司与湖南大学联合研发。建筑行业已普遍使用免烧蒸压的混凝土灰砂砖取代传统烧制的黏土实心砖，但灰砂砖以河砂等为主要原材料，通过燃烧天然气等高温高压蒸养制成。制砖过程仍然要消耗大量能源和资源。2018 年以来，华新水泥总裁兼技术中心主任李叶青组织团队研发创新，建立了用水泥基材料和矿山废弃土石渣免烧蒸汽制砖的生产线，实现了资源综合利用。湖南大学史才军教授团队经过长期研究提出了“水分调控—气体迁移—碳化反应”协同理论，突破了二氧化碳不能快速进入混凝土制品内部进行迁移和反应的科学瓶颈。生产水泥的水泥窑所排放尾气经过处理后温度依然在70摄氏度左右，二氧化碳浓度为20%～30%。使用新技术后，混凝土砖在生产过程中，不需要再用高温高压蒸养，而是使用水泥窑尾气直接养护。制砖原材料与尾气中的二氧化碳快速反应即“吸碳”碳化，而后化身成品砖。自动化生产线在华新武穴工业园基地多日的运行结果表明，“吸碳”砖的平均抗压强度在15兆帕以上，满足国家相关建材标准要求。制砖成本、制砖时间则与市场同类产品相当。且随时间推移、碳化反应深化，砖的强度还会持续升高。该技术可利用大量水泥矿山废弃尾料，降低成本并使资源综合利用。

课程思政——固体废物“巧变”绿色建材

国家发展改革委、科技部、工业和信息化部、财政部、自然资源部、生态环境部、住房和城乡建设部、农业农村部、市场监管总局、国管局等十部门2021年联合印发《关于“十四五”大宗固体废弃物综合利用的指导意见》，明确到2025年，煤矸石、粉煤灰、尾矿（共伴生矿）、冶炼渣、工业副产石膏、建筑垃圾、农作物秸秆等大宗固废的综合利用能力显著提升，利用规模不断扩大，新增大宗固废综合利用率达到60%，存量大宗固废有序减少。大宗固废综合利用水平不断提高，综合利用产业体系不断完善；关键瓶颈技术取得突破，大宗固废综合利用技术创新体系逐步建立；政策法规、标准和统计体系逐步健全，大宗固废综合利用制度基本完善；产业间融合共生、区域间协同发展模式不断创新；集约高效的产业基地和骨干企业示范引领作用显著增强，大宗固废综合利用产业高质量发展新格局基本形成。

利用煤矸石、粉煤灰、尾矿、冶炼渣、工业副产石膏、建筑垃圾等固体废弃物制备建筑墙材，简化了工艺、降低了应用成本，是解决和实现磷固废最大化综合利用的有效途径，对于践行“两山”理念和落实“双碳”行动具有重要意义，应用市场前景广阔。

参考文献

［1］中华人民共和国国家质量监督检验检疫总局，中国国家标准化管理委员会．烧结普通砖：GB/T 5101—2017［S］．北京：中国标准出版社，2017.

［2］中华人民共和国国家市场监督管理总局，中国国家标准化管理委员会．蒸压加气混凝土性能试验方法：GB/T 11969—2020［S］．北京：中国标准出版社，2020.

［3］中华人民共和国国家市场监督管理总局，中国国家标准化管理委员会．蒸压加气混凝土砌块：GB/T 11968—2020［S］．北京：中国标准出版社，2020.

［4］中华人民共和国国家质量监督检验检疫总局，中国国家标准化管理委员会．砌墙砖试验方法：GB/T 2542—2012［S］．北京：中国标准出版社，2012.

［5］中华人民共和国国家质量监督检验检疫总局，中国国家标准化管理委员会．混凝土砌块和砖试验方法：GB/T 4111—2013［S］．北京：中国标准出版社，2013.

［6］中华人民共和国工业和信息化部．蒸压粉煤灰砖：JC/T 239—2014［S］．北京：中国标准出版社，2014.

第九章 建筑材料综合性大实验

第一节 自密实混凝土配合比设计实验

一、实验目的

掌握自密实混凝土的配合比设计过程、拌和物的和易性调整和强度的实验方法，培养综合设计实验和解决复杂工程问题的能力。

二、实验原理

配制自密实混凝土的关键在于保证混凝土拌和物兼具大流动性和高和易性。根据提供的工程情况和原材料，依据《自密实混凝土应用技术规程》(JGJT 283—2012) 的规定或查阅资料采用非标准方法设计出自密实混凝土的初步配合比，然后进行试配和调整，确定符合工程要求的自密实混凝土。

三、实验材料

PO42.5 普通硅酸盐水泥、砂子、石子、聚羧酸减水剂、萘系减水剂、粉煤灰、矿渣微粉、硅灰、磨细石灰石粉等，自来水。

四、实验设备

透气式比表面积仪、负压筛、维卡仪、净浆搅拌机、量水器、天平、雷氏夹膨胀值测定仪、沸煮箱、养护箱、玻璃板、行星式水泥胶砂搅拌机、胶砂振动台、模套、试模、水泥胶砂抗折、抗压试验机、抗压夹具、刮平直尺、试验筛、摇筛机、烘箱、容量瓶、烧杯、干燥器、浅盘、料勺、容量筒、混凝土压力试验机、坍落度筒等。

五、实验步骤

(一) 原材料性能实验。

(1) 水泥性能实验：细度、凝结时间、安定性、胶砂强度实验等。

(2) 砂子：表观密度、堆积密度、筛分析、含泥量和泥块含量实验等。

(3) 石子：表观密度、堆积密度、筛分析、压碎指标实验等。

(4) 减水剂：减水率等。

(5) 粉煤灰、矿渣、硅灰：胶砂需水量、活性指数测定等。

（二）计算自密实混凝土配合比。

依据《自密实混凝土应用技术规程》（JGJT 283—2012）的规定或查阅资料采用非标准方法，根据给定的工程情况和原材料条件，以及实验测得的原材料性能，进行配合比计算，求出每立方混凝土中各种材料的用量。

（三）配合比的试配、调整和确定。

试配时，首先应进行试拌，先检查拌和物自密实性能必控指标，再检查拌和物自密实性能可选指标。当试拌得出的拌和物自密实性能不能满足要求时，应在水胶比不变、胶凝材料用量和外加剂用量合理的原则下调整胶凝材料用量、外加剂用量和外加剂用量合理的原则下调整胶凝材料用量、外加剂用量或砂的体积分数等，直到符合要求为止，应根据试拌结果提出混凝土强度实验用的基准配合比。

混凝土强度实验时至少应采用三个不同的配合比，制作混凝土强度实验试件时，应验证拌和物自密实性能是否达到设计要求，应以该结果代表相应配合比的混凝土拌和物性能指标。

（四）性能检验。

依据最终配合比，按照标准方法进行成型，测试抗折强度、抗压强度等力学性能。如有耐久性要求，也要对其耐久性进行测试。

六、结果的计算与表示

（一）原材料性能。

画表列出以下原材料的原始数据，并写出计算过程。

（1）水泥性能实验：细度、凝结时间、安定性、胶砂强度实验等。

（2）砂子：表观密度、堆积密度、筛分析、含泥量和泥块含量实验等。

（3）石子：表观密度、堆积密度、筛分析、压碎指标实验等。

（4）减水剂：减水率等。

（5）粉煤灰、矿渣、硅灰：胶砂需水量、活性指数测定等。

（二）计算自密实混凝土配合比。

依据原材料性能，按步骤写出自密实混凝土初步配合比的计算过程。

（三）配合比的试配、调整和确定。

依据初步配合比，对自密实混凝土进行试拌和试配，依据自密实性、流动度、强度等性能，对配合比进行调整，写出调整的过程和依据。

（四）性能检验。

对依据最终配合比成型的混凝土进行抗折强度和抗压强度实验，确定它的力学性能，分析实验中出现的问题。

讨论：配合比为什么要进行试配？配合比试配时，当有关指标达不到设计要求时，应如何进行调整？

第二节　普通透水混凝土配合比设计实验

一、实验目的

掌握普通透水混凝土的配合比设计过程、拌和物的工作性调整、强度和透水系数等性能的实验方法，培养综合设计实验和解决复杂工程问题的能力。

二、实验原理

配制普通透水混凝土的关键在于保证混凝土拌和物兼具强度和透水性。根据提供的工程情况和原材料，依据《透水混凝土》(JC/T 2558—2020）或《再生集料透水混凝土应用技术规程》(CJJ/T 253—2016）或《透水混凝土路面技术规程》(DB11/T 775—2010）等的规定或查阅资料采用非标准方法设计出普通透水混凝土的初步配合比，然后进行试配和调整，确定符合工程要求的透水混凝土。

三、实验材料

PO42.5 或 PO42.5R 普通硅酸盐水泥、天然细集料、天然粗集料、再生细集料、再生粗集料、粉煤灰、粒化高炉矿渣粉、硅灰、钢渣粉、自来水、聚羧酸减水剂、萘系减水剂、防冻剂等。

四、实验设备

透气式比表面积仪、负压筛、维卡仪、净浆搅拌机、量水器、天平、雷氏夹膨胀值测定仪、沸煮箱、养护箱、玻璃板、行星式水泥胶砂搅拌机、胶砂振动台、模套、试模、水泥胶砂抗折、抗压试验机、抗压夹具、刮平直尺、试验筛、摇筛机、烘箱、容量瓶、烧杯、干燥器、浅盘、料勺、容量筒、坍落度筒、混凝土压力试验机、透水系数实验装置、量具、秒表、温度计、耐流水侵蚀性装置等。

五、实验步骤

(一）原材料性能实验。

(1）水泥性能实验：细度、凝结时间、安定性、胶砂强度实验等。

(2）细集料：表观密度、堆积密度、筛分析、含泥量和泥块含量实验等。

(3）粗集料：表观密度、堆积密度、筛分析、压碎指标实验等。

(4）减水剂：减水率等。

(5）粉煤灰、矿渣、硅灰、钢渣粉：胶砂需水量、活性指数测定等。

(二）计算普通透水混凝土配合比。

依据《透水混凝土》(JC/T 2558—2020）或《再生集料透水混凝土应用技术规程》(CJJ/T 253—2016）或《透水混凝土路面技术规程》(DB11/T 775—2010）等的规定或查阅资料采用非标准方法，根据给定的工程情况和原材料条件，以及实验测得的原材料性能，进行配合比计算，求出每立方混凝土中各种材料的用量。

（三）配合比的试配、调整和确定。

试拌时，拌和物浆体应均匀包裹集料，与集料颗粒黏结良好，不应淌浆，不应松散，手攥应成团。

首先选择一个水胶比，孔隙率设计值按3%～5%增减，进行连续孔隙率和透水系数实验，绘制连续孔隙率和透水系数的线性关系图，或采用插值法确定略大于设计要求的连续孔隙率和透水系数对应的配合比。

宜根据确定的配合比，在总胶凝材料用量不变的情况下，水胶比分别增减0.05，在工作性能满足要求的前提下，进行透水水泥混凝土强度实验，绘制强度和水胶比的线性关系，或采用插值法确定略大于配制强度对应的水胶比，最后确定混凝土配合比。当采用经过预湿处理后的集料试配混凝土时，配合比中的用水量应根据集料的吸水率进行调整。

（四）性能检验。

依据最终配合比，按照标准方法进行成型，测试抗折强度、抗压强度、透水系数等。如工程对其耐磨性、抗冻性及耐流水侵蚀性等要求，也要对其耐磨性、抗冻性及耐流水侵蚀性等性能进行测试。

六、结果的计算与表示

（一）原材料性能。

画表列出以下原材料的原始数据，并写出计算过程。

（1）水泥性能实验：细度、凝结时间、安定性、胶砂强度实验等。

（2）细集料：表观密度、堆积密度、筛分析、含泥量和泥块含量实验等。

（3）粗集料：表观密度、堆积密度、筛分析、压碎指标实验等。

（4）减水剂：减水率等。

（5）粉煤灰、矿渣、硅灰、钢渣粉：胶砂需水量、活性指数测定等。

（二）计算透水混凝土配合比。

依据原材料性能，按步骤写出透水混凝土初步配合比的计算过程。

（三）配合比的试配、调整和确定。

依据初步配合比，对透水混凝土进行试拌和试配，依据孔隙率、透水系数、工作性、强度等性能，对配合比进行调整，写出调整的过程和依据。

（四）性能检验。

对依据最终配合比成型的混凝土进行抗折强度、抗压强度和透水系数等实验，确定它的力学性能和透水性，分析实验中出现的问题。

讨论：当用再生集料配制的透水混凝土的配制强度无法达到设计要求时，应如何进行调整？

第三节　流态混凝土配合比设计实验

一、实验目的

掌握流态混凝土的配合比设计过程、拌和物的工作性调整和强度等性能的实验方法，培养综合设计实验和解决复杂工程问题的能力。

二、实验原理

配制流态混凝土的关键在于保证混凝土的施工性能和质量。根据提供的工程情况、原材料和设计要求，依据《现代混凝土配合比设计手册（第 2 版）》（人民交通出版社）或《特种混凝土和新型混凝土》（中国建材工业出版社）等的要求或查阅资料采用非标准方法设计出流态混凝土的初步配合比，然后进行试配和调整，确定符合工程要求的流态混凝土。

三、实验材料

P. O42. 5 或 P. O42. 5R 普通硅酸盐水泥、卵石、碎石、河砂、机制砂、自来水、粉煤灰、粒化高炉矿渣粉、硅灰、钢渣粉、膨胀材料、聚羧酸减水剂、萘系减水剂、引气剂、三聚氰胺高效减水剂、脂肪族高效减水剂等。

四、实验设备

透气式比表面积仪、负压筛、维卡仪、净浆搅拌机、量水器、天平、雷氏夹膨胀值测定仪、沸煮箱、养护箱、玻璃板、行星式水泥胶砂搅拌机、胶砂振动台、模套、试模、水泥胶砂抗折、抗压试验机、抗压夹具、刮平直尺、试验筛、摇筛机、烘箱、容量瓶、烧杯、干燥器、浅盘、料勺、容量筒、混凝土压力试验机、坍落度筒等。

五、实验步骤

（一）原材料性能实验

（1）水泥性能实验：细度、凝结时间、安定性、胶砂强度实验等。

（2）河砂、机制砂：表观密度、堆积密度、筛分析、含泥量和泥块含量实验等。

（3）碎石、卵石：表观密度、堆积密度、筛分析、压碎指标实验等。

（4）减水剂：减水率等。

（5）粉煤灰、矿渣、硅灰、钢渣粉：胶砂需水量、活性指数测定等。

（二）计算流态混凝土配合比

依据《现代混凝土配合比设计手册（第 2 版）》（人民交通出版社）或《特种混凝土和新型混凝土》（中国建材工业出版社）等的要求或查阅资料采用非标准方法，根据给定的工程情况、原材料条件和设计要求，以及实验测得的原材料性能，进行配合比计算，求出每立方混凝土中各种材料的用量。

（三）配合比的试配、调整和确定

设计出混凝土配合比后，使用实际材料进行试搅拌，确定是否已能达到设计规定的性能，流态混凝土进行试拌时，要检查坍落度、含气量、单位表观密度等项目。其中，可以通过坍落度实验时混凝土的形状来判断其工作度及可泵性。而在坍落度实验中，最重要的是观察好坍落时的形状、坍落方式、集料和水的离析状态等，坍落度与流化剂添加量密切相关。搅拌好的状况是流态化时的混凝土及刚流态化的混凝土的坍落度与目标坍落度差在±1.0cm 左右。

除了坍落度以外，还要测定流动度，并根据两者比值，确定流态混凝土的稠度。用含气量测定表观密度，可以同时测出混凝土的质量，用此质量除以容器的容积，则可以求出单位重，根据实际表观密度，计算出每 1m^3混凝土的材料量，此即调整后的混凝土配合比（表 9-1）。

表 9-1　根据坍落度和流动度确定稠度

流动度和坍落度的比值	确定内容
1.6 以下	这种混凝土没有离析现象，但现场浇筑与捣实困难
1.7～1.8	是稠度较理想的混凝土
1.9 以上	表示混凝土开始离析

（四）性能检验

依据最终配合比，按照标准方法进行成型，测试坍落度、抗折强度、抗压强度等。如工程对其耐久性有要求，也要对其耐久性进行测试。

六、结果的计算与表示

（一）原材料性能。

画表列出以下原材料的原始数据，并写出计算过程。

（1）水泥性能实验：细度、凝结时间、安定性、胶砂强度实验等。

（2）河砂、机制砂：表观密度、堆积密度、筛分析、含泥量和泥块含量实验等。

（3）碎石、卵石：表观密度、堆积密度、筛分析、压碎指标实验等。

（4）减水剂：减水率等。

（5）粉煤灰、矿渣、硅灰、钢渣粉：胶砂需水量、活性指数测定等。

（二）计算流态混凝土配合比。

依据原材料性能，按步骤写出流态混凝土初步配合比的计算过程。

（三）配合比的试配、调整和确定。

依据初步配合比，对流态混凝土进行试拌和试配，依据流动度、坍落度、含气量、表观密度、强度等性能，对配合比进行调整，写出调整的过程和依据。

（四）性能检验。

对依据最终配合比成型的混凝土进行抗折强度、抗压强度等实验，确定它的力学性能，分析实验中出现的问题。

讨论：当配制高级流态混凝土时，与常用流态混凝土有何异同？

第四节　轻集料混凝土配合比设计实验

一、实验目的

掌握轻集料混凝土的配合比设计过程、拌和物的和易性调整和强度的实验方法、轻集料混凝土的成型方法，培养综合设计实验和解决复杂工程问题的能力。

二、实验原理

轻集料混凝土的配合比设计主要应满足抗压强度、密度和稠度的要求，并以合理使用材料和节约水泥为原则。必要时尚应符合对混凝土性能（如弹性模量、碳化和抗冻性等）的特殊要求。依据《轻集料混凝土技术规程》（JGJ 51—2002）的规定或查阅资料采用非标准方法设计出轻集料混凝土的初步配合比，然后进行试配和调整，确定符合工程要求的轻集料混凝土。

三、实验材料

P. O42.5 普通硅酸盐水泥、砂子、轻集料、聚羧酸减水剂、萘系减水剂、粉煤灰等，自来水。

四、实验设备

透气式比表面积仪、负压筛、维卡仪、净浆搅拌机、量水器、天平、雷氏夹膨胀值测定仪、沸煮箱、养护箱、玻璃板、行星式水泥胶砂搅拌机、胶砂振动台、模套、试模、水泥胶砂抗折、抗压试验机、抗压夹具、刮平直尺、试验筛、摇筛机、烘箱、容量瓶、烧杯、干燥器、浅盘、料勺、容量筒、承压筒、砂浆搅拌机、混凝土实验振动台、拌和铲和球形钵、台秤、混凝土压力试验机等。

五、实验步骤

（一）原材料性能实验。

（1）水泥性能实验：细度、凝结时间、安定性、胶砂强度实验等。

（2）砂子：表观密度、堆积密度、筛分析、含泥量和泥块含量实验等。

（3）轻集料：颗粒级配、堆积密度、表观密度、空隙率、筒压强度、强度标号、吸水率、烧失量实验等。

（4）减水剂：减水率等。

（5）粉煤灰：胶砂需水量、活性指数测定等。

（二）计算轻集料混凝土配合比。

依据《轻集料混凝土技术规程》（JGJ 51—2002）的规定或查阅资料采用非标准方法，根据给定的工程情况和原材料条件，以及实验测得的原材料性能，进行配合比计算，求出每立方混凝土中各种材料的用量。

（三）配合比的试配、调整和确定。

以计算的混凝土配合比为基础，再选取与之相差±10%的相邻两个水泥用量，用水量不变，砂率相应适当增减，分别按 3 个配合比拌制混凝土拌和物。测定拌和物的稠度，调整用水量，以达到要求的稠度为止。

按校正后的三个混凝土配合比进行试配，检验混凝土拌和物的稠度和振实湿表观密度，制作确定混凝土抗压强度标准值的试块，每种配合比至少制作一组。标准养护 28d 后，测定混凝土抗压强度和干表观密度。最后，以既能达到设计要求的混凝土配置强度和干表观密度又具有最小水泥用量的配合比作为选定的配合比。

对选定配合比进行质量校正。其方法是先按式（9-1）计算出轻集料混凝土的计算湿表观密度，然后再与拌和物的实测振实湿表观密度相比，按式（9-2）计算校正系数：

$$\rho_{计算}=m_g+m_s+m_c+m_f+m_{wt} \tag{9-1}$$

$$\eta=\frac{\rho_{实测}}{\rho_{计算}} \tag{9-2}$$

式中 η——校正系数；

$\rho_{计算}$——按配合比各组成材料计算的湿表观密度（kg/m^3）；

m_g、m_s、m_c、m_f、m_{wt}——分别为配合比计算所得的粗集料、细集料、水泥、粉煤灰用量和总用水量（kg/m^3）。

选定配合比中的各项材料用量均乘以校正系数即为最终的配合比设计值。

六、结果的计算与表示

（一）原材料性能。

画表列出以下原材料的原始数据，并写出计算过程。

（1）水泥性能实验：细度、凝结时间、安定性、胶砂强度实验等。

（2）砂子：表观密度、堆积密度、筛分析、含泥量和泥块含量实验等。

（3）轻集料：颗粒级配、堆积密度、表观密度、空隙率、筒压强度、强度等级、吸水率、烧失量实验等。

（4）减水剂：减水率等。

（5）粉煤灰：胶砂需水量、活性指数测定等。

（二）计算轻集料混凝土配合比。

依据原材料性能，按步骤写出轻集料混凝土初步配合比的计算过程。

（三）配合比的试配、调整和确定。

依据初步配合比，对轻集料混凝土进行试拌和试配，依据抗压强度、表观密度等性能，对配合比进行调整，写出调整的过程和依据。

（四）性能检验。

对依据最终配合比成型的混凝土进行抗折强度和抗压强度实验，确定它的力学性能，分析实验中出现的问题。

讨论：配合比为什么要进行试配？轻集料混凝土如何保证材料分布的均匀性？

第五节　纤维增强混凝土配合比设计实验

一、实验目的

掌握纤维增强混凝土的配合比设计过程、拌和物的和易性调整和强度的实验方法，培养综合设计实验和解决复杂工程问题的能力。

二、实验原理

纤维增强混凝土配合比设计应满足混凝土试配强度的要求，并应满足混凝土拌和物性能、力学性能和耐久性能的设计要求。根据提供的工程情况和原材料，依据《纤维混凝土应用技术规程》（JGJ/T 221—2010）的规定或查阅资料采用非标准方法设计出纤维增强混凝土的初步配合比，然后进行试配和调整，确定符合工程要求的纤维增强混凝土。

三、实验材料

P. O42.5 普通硅酸盐水泥、砂子、石子、聚羧酸减水剂、萘系减水剂、粉煤灰、矿渣微粉、钢纤维、合成纤维等，自来水。

四、实验设备

透气式比表面积仪、负压筛、维卡仪、净浆搅拌机、量水器、天平、雷氏夹膨胀值测定仪、沸煮箱、养护箱、玻璃板、行星式水泥胶砂搅拌机、胶砂振动台、模套、试模、水泥胶砂抗折、抗压试验机、抗压夹具、刮平直尺、试验筛、摇筛机、烘箱、容量瓶、烧杯、干燥器、浅盘、料勺、容量筒、混凝土强制式搅拌机、混凝土压力试验机等。

五、实验步骤

（一）原材料性能实验。

（1）水泥性能实验：细度、凝结时间、安定性、胶砂强度实验等。

（2）砂子：表观密度、堆积密度、筛分析、含泥量和泥块含量实验等。

（3）石子：表观密度、堆积密度、筛分析、压碎指标实验等。

（4）纤维：长径比、抗拉强度、弯折性能实验等。

（5）减水剂：减水率等。

（6）粉煤灰、矿渣：胶砂需水量、活性指数测定等。

（二）计算纤维增强混凝土配合比

依据《纤维混凝土应用技术规程》（JGJ/T 221—2010）的规定或查阅资料采用非标准方法，根据给定的工程情况和原材料条件，以及实验测得的原材料性能，进行配合比计算，求出每立方混凝土中各种材料的用量。

（三）配合比的试配、调整和确定

纤维增强混凝土配合比的试配、调整与确定应符合现行行业标准《普通混凝土配合比设计规程》（JGJ 55—2011）的规定。

纤维增强混凝土配合比应根据纤维掺量按下列规定进行试配：

（1）对于钢纤维混凝土，应保持水胶比不降低，可适当提高砂率、用水量和外加剂用量；对于钢纤维长径比为 35～55 的钢纤维混凝土，钢纤维体积率增加 0.5%时，砂率可增加 3%～5%，用水量可增加 4～7kg，胶凝材料用量应随用水量相应增加，外加剂用量应随胶凝材料用量相应增加，外加剂掺量也可适当提高；当钢纤维体积率较高或强度等级不低于 C50 时，其砂率和用水量等宜取给出范围的上限值。

（2）对于纤维体积率为 0.04%～0.10%的合成纤维混凝，可按计算配合比进行试配和调整；当纤维体积率大于 0.10%时，可适当提高外加剂用量或（和）胶凝材料用量，但水胶比不得降低。

（3）对于掺加增韧合成纤维的混凝土，配合比调整可按钢纤维混凝土的方法进行，砂率和用水量等宜取给出范围的下限值。

在配合比试配的基础上，纤维混凝土配合比应按现行行业标准《普通混凝土配合比设计规程》(JGJ 55—2011) 的规定进行混凝土强度实验并进行配合比调整。

调整后的纤维混凝土配合比应按下列方法进行校正：

纤维混凝土配合比校正系数应按式 (9-3) 计算：

$$\delta=\frac{\rho_{c,t}}{\rho_{c,c}} \tag{9-3}$$

式中 δ——纤维混凝土配合比校正系数；

$\rho_{c,t}$——纤维混凝土拌和物的表观密度实测值 (kg/m^3)；

$\rho_{c,c}$——纤维混凝土拌和物的表观密度计算值 (kg/m^3)。

调整后的配合比中每项原材料用量均应乘以校正系数 (δ)。

(四) 性能检验

校正后的纤维混凝土配合比，应在满足混凝土拌和物性能要求和混凝土试配强度的基础上，对设计提出的混凝土耐久性项目进行检验和评定，符合要求的，可确定为设计配合比。

纤维混凝土设计配合比确定后，应进行生产适应性验证。

六、结果的计算与表示

(一) 原材料性能

画表列出以下原材料的原始数据，并写出计算过程。

(1) 水泥性能实验：细度、凝结时间、安定性、胶砂强度实验等。

(2) 砂子：表观密度、堆积密度、筛分析、含泥量和泥块含量实验等。

(3) 石子：表观密度、堆积密度、筛分析、压碎指标实验等。

(4) 纤维：长径比、抗拉强度、弯折性能实验等。

(5) 减水剂：减水率等。

(6) 粉煤灰、矿渣：胶砂需水量、活性指数测定等。

(二) 计算纤维混凝土配合比

依据原材料性能，按步骤写出纤维混凝土初步配合比的计算过程。

(三) 配合比的试配、调整和确定

依据初步配合比，对纤维混凝土进行试拌和试配，依据拌和物性能、试配强度以及耐久性等性能，对配合比进行调整，写出调整的过程和依据。

(四) 性能检验

对依据最终配合比成型的混凝土进行抗折强度和抗压强度实验，确定它的力学性能，分析实验中出现的问题。

讨论：纤维增强混凝土配合比设计和成型的要点有哪些?

第六节 沥青混合料配合比设计

一、实验目的

根据设计规定的技术要求（道路等级、道路类型、结构层次、气候条件），对选定的原材料进行多种配比实验，选出能满足设计要求的沥青混合料配合比参数，确定适用于现场实验的沥青混合料配合比。

二、实验内容

（1）沥青混合料原材料性能实验；
（2）沥青混合料目标配合比设计；
① 矿质混合料配合组成设计；
② 与沥青最佳用量确定。
（3）沥青混合料生产配合比设计；
（4）沥青混合料生产配合比验证。

三、设计及实验依据

（1）《公路工程沥青及沥青混合料试验规程》（JTG E20—2011）；
（2）《公路工程集料试验规程》（JTG E42—2005）；
（3）《公路沥青路面施工技术规范》（GTG F40—2004）。

四、实验材料

沥青、粗集料、细集料、矿粉。

五、实验设备

针入度测定仪、延度仪、软化点测试仪、毛细管黏度计、克利夫兰开口杯式闪点仪、蒸馏烧瓶、冷却过滤装置、鼓风干燥箱、沥青薄膜烘箱、理论密度仪、马歇尔稳定度试验仪、车辙试验仪、小梁低温弯拉试验机、摇筛机、压力试验机、天平。

六、实验步骤

（一）沥青混合料组成材料性能实验。

（1）沥青：针入度、延度、软化点、密度、蜡含量、脆点、含水量、溶解度、闪点、薄膜烘箱实验、组分分析、黏度实验。

（2）粗集料：表观密度、表观相对密度、强度（压碎指标）、吸水率、洛杉矶磨耗损失率、针片状颗粒含量、耐久性、与沥青的黏附力、颗粒级配、坚固性、含泥量、泥块含量。

（3）细集料：颗粒级配、密度、吸水率、坚固性、石粉含量、含泥量、水稳定等级、有机质含量、轻物质含量、棱角性、亚甲基蓝值。

（4）矿粉：表观密度、含水率、粒度范围、亲水系数、塑性指数、加热安定性等、粒度分布。

（二）目标配合比设计。

（1）矿质混合料配合组成设计。

按照设计要求选择沥青混合料的类型，并根据相关规范确定各矿料的级配范围。根据各矿料的筛分结果，用图解法或试算法确定各种材料间的比例关系，调整接近规范级配的上、中、下限。以使混合后矿料具有足够的密度和较高的内摩擦阻力。初选级配，根据实际情况及以往资料数据，选择一个沥青用量作为初选级配的沥青用量。固定初选沥青用量，将上、中、下限的级配成型马歇尔试件，根据三组试件的实验结果确定设计级配。

（2）确定配合比中沥青的最佳用量。

按确定的设计级配，选择一个沥青的最佳用量作为起始用量，按 0.5%的间距取 5 个或 5 个以上不同的沥青用量，分别与矿料拌和，击实成型马歇尔试件。然后进行马歇尔实验，对各组马歇尔试件的空隙率、密度、饱和度等体积指标进行计算，根据实测数据确定最佳沥青用量。根据确定好的设计级配及最佳沥青用量进行制件，验证该混合料的性能（高温稳定性、水稳定性、低温抗裂性、渗水系数）是否符合要求。

（三）生产配合比设计。

用间歇式拌和机拌和沥青混合料时，将两次筛分后进入各热料仓的矿料取样筛分，计算矿料的配合比比例，并用目标配合比设计阶段确定的最佳沥青用量±0.3%进行马歇尔实验；根据实验结果决定各热料仓的材料比例，并调整最佳沥青用量，供拌和机控制室使用，同时反复调整冷料仓比例以达到供料均衡。用连续式拌和机拌和时，目标配合比设计就是生产配合比设计。

（四）生产配合比的验证。

拌和机按生产配合比结果进行试拌、铺筑实验段，并取样进行马歇尔实验，若各项马歇尔实验指标均符合规范要求，则以此时的沥青混合料配合比为标准配合比，作为控制拌和质量的依据和施工质量检查的标准。

七、实验报告

实验报告内容包括：原材料的品种、规格和产地；实验日期及时间；实验设备名称、型号；工程设计级配范围选择说明、材料品种选择与原材料质量实验结果、矿料级配、最佳沥青用量及各项体积指标、配合比设计检验结果等。实验报告的矿料级配曲线应按规定的方法绘制；报告不同沥青用量条件下的各项实验结果，并提出对施工压实工艺的技术要求。

讨论：确定沥青最佳用量是沥青混合料配合比设计的重要组成内容，沥青用量对于沥青混合料的性能有何影响？

第七节　脱硫石膏基胶凝材料的制备与性能实验

一、实验目的

本实验的目的是掌握脱硫建筑石膏和脱硫石膏基胶凝材料制备和方案设计及性能检测的方法，培养学生综合设计实验和解决复杂工程问题的能力，并为其他石膏基胶凝材料的制备也提供一定的参考。

二、实验原理

配制脱硫石膏基胶凝材料的关键在于确定脱硫建筑石膏的制备制度和外加剂的种类及掺量。根据提供的脱硫石膏和工程要求的等级，查阅资料设计出脱硫建筑石膏及脱硫石膏基胶凝材料制备与性能检测的方案，然后进行试制、试配和调整，确定符合工程要求的脱硫石膏基胶凝材料。

三、实验材料

脱硫石膏、减水剂、粉煤灰、P.O 42.5 普通硅酸盐水泥等。

四、实验设备

干燥箱、干燥器、称量瓶、天平、标准筛、平勺、直尺、堆积密度测定仪、稠度仪、搅拌碗、搅拌棒、凝结时间测定仪、抗折强度试验机、抗压强度试验机、石膏硬度计、负压筛、维卡仪等。

五、实验步骤

（一）原材料性能实验。

（1）脱硫石膏：附着水、品位。

（2）减水剂：减水率等。

（3）粉煤灰：胶砂需水量、活性指数测定等。

（4）水泥性能实验：细度、凝结时间、胶砂强度实验等。

（二）脱硫建筑石膏的制备与性能测试。

依据脱硫石膏的热分析和建筑石膏制备的温度范围，设定脱硫建筑石膏的煅烧温度，并对不同煅烧温度的脱硫建筑石膏进行组成、细度、堆积密度、标稠用水量、凝结时间、强度及硬度的测试，确定合理的脱硫建筑石膏制备温度。

（三）脱硫石膏基胶凝材料的制备与性能。

确定出脱硫建筑石膏的制备温度后，采用单一实验研究减水剂、水泥、粉煤灰等对脱硫建筑石膏性能的影响，确定合理的减水剂、水泥、粉煤灰等的掺量范围；在此基础上，采用正交设计研究脱硫石膏基胶凝材料的配方，并对其性能进行测试。

六、结果的计算与表示

（一）原材料性能。

画表列出以下原材料的原始数据，并写出计算过程。

（1）脱硫石膏：附着水、品位等。

（2）减水剂：减水率等。

（3）粉煤灰：胶砂需水量、活性指数等。

（4）水泥性能实验：细度、凝结时间、胶砂强度等。

（二）脱硫建筑石膏的制备与性能测试。

列出不同煅烧温度时，脱硫建筑石膏的半水硫酸钙含量、细度、堆积密度、标稠用水量、凝结时间、强度及硬度等性能，通过对比不同煅烧温度下脱硫建筑石膏的性能，并依据《建筑石膏》(GB 9776—2008) 标准，确定脱硫建筑石膏适宜的制备温度。

(三) 脱硫石膏基胶凝材料的制备与性能。

在适宜的温度下，制备脱硫建筑石膏。列出脱硫建筑石膏中分别掺加减水剂、水泥、粉煤灰等外加剂后，脱硫建筑石膏的标稠用水量、凝结时间、强度及硬度等性能，确定减水剂、水泥、粉煤灰等外加剂适宜的掺量范围。在此基础上，列出正交实验，脱硫建筑石膏的各项性能指标，通过极差分析，确定脱硫石膏基胶凝材料的配方，并对其标稠用水量、凝结时间、强度及硬度等性能进行检测。

讨论：本实验中既采用了单一实验，又采用了正交实验，两者在使用上有何异同?

第八节　砂浆配合比实验

一、实验目的

本实验的目的是掌握砂浆的和易性调整和强度的实验方法，培养学生综合实验和解决复杂工程问题的能力。

二、实验原理

砂浆的技术性质主要体现存三个方面：新拌砂浆应具有良好的和易性，以利于工程施工；硬化后的砂浆应具有较高的强度和黏结力，以利于施工和砂浆的黏结和承载；砂浆应具有良好的耐久性，以提高砌体的使用寿命，根据提供的工程情况和原材料，按照《预拌砂浆》(GB/T 25181—2019)、《抹灰砂浆技术规程》(JGJ/T 220—2010) 的要求，依照《建筑砂浆基本性能试验方法标准》(JGJ/T 70—2009) 的规定制备，然后进行试配和调整，确定符合工程要求的建筑砂浆。

三、实验材料

P. O42. 5 普通硅酸盐水泥、砂子、石灰膏等。

四、实验设备

透气式比表面积仪、负压筛、维卡仪、净浆搅拌机、量水器、天平、雷氏夹膨胀值测定仪、沸煮箱、养护箱、玻璃板、行星式水泥胶砂搅拌机、胶砂振动台、模套、试模、水泥胶砂抗折、抗压试验机、抗压夹具、刮平直尺、试验筛、摇筛机、烘箱、容量瓶、烧杯、干燥器、浅盘、料勺、容量筒、砂浆稠度仪、砂浆分层度筒等。

五、实验步骤

(一) 原材料性能实验

(1) 水泥性能实验：细度、凝结时间、安定性、胶砂强度实验等。

(2) 砂子：表观密度、堆积密度、筛分析、含泥量和泥块含量实验等。

(3) 石灰膏：细度、凝结时间、强度等。

（4）减水剂：减水率等。

（5）粉煤灰、矿渣、硅灰：胶砂需水量、活性指数测定等。

（二）建筑砂浆和易性调整和确定

砂浆的流动性用沉入度表示，同盘砂浆应取两次测试结果的算术平均值作为砂浆的稠度值；分层度是表征砂浆保水性能即保存水分能力的指标量度，取两次测试结果算术平均值作为该砂浆的分层度值。

试配时，首先应根据提供的工程情况和原材料及相应标准选择合适的配比进行试拌，先检查砂浆拌和物的流动性指标，再检查砂浆拌和物的保水性。若砂浆拌和物的流动性和保水性不能满足要求，应调节用水量和掺和料，直到符合要求为止。

（三）性能检验

依据最终配合比，按照标准方法进行成型，测试抗折强度、抗压强度等力学性能。如有耐久性要求，也要对其耐久性进行测试。

六、结果的计算与表示

（一）材料性能

画表列出以下原材料的原始数据，并写出计算过程。

（1）水泥性能实验：细度、凝结时间、安定性、胶砂强度实验等。

（2）砂子：表观密度、堆积密度、筛分析、含泥量和泥块含量实验等。

（3）石灰膏：细度、凝结时间、强度等。

（4）减水剂：减水率等。

（5）粉煤灰、矿渣、硅灰：胶砂需水量、活性指数测定等。

（二）配合比的试配、调整和确定

对建筑砂浆进行试拌和试配，依据所需要制备砂浆的和易性进行调整，写出调整的过程和依据。

（三）性能检验

对依据最终配合比成型的砂浆进行抗折强度和抗压强度实验，确定它的力学性能，分析实验中出现的问题。

讨论：砂浆和易性的影响因素有哪些？当有关指标达不到施工要求时，应如何进行调整？

第九节　硅酸盐水泥熟料的设计与烧制实验

一、实验目的

本实验的目的是掌握硅酸盐水泥熟料设计和烧制的方法，培养学生综合设计实验和解决复杂工程问题的能力。

二、实验原理

硅酸盐水泥熟料的烧制包括水泥生料的配料和水泥熟料的煅烧。生料的配料包括矿物组成的设计、率值的确定和配料计算三个过程，水泥熟料的煅烧分为干燥脱水过程、碳酸盐的分解、固相反应和熟料的烧结四个过程。

三、实验材料

（1）钙质原料：石灰石、白垩、大理岩等。

（2）硅质原料：砂岩、硅石等。

（3）铝质原料：黏土等。

（4）铁质校正原料和其他含有钙、硅、铝、铁的固体废弃物材料。

四、实验设备

天平、试验磨、真空干燥箱、高温试验炉、电热鼓风干燥箱、研磨抛光机、X 射线荧光光谱仪、X 射线衍射仪、勃氏透气比表面积仪、负压筛析仪等。

五、实验步骤

（一）原材料性能实验。

（1）钙质原料：烧失量、化学成分。

（2）硅质原料：烧失量、化学成分。

（3）铝质原料：烧失量、化学成分。

（4）铁质校正原料：烧失量、化学成分。

（5）其他固体废弃物：化学成分。

（二）水泥生料的配料。

要根据生产水泥的种类和各原料的物理化学性质，来确定水泥生料的配合比例。先进行熟料矿物组成的设计，再确定熟料的率值，最后计算配料。不同品种的水泥，熟料中矿物相的含量和种类是不同的，普通硅酸盐水泥熟料的矿物相中硅酸三钙和硅酸二钙的总含量为 75%左右，熔剂性矿物铝酸三钙和铁铝酸四钙的含量为 22%左右。一般硅酸盐水泥的石灰饱和系数 KH 为 0.85～0.95，硅酸率 SM 为 1.7～2.7，铝氧率 IM 为 0.8～1.7。确定率值后，各氧化物的百分含量为具体的数值，再根据率值和氧化物含量来计算熟料矿物相的含量，并使熟料矿物相理论计算值达到设定的值。

（三）水泥熟料的煅烧。

在水泥熟料煅烧过程中，先后经历干燥脱水过程、碳酸盐的分解、固相反应和熟料的烧结四个过程。干燥脱水主要是自由水的蒸发和黏土质原料脱去化合水的过程。碳酸盐的分解主要是碳酸钙的分解，碳酸钙的分解温度为 800～1100℃，分解后生成氧化钙和二氧化碳气体。固相反应是生料中黏土质原料与碳酸钙分解的氧化钙以及与其他原料中的氧化物发生的过程，在 1100～1200℃大量形成 C_2S、C_3A、C_4AF。熟料的烧结是 C_2S 和 CaO 逐渐溶解于液相中发生反应生成 C_3S 的过程。

（四）熟料的矿物组成分析。

将烧制完成的熟料进行研磨过筛后，放到 X 射线衍射仪中进行物相组成分析，检验熟料的烧成质量。

六、结果的计算与表示

（一）原材料性能。

画表列出以下原材料的原始数据，并写出计算过程。

（1）钙质原料：烧失量、化学成分。

（2）硅质原料：烧失量、化学成分。

（3）铝质原料：烧失量、化学成分。

（4）铁质校正原料：烧失量、化学成分。

（5）其他固体废弃物：化学成分。

（二）水泥生料的配料。

根据生产水泥的种类和各原料的物理化学性质，写出熟料矿物组成设计的过程，列公式计算出石灰饱和系数 KH、硅酸率 SM 和铝氧率 IM，再根据率值和氧化物含量计算出熟料矿物相的含量。

（三）水泥熟料的煅烧。

写出熟料在煅烧过程中的现象。

（四）熟料的矿物组成分析。

将烧成熟料的 XRD 分析结果通过画图的方式呈现出来，并采用 Jade 软件进行分析，检验熟料的烧成质量。

讨论：本实验中仅采用了 XRD 分析熟料的矿物组成，除此之外，还有哪些方法？

第十节　蒸压粉煤灰砖的制备及其强度等级评价实验

一、实验目的

本实验的目的是掌握蒸压粉煤灰砖的制备工艺和强度测试方法，培养学生综合设计实验和解决复杂工程问题的能力。

二、实验原理

根据工程要求、原材料特性、经济效益等情况，设计蒸压粉煤灰砖的配方和制备工艺流程，按照《蒸压粉煤灰砖》（JC/T 239—2014）标准进行蒸压砖的强度测试。通过优化原料配比和制备工艺参数，制备出符合工程要求的蒸养砖。

三、实验材料

水泥、集料（建筑垃圾、砂子、煤矸石、炉渣等）、掺和料（粉煤灰、矿粉、硅灰等）、自来水等。

四、实验设备

破碎机、摇筛机、搅拌机、压砖机、蒸压釜、X 射线衍射仪、X 荧光光谱仪、烘箱、浅盘、料勺、天平、压力试验机等。

五、实验步骤

（一）原材料性能实验。

集料：粗细程度、颗粒级配、堆积密度、含水量实验等。

掺和料：化学成分、物相组成、需水量、活性指数测定等。

（二）蒸养砖制备。

（1）配方和制备工艺的设计。

根据文献调研、原料的基本特性、前期的实验积累、工程要求的强度等级、经济效益、实验条件等设计蒸压粉煤灰砖的配方和制备工艺流程。

（2）原料的混合。

将原材料按照设计的配方进行称量，然后依次倒入搅拌机中进行干拌，混合至颜色均匀。继续搅拌，在搅拌过程中将称量的水匀速加入物料中，搅拌至水与物料充分混合，物料颜色均匀，无团聚、结块现象。

（3）成型压制。

利用压砖机或压砖模具进行砖坯的成型。使用毛刷将模具内壁清理干净，刷上润滑油；将搅拌好的物料装填到模具中，布料均匀、平整；设置成型压力、加载速率、保压时间。保压结束后进行脱模，将砖坯侧立在托盘内，测量坯体的尺寸，然后进行试样编号。

（4）蒸压养护。

将压制成型的砖坯放入蒸压釜进行蒸压养护。将试样摆放在蒸压釜中，试样间距不得小于 20mm；设定蒸压养护条件（蒸压温度、压力、时间），在达到设定的保温时间后，停止加热，当温度降低到室温时，打开蒸压釜泄压阀，将釜内残余气体排出，气压降低至大气压力后打开蒸养釜，将试件取出。

（三）强度测试。

蒸养后的试样按照《蒸压粉煤灰砖》（JC/T 239—2014）标准进行抗折、抗压强度测试。选择合适的压力试验机：试验机的示值相对误差不大于 1%，预期最大破坏荷载应为量程的 20%～80%。测量试样的长度（L）、宽度（B）和高度（H）尺寸，记录。试验机加荷应均匀平稳，不应发生冲击或振动。设置加载速度，直至试样破坏为止，记录最大破坏荷载。

六、结果计算与表示

（1）画表列出以下原材料的原始数据，并写出计算过程。

① 集料：粗细程度、颗粒级配、堆积密度、含水量实验等；

② 掺和料：化学成分、物相组成、需水量、活性指数测定等。

（2）画表列出蒸养砖的配方和制备参数（成型压力、加载速率、保压时间；蒸压温度、压力、时间），画出蒸养砖制备工艺流程图。

（3）强度计算及强度等级评价

根据蒸养砖的尺寸和最大破坏荷载计算其强度，根据《蒸压粉煤灰砖》（JC/T 239—2014）确定蒸养砖的强度等级。

讨论：掺和料的化学成分和物相组成对蒸养砖的强度有何影响？蒸压养护相比标准养护有何优缺点？